石油石化行业高危作业丛书

高处作业

《高处作业》编写组◎编

石油工業出版社

内 容 提 要

本书围绕高处作业安全相关要求，主要介绍高处作业安全管理、高处作业安全防护技术、高处作业常见违章隐患、高处作业典型事故案例及应急处置等内容。

本书适合石油石化行业安全管理专业人员阅读，也可供相关专业人员参考。

图书在版编目（CIP）数据

高处作业 /《高处作业》编写组编 . -- 北京：石油工业出版社，2024. 10. --（石油石化行业高危作业丛书）. -- ISBN 978-7-5183-7027-6

Ⅰ . TE687

中国国家版本馆 CIP 数据核字第 2024R4N052 号

出版发行：石油工业出版社

（北京安定门外安华里 2 区 1 号楼　100011）

网　址：www.petropub.com

编辑部：（010）64523552　　图书营销中心：（010）64523633

经　　销：全国新华书店

印　　刷：北京晨旭印刷厂

2024 年 10 月第 1 版　2024 年 10 月第 1 次印刷

787 × 1092 毫米　开本：1/16　印张：24.5

字数：436 千字

定价：90.00 元

（如出现印装质量问题，我社图书营销中心负责调换）

《高处作业》

编写组

主　编：徐非凡

副主编：马会涛　王　勇

成　员：马文胜　杨厚天　钟　凯　杨勇平　王学枫
王　浩　陈　亮　杨宗安　杨鹏祺　陈胜伟
宋　晶　李　阳　李富平　倪睿凯　崔大云
杨　骁　石建平　徐智锋　杨金儒　杨应鹏
李鲁庆　孙永刚　黄　瑞　于振威　陈保民
江根杰　崔　宇　刘思远　张　晨　谢　敬
李鹏飞　靳　宇　何　剑　李春涛　袁立志
黄东平

丛书序

习近平总书记强调，生命重于泰山。针对石油石化行业安全生产事故主要特点和突出问题，行业人员要树牢安全发展理念，强化风险防控，层层压实责任，狠抓整改落实，从根本上消除事故隐患，有效遏制重特大事故发生。

石油石化行业是目前全球能源领域最重要的产业之一，对全球经济发展和能源需求有着重要影响。正因为特殊的性质和复杂的工作环境，石油石化行业存在一系列高危作业，给从业人员带来了极大的工作压力和安全风险。在石油石化行业的生产过程中，高危作业不可避免地存在，例如钻井、炼油、储运等环节，涉及高温高压、易燃易爆、有毒有害等危险因素，这些高危作业的从业人员在面临如此危险复杂的因素时，需要具备专业的技能和职业素养。

为坚决贯彻落实习近平总书记关于安全生产重要论述和重要指示批示精神，进一步增强石油石化行业从业者的安全意识，提高技术水平，深化安全管理和风险控制，加强高危作业管理，有效防范遏制各类事故事件的发生，编写了“石油石化行业高危作业丛书”，旨在通过系统性的专业知识分享和实践经验总结，帮助从业人员梳理思路、规范操作，达到预防和控制高危作业风险的目的。

本丛书邀请长期从事石油石化行业高危作业的技术专家和管理人员，结合实践经验和理论研究，对石油石化行业高危作业进行系统性的剖析和解读，汇聚了石油石化各领域专家的智慧和心血。本丛书包括《动火作业》《受限空间作业》《高处作业》《吊装作业》《临时用电作业》等分册。各分册概述高危作业特点、定义及相关制度规范，详细阐述作业管理要求、安全技术、特殊情况处理及应急处置，列举分析常见违章及典型事故案例。

本丛书不仅突出了安全生产管理的重要性，而且注重实践技能培养，帮助读者全面了解石油石化行业高危作业的特点和风险，增强从业人员的安全意识，提高风险防控能力。无论是从事高危作业管理的管理者，还是一线技术人员，本丛书都将成为必不可少的工具书。

中国石油天然气集团有限公司质量健康安全环保部及行业的有关专家，对本丛书的编写给予了指导和支持，在此表示衷心感谢。同时也感谢本丛书的编写单位及编写人员和审稿专家，他们的辛勤努力和专业知识为本丛书的编写提供了坚实的基础。还要感谢石油工业出版社的大力支持，使本丛书得以顺利面世。

期待本丛书能够对广大读者有所启示，成为石油石化行业从业人员学习和实践过程中不可或缺的参考书，为石油石化行业安全生产和健康发展筑牢坚实保障。让我们共同努力，为石油石化行业的安全生产贡献力量！

前言

石油石化行业是集多种业务为一体的行业，涉及多工种、多工序、立体交叉、连续作业，是一项系统的工程。施工过程中高处作业是常见的作业之一，由于受设备、环境、人员及管理等因素影响，高处坠落事故时有发生。为了规范高处作业管理，我国先后发布实施了 GB/T 3608—2008《高处作业分级》、GB/T 23468—2009《坠落防护装备安全使用规范》、GB/T 50484—2019《石油化工建设工程施工安全技术标准》等多个有关高处作业的国家标准，GB 30871—2022《危险化学品企业特殊作业安全规范》中也规定了危险化学品企业高处作业安全要求。在此基础上，石油石化、建筑施工等行业制定实施了高处作业相关管理规范、标准及管理办法，对本行业、本企业内部的高处作业管理进行规范，如 SY/T 6444—2018《石油工程建设施工安全规范》、SH/T 3567—2018《石油化工工程高处作业技术规范》、JGJ 80—2016《建筑施工高处作业安全技术规范》。由于石油石化行业有其一定的行业特点，其高处作业也存在一定特殊性，在国家、行业及企业管理要求的基础上，结合现场管理经验，编写了本书，从高处作业基本常识、石油石化行业常见高处作业特点、主要风险、高处作业安全管理要求、高处作业安全防护技术及作业现场高处作业常见不安全行为和安全隐患、现场高处作业典型事故案例分析等方面，系统地对石油石化行业现场高处作业管理进行了阐述。

本书是“石油石化行业高危作业丛书”的分册之一，内容共分为五章。第一章为概述，主要介绍了高处作业相关知识及高处作业主要风险、高处坠落伤害。第二章为高处作业安全管理，主要介绍了高处作业清单制管理、人员管理、高处作业安全职责、作业许可管理要求，并从石油钻井、井下、固井及石化行业高处作业清单等方面进行了详细介绍。第三章为高处作业安全防护技术，该章从高处作业设备、高处坠落防护设施、高处坠落防护装备、高处落物防护技术、应急逃生设备设施等方面进行了详细阐述。第四章为高处作业常见违章隐患，该章收集了石油石化行业现场高处作业相关的不安全行为和安全隐患。第五章为高处作业典型事故案例及应急处置，主要对作业现场发生的高处作业典型事故，逐一介绍事故发生的经过，从直接原因、间接原因、管理原因等方面对事故进行剖析及案例警示。

本书在编写过程中，得到了有关部门和所属企业的支持和配合，在此表示衷心的感谢。

由于编写人员能力有限，本书难免存在不足及疏漏，恳请广大读者提出宝贵意见。

目录

第一章　概述

第二章　高处作业安全管理

第三章　高处作业安全防护技术

第四章　高处作业常见违章隐患

第五章　高处作业典型事故案例及应急处置

附录

第一章 概 述

第一节 石油石化生产作业特点

石油也叫原油，是从地下深处开采出来的黏稠黑褐色液体燃料；天然气是埋藏在地下的古生物经过亿万年的高温和高压等作用而形成的可燃气体。石油石化行业既是原材料工业，也是能源工业，原料可以是石油、天然气、煤炭等化石燃料，也可以是生物质能、可再生能源，产品有汽油、煤油、柴油、合成树脂、合成橡胶等。石油、天然气从地下到地面转化为可使用的成品油、气及各类化工材料，需要经历勘探、开采、集输、炼化、储运、销售等诸多环节。

一、石油石化生产作业共性特点

石油石化行业具有工艺复杂、产业链长、危险性高等特点，生产作业过程往往需要多岗位、多种机械设备协同配合、作业环境复杂、多种风险因素交叉并存。主要有以下几个方面：

（1）生产过程危险性大，操作条件复杂。

石油石化行业从原料到产品，工艺流程长，地质环境和操作条件复杂，具有高温、高压、低温、低压、易燃易爆、有毒有害等特点。如油气勘探开采一般处于沙漠、深海等偏远恶劣环境下；乙烯生产时，裂解炉温度高达1100℃；分离装置在−195℃的低温下操作；高压聚乙烯的操作压力高达340MPa。石化生产过程中的原材料、辅助材料及伴生物质大多数属于易燃易爆物质，存在火灾爆炸风险，如原油、天然气、汽油、煤油、柴油、乙烯、丙烯、液化气等；还有部分属于有毒有害物质，存在中毒、窒息等风险，如硫化氢、一氧化碳、苯、氨等；此外，还存在合成树脂、尿素等粉尘爆炸风险，酸、碱等化学灼伤风险。由此可见，石油石化生产过程危险性大，工艺条件苛刻、复杂和多变。

（2）生产装置大型化。

石油石化行业生产规模越来越向大型化发展，如炼油单系列最大规模达到

1600×10^4t/a，乙烯单系列最大规模达到 150×10^4t/a，煤化工单系列产能 220×10^4t/a。大型化装置可以降低单位产品的基本建设投资和生产成本，降低能耗和提高效能，提高企业的经济效益。但是，装置大型化后，存储和流动着成百上千吨易燃易爆物料，潜在的危险能量也越来越大，一旦发生火灾爆炸事故，将给人们生命财产造成巨大损失。

（3）生产过程具有高度的连续性和密闭性。

石油石化行业生产属于连续化生产过程，如果其中一个工序或一台设备发生故障，将会影响整个生产过程的平稳运行，甚至可能造成装置停车或发生重大事故。同时生产是在密闭系统中进行的，一旦装置设备和管道发生泄漏，有毒有害介质将会导致中毒窒息事故，易燃易爆介质遇引火源将会发生火灾爆炸事故。

（4）地质条件多变，横跨区域广。

油气管道长距离输送途经地区多，沿途地形地貌变化多样，地质条件复杂多变，而且一经投产，就会长时间运行，管道沿线自然环境、社会环境会随着时间推移而发生变化，管道本身及其附属设施也会老化，存在管道腐蚀、自然灾害对管道的破坏、油气盗窃对管道运行造成破坏等安全隐患。

（5）生产过程技术密集，机械化程度高。

随着科学技术和计算机技术的发展和应用，为了实现石油石化安全平稳生产，普遍应用了先进的DCS集散型控制技术。在安全控制系统中，大量采用了紧急停车控制系统，用于设备的各种自动控制、安全联锁、信号报警和视频监控及显示、各种检测等，而操作这些先进的自动化仪表，就需要操作工熟练掌握相应的技术知识，并具有高度的安全责任心。

二、石油石化各专业涉及的高危作业

石油石化行业按照生产工艺过程，大致分为钻井、井下作业、采油采气、集输储运、炼化、销售、油田基础设施建设等专业。

（一）钻井

1. 钻井的概念和工序

石油天然气钻井是利用钻井设备从地面将地层钻成井眼的工程。钻井工程处于产业链上游，在物探以下的最前端，一口井的主要工序一般包括：确定井位、井场及道路实施、钻机搬迁、钻机安装、起井架、一次开钻、表层固井候凝、二开钻进、完井起钻、电测、下套管、固井作业等。

2. 钻井工程涉及的高危作业

钻井工程的施工作业场所在野外，条件艰苦、多岗位配合，且需要成套的大型机械设备昼夜连续运行。正是源于钻井生产的这种艰苦和高风险特性，钻井井架（钻塔）成为了石油工业的代表形象。钻井施工过程中涉及的高危作业在整个石油石化行业中涵盖范围最全最广、数量最多最杂，主要包括：高处（空）作业、动火作业、受限空间作业、管线打开（盲板抽堵）作业、吊装作业、临时用电作业、动土作业、射线作业等。

3. 钻井工程高处作业范围及特点

钻井施工涉及的高处作业主要包括：井架安装或拆卸、井架检查保养、起下钻或绷钻具作业中的二层台操作、钻机底座及钻台的安装拆卸、拆卸安装顶驱、检修保养顶驱、拆装封井器、测井工序中的取挂天滑轮、循环罐面作业、处理井下复杂、其他辅助作业中的高处作业。

钻井工程的高处作业与其他行业其他专业不同，除了起下钻、绷钻具作业中的二层台操作属于连续的重复性操作，其他高处作业均不具备重复性和规律性，一般具有如下特点：偶然性、一次性、差异性、复合性。一次性、偶然性是指并非连贯工序，而是在不同工况下均有可能偶然出现；例如井架检维修保养有可能是在起升井架之前，也有可能是在钻进工况，且多数是单人作业。复合性是指高处作业与其他作业交叉配合，或在多人作业中需要某个人员在高处与其他人员或机具配合作业；例如拆卸井架、底座作业中的取挂绳套、测井挂天滑轮等作业均需和起重设备及其他岗位配合。

另外，由于作业环境和工艺影响，钻井中的高处作业不仅具有高处坠落和高空落物风险，还往往同时伴有触电风险、物体打击风险、机械伤害风险、火灾爆炸和中毒窒息等风险。因此，在这些高危作业中需要系统识别风险，制订风险防控措施。

（二）井下作业

1. 井下作业的概念和工序

在油气田开发过程中，按照工艺设计要求，利用一套地面和井下设备、工具，对油、气井采取各种井下措施，达到提高注、采量，改善油气层渗流条件及油、气井技术状况，提高采油、采气速度和最终采收率目的的一系列井下施工工艺技术统称为井下作业。

井下作业的主要工作内容包括修井、压裂、试油、测试等作业，另外，对井下地层堵塞、或其他原因造成产能下降的石油天然气井进行疏通、增压等技术措施的工程，也属于井下作业范畴。井下作业的主要目的是建立和疏通已完成井井筒的石油天然气通道，为下一阶段采油采气工程创造条件奠定基础。

井下作业施工工序一般包括：通井、洗井、射孔、压裂、放喷排液、井筒清理、完井。

2. 井下作业涉及的高危作业及特点

井下作业施工地点仍然在钻井井场，同样属于野外作业，施工设备主要有通井机、压裂车等特种车辆、修井井架、发电机、储油罐组、沉砂罐及高压管汇等。井下作业也属于高风险专业，主要风险和危害类型有火灾爆炸、起重伤害、高压爆裂造成的物体打击、H_2S 和 CO 引起的中毒窒息、高处坠落、机械伤害、淹溺，以及原油或药品泄漏引起的环境污染等。

井下作业施工涉及的高处作业较少，一般有特种车辆上的操作、储罐砂罐面操作、井架上处理钢丝绳跳槽等特殊情况下的高处作业。车上或罐上的高处作业，高处坠落的风险并不突出，但其他风险较大，例如管汇高压爆裂引发的物体打击、井下有毒有害气体引发的中毒窒息，以及罐内有液体时跌落引发的淹溺或腐蚀等。

（三）采油采气

1. 采油采气的概念及工序

采油采气是通过抽油机或采气树将石油、天然气从地下抽到地上，将各分散的油气井所采出的油气进行集中，通过油气处理初加工，外输到炼油厂、管网或用户。

石油开采的生产井按照生产方式的不同可以分为自喷采油和机械采油两大类型，机械采油最通用的设备是抽油机，天然气开采一般采用自喷方式，通过井口安装采气树和管线收集天然气。

油气处理一般由联合站、处理（净化）厂来完成，主要包括油气分离、油气计量、原油脱水、天然气净化、原油稳定、轻烃回收等工艺。将原油脱水、稳定、储存、加热、计量、外输，天然气干燥、净化、初加工、外输。

2. 采油采气涉及的高危作业及特点

采油采气专业的作业场所一般集中在固定场站，作业内容对人员依赖度不高、需要的操作岗位数量也较少，但因大量的原油或天然气收集至地面设施，所以最大的风险是火灾、爆炸和环境污染。采油采气涉及的高危作业主要有：高处（空）作业、动火作业、受限空间作业、管线打开（盲板抽堵）作业、吊装作业、临时用电作业、动土作业等。

涉及的高处作业主要有：储罐检维修、各类大型装置或输送管线的安装、维修、更换、检测、投料等、场站内电路或照明设施检修、屋顶检修等。其特点是大多有工作平台和护栏，高处坠落风险不大，但油气场所火灾爆炸风险较大。

（四）集输储运

1. 集输储运的概念及工序

顾名思义，集输储运就是收集、储存、运输，也就是石油天然气的集散。在原油和天然气处理达标后，主要通过管道运输、公路运输、铁路运输和油轮运输四种方式向外输送，其中管道运输是最有效的方法，据统计当前世界上的原油总运量中约有 85%～95% 是用管道运输。

管道运输系统主要包括管道、压力站、控制中心、输油（气）站，以及管道两端原油罐、储气库等接收设施。压力站是管道运输的动力来源，靠压力推动油气运送的目的地，动力来源有气压式、水压式、重力压式及最新的超导体磁力式。控制中心则随时检测、监视管道的运转情况，防止意外的发生。输油（气）站是指沿管道干线为输送油气而建立的各种站场，包括首站、中间站、末站。

石油、天然气或者各类成品油的存储，主要是依靠各种大型储罐，这些储罐的高度从几米到几十米，容量巨大，属于重大风险源。

2. 集输储运涉及的高危作业及特点

集输储运专业的生产作业也基本涵盖了大部分高危作业项目，主要风险仍然是火灾爆炸和泄漏污染。涉及的高处作业主要集中在设施建设安装阶段和日常检维修过程中，油气运输的作业场所主要是管道、输油（气）站、压力站，同时也包括海路运输的专用船舶和码头；油气存储的作业场所主要是储罐。

（五）炼化

1. 石油炼化及工艺流程

石油炼化，是将石油通过蒸馏、裂解、催化、加氢等生产工艺炼制成燃料油和润滑油、机械油、变压器油、液压油等各种特殊工业用油，以及石油石化生产原料。

石油炼化常用的工艺流程为：常减压蒸馏、催化裂化、延迟焦化、加氢裂化、溶剂脱沥青、加氢精制、催化重整。

2. 石油炼化涉及的高危作业及特点

石油炼化无论从生产工艺还是设备装置来说，都非常复杂。需要成片成套的由大规模的容器、反应釜、管道等装置组成的大型设备群（图 1–1）。

图 1–1　石油炼化装置

石油炼化所涉及的高危作业也基本涵盖了绝大多数高危作业，主要包括：高处（空）作业、动火作业、受限空间作业、管线打开（盲板抽堵）作业、吊装作业、临时用电作业等。其特点与采油采气相近，也是同时具有火灾爆炸、环境污染等伴生风险，另外，炼化装置空间复杂，存在高处作业面上下重叠、交叉等问题，因此风险较大。

（六）销售

成品油、天然气销售主要包括包括零售和专项销售；零售是通过加油站、加气站渠道，专项销售主要通过管道、海运渠道。

加油站、加气站也属于高风险场所，但相对来说作业内容比较简单，主要作业项目就是卸油、日常维护。涉及的高处作业有站内屋顶设施检维修、线路和照明检维修。

（七）油田基础设施建设

1. 概念及工序

油田基础设施建设，既包括普通建筑行业的内容，也包括道路工程，最主要的是油气田专用场站及设施建设，例如：采油站、集输站、加油站、长输管道、炼化装置等，几乎囊括了整个石油石化产业链的建设内容。按照类型可以粗略分为基建、土建、专用设施建设和管道建设四类。

2. 油田建设涉及的高危作业及特点

基建和土建的高危作业主要包括：动土作业、动火作业、高处（空）作业、受限空间作业、吊装作业、临时用电作业、断路作业等，其主要特点和风险与建筑行业相同。

油气田专用设施建设和管道建设的高危作业则更为复杂，主要有高处（空）作业、动火作业、受限空间作业、管线打开（盲板抽堵）作业、吊装作业、临时用电作业等。其中高处作业的类型包含了临边、攀登、洞口、悬空、交叉等所有高处作业类型，风险也几乎涵盖了高处坠落、物体打击、起重伤害、机械伤害、车辆伤害、触电、火灾爆炸、中毒窒息等所有伤害类型。

三、石油石化行业主要风险和特点

（一）中毒窒息风险

天然气中可能含有大量的硫化氢，油气勘探开采一旦发生井喷、泄漏，将会引起作业人员及周围居民中毒，风险极高。如重庆开县“12・23”特大井喷事故，造成 243 人因硫化氢中毒死亡，6 万多居民紧急疏散，当地生态环境遭到严重破坏。

（二）火灾爆炸风险

石油天然气开采现场生产工艺复杂多变，与运行参数设定、设备设施类型、物料理化特性等因素息息相关，产品为易燃易爆、有毒有害、易腐蚀等特性，在运行一定周期后，各类机泵设备、管杆通道需要更新维护，在现场油气逸散、间断释放的环境下，当涉及切割、打磨、焊接、钻孔等引火源时，火灾、爆炸风险倍增。

（三）腐蚀泄漏风险

天然气通常含有硫化氢、二氧化碳，以及硫醇、硫醚和羰基硫等有机硫化合物。硫化氢与水可生成氢硫酸，二氧化碳与水可形成碳酸。通常把含有硫化氢和二氧化碳的天然气称为酸气。酸气易腐蚀管道和设备，使钢材变脆开裂导致物料泄漏，造成安全事故。

（四）作业条件不良风险

油气勘探开采一般在野外施工，点多面广，多为环境恶劣，位置偏僻、地质复杂区域，易发生自然灾害及交通事故。

（五）高处坠落风险

石油石化行业的钻井、试油（气）、压裂、固井、录井、测井、集输储运、炼化及基础设施建设等专业施工作业过程中，存在起下管柱作业、设备拆卸安装作业、维护保养检查作业、基建作业、受限空间作业等环节，作业过程中普遍存在高处、临边、洞口、攀登、悬空等作业，易发生高处坠落事故。

第二节　高处作业基本概念

一、高处作业的定义

高处作业是指在距坠落基准面 2m 及 2m 以上有可能坠落的高处进行的作业。如图 1–2 所示。

注：坠落基准面是指坠落处最低点的水平面。

二、高处作业的术语

高处作业的术语如图 1–3 所示。

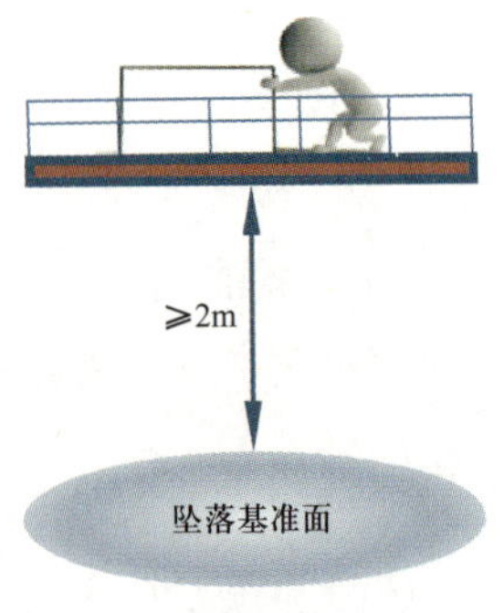

图 1–2　高处作业定义

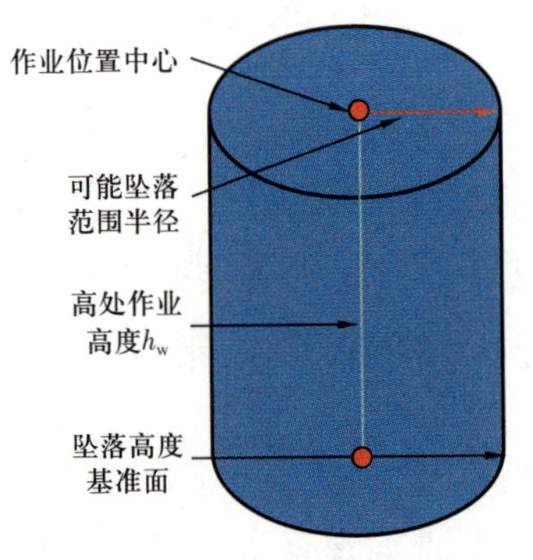

图 1–3　高处作业术语

（一）坠落高度

坠落高度是指物体从离开其原始位置开始自由下落到落地的距离。

（二）坠落高度基准面

坠落高度基准面是指通过可能坠落范围内最低处的水平面。

（三）可能坠落范围

可能坠落范围是指以作业位置为中心，可能坠落范围半径为半径划成的与水平面垂直的柱形空间。

（四）可能坠落范围半径

可能坠落范围半径是指为确定可能坠落范围而规定的相对于作业位置的一段水平距离。

注：可能坠落范围半径用米表示，其大小取决于与作业现场的地形、地势或建筑物分布等有关的基础高度，具体的规定是在统计分析了许多高处坠落事故案例的基础上作出的。

（五）基础高度

基础高度是指以作业位置为中心，6m 为半径，划出的垂直于水平面的柱形空间内的最低处与作业位置间的高度差。

（六）高处作业高度

高处作业高度是指作业区各作业位置至相应坠落高度基准面的垂直距离中的最大值。

三、高处作业的分类

（一）按工作类型分

按工作类型，高处作业可分为：登高架设作业、悬空作业、攀登作业。

（1）登高架设作业：在高处从事脚手架、跨越架架设或拆除的作业。

（2）悬空作业：在无立足点或无牢靠立足点的条件下进行的高处作业。建筑物内外装饰、清洁、装修，小型空调高处安装、维修，建筑物检测等作业。

（3）攀登作业：在施工现场，借助于登高用具或登高设施，在攀登条件下进行的高处作业。适用于户外广告设施的安装、检修、维护，高处设备设施安装、检修、维护、检测等作业。

（二）按工作性质分

按工作性质，高处作业可分为：一般高处作业、特殊高处作业。

1. 一般高处作业

一般高处作业是指在正常作业环境下的各项高处作业，即特殊高处作业以外的高处作业。

2. 特殊高处作业

特殊高处作业包括但不限于以下情形：

（1）强风高处作业：在风力六级（风速 10.8m/s）以上的情况下进行的高处作业。

（2）异温高处作业：在高温或者低温环境下进行的高处作业。高温是指作业地点具有生产性热源，其气温高于本地区夏季室外通风设计计算温度 2℃及以上。低温是指作业地点的温度低于 5℃。

（3）雪天高处作业：降雪时进行的高处作业。

（4）雨天高处作业：降雨时进行的高处作业。

（5）夜间高处作业：室外完全采用人工照明进行的高处作业。

（6）带电高处作业：在接近或接触带电体条件下进行的高处作业，称为带电高处作业。GB/T 3608—2008《高处作业分级》中规定了作业活动范围与危险电压带电体的距离。小于表 1-1 规定距离的即为接近带电体。

（7）抢救高处作业：对突然发生的各种灾害事故，进行抢救的高处作业。

四、高处作业的分级

作业高度 h 按照 GB/T 3608—2008《高处作业分级》分为四个区段：2m≤h≤5m，5m＜h≤15m，15m＜h≤30m，h＞30m。

直接引起坠落的客观危险因素分为 9 种（GB 30871—2022）：

（1）风力五级（风速 8.0m/s）以上。

（2）平均气温等于或低于 5℃的作业环境。

（3）接触冷水温度等于或低于 12℃的作业。

（4）作业场地有冰、雪、霜、油、水等易滑物。

（5）作业场所光线不足或能见度差。

（6）作业活动范围与危险电压带电体距离小于表 1-1 的规定。

表 1-1 作业活动范围与危险电压带电体的距离

危险电压带电体的电压等级，kV	距离，m
≤10	1.7
35	2.0
63～110	2.5
220	4.0
330	5.0
500	6.0

（7）摆动，立足处不是平面或只有很小的平面，即任一边小于 500mm 的矩形平面、直径小于 500mm 的圆形平面或具有类似尺寸的其他形状的平面，致使作业者无法维持正常姿势。

（8）存在有毒气体或空气中含氧量低于 19.5%（体积分数）、高于 23.5%（体积分数）的作业环境。

（9）可能会引起各种灾害事故的作业环境和抢救突然发生的各种灾害事故。

不存在以上 9 种列出的任一种客观危险因素的高处作业按表 1-2 规定的 A 类法分级，存在以上 9 种列出的一种或一种以上客观危险因素的高处作业按表 1-2 规定的 B 类法分级。

表 1-2 高处作业分级标准

分类法	高处作业高度 h_w，m			
	$2 \leq h_w \leq 5$	$5 < h_w \leq 15$	$15 < h_w \leq 30$	$h_w > 30$
A	Ⅰ	Ⅱ	Ⅲ	Ⅳ
B	Ⅱ	Ⅲ	Ⅳ	Ⅳ

五、特殊情况下的高处作业分级

（一）Ⅰ级高处作业

在坡度大于 45°的斜坡上面实施的作业，为Ⅰ级高处作业。

（二）Ⅱ、Ⅲ级高处作业

以下情形为Ⅱ、Ⅲ级高处作业：

（1）在升降（吊装）口、坑、井、池、沟、洞等上面或附近进行的高处作业。

（2）在易燃、易爆、易中毒、易灼伤的区域或转动设备附近进行的高处作业。

（3）在无平台、无护栏的塔、釜、炉、罐等容器、设备及架空管道上进行的高处作业。

（4）在塔、釜、炉、罐等受限空间内进行的高处作业。

（5）在邻近排放有毒有害气体、粉尘的放空管线或烟囱及设备的高处作业。

（三）Ⅳ级高处作业

以下情形为Ⅳ级高处作业：

（1）在高温或低温环境下进行的异温高处作业。

（2）在降雪时进行的雪天高处作业。

（3）在降雨时进行的雨天高处作业。

（4）在室外完全采用人工照明进行的夜间高处作业。

（5）在接近或接触带电体条件下进行的带电高处作业。

（6）在无立足点或无牢靠立足点的条件下进行的悬空高处作业。

第三节　石油石化行业常见高处作业及特点

一、常见高处作业

（一）临边作业

临边作业是指在工作面边沿无围护或围护设施高度低于800mm的高处作业，包括楼板边、楼梯段边、屋面边、阳台边、各类坑、沟、槽等边沿的高处作业。

下列作业条件属于临边作业：

（1）基坑周边，无防护的阳台、料台与挑平台等。

（2）无防护楼层、楼面周边。

（3）无防护的楼梯口和梯段口。

（4）井架、施工电梯和脚手架等的通道两侧面。

（5）各种垂直运输卸料平台的周边。

（二）洞口作业

洞口作业是指在地面、工作面等有可能使人和物料坠落，其坠落高度大于或等于 2m 的洞口处的高处作业，包括施工现场及通道旁深度在 2m 及 2m 以上的桩孔、沟槽与管道孔洞等边沿作业及低于地面和平台的设备和容器的人孔打开作业。

建筑物的楼梯口、电梯口及设备安装预留洞口等（在未安装正式栏杆、门窗等围护结构时）还有一些施工需要预留的上料口、通道口、施工口等。

洞口作业无防护或防护措施落实不到位，可能造成作业人员从高处坠落。若物体从洞口坠落，还会伤及下方人员，容易造成作业人员高处坠落、物体坠落打击事故。

（三）攀登作业

攀登作业是指借助登高用具或登高设施进行的高处作业。

装拆塔机、龙门架、并字架、施工电梯、桩架，登高在建筑物周围搭拆脚手架、张挂安全网，安装钢结构构件等作业都属于这种作业。

攀登作业由于没有作业平台，只能攀登在可借助物的架子上作业，身体重心垂线不通过脚下，作业难度大，危险性大，若有不慎就可能坠落。

（四）悬空作业

悬空作业是指在周边无任何防护设施或防护设施不能满足防护要求的临空状态下进行高处作业，其特点是在操作者无立足点或无牢靠立足点条件下进行高处作业。

建筑施工中的构件吊装，利用吊篮进行外装修，悬挑或悬空梁板、雨棚等特殊部位支拆模板扎筋、浇碎等项作业都属于悬空作业。由于是在不稳定的条件下施工作业，危险性很大。

（五）操作平台作业

操作平台作业是指借助由钢管、型钢或脚手架等组装搭设制作的供施工现场作业的平台上进行的高处作业，包括移动式、落地式、悬挑式等平台作业。

（六）交叉作业

交叉作业是指垂直空间贯通状态下，可能造成人员或物体坠落，并处于坠落半径范围内、上下左右不同层面的立体作业。

现场施工上部搭设脚手架、吊运物料、地面上的人员搬运材料、制作钢筋，或外墙装修下面打底抹灰、上面进行面层装饰等，都是施工现场的交叉作业。

交叉作业中，若不慎碰掉物料，失手掉下工具或吊运物体散落，都可能砸到下面的作业人员，从而发生物体打击伤亡事故。

二、高处作业特点

（一）普遍性

高处作业是最普遍的一类特殊作业，几乎所有进入生产装置或施工现场进行作业的岗位人员和外来施工人员都会参与高处作业，导致作业人员基数庞大。高处作业引发的事故在石油石化行业占比远远高于其他作业，事故发生的绝对数量明显高于其他作业。因此加强高处作业的安全管理十分必要。

某石油石化企业统计 2023 年特殊作业数据，全年特殊作业共计 20206 项，其中涉及高处作业的有 6020 项，占比 29.79%，风险作业类型排名第一，如图 1-4 所示。

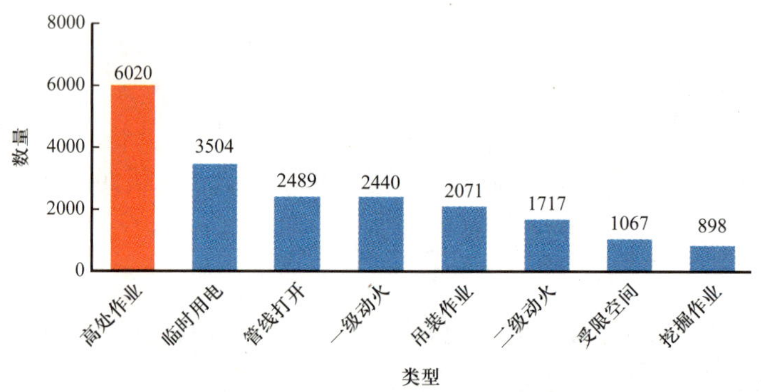

图 1-4　风险作业类型柱状图

（二）多样性

从高处作业的定义可以看出，只要满足坠落高度和可能性两个条件，便可形成高处作业，这就形成了高处作业的多样性，例如登高、临边、临孔洞等，这个特征常被作业人员忽视。

例如在高处平台检维修作业时拆除平台部分护栏，作业环境就由正常高处作业转变为高处临边作业，存在人员坠落风险。这样的动态风险常常被作业人员忽视，若未及时辨识风险，采取对应的安全措施，就有可能发生意外。

（三）确定性

高处作业本身就使作业人员和相应的物品拥有高位势能，当这些势能意外释放时，就会出现人员坠落伤亡或高空落物打击事故。从这个角度来讲，高处作业本身就是有能量的，它的风险是确定的。

（四）复合性

高处作业的风险往往不是单一的，而是与其他作业相复合的，当与其他作业复合后，风险往往出现叠加，甚至出现相乘的效应。例如当高处作业与低风险的一般作业复合时，两者的风险叠加，比较常见的复合有高处作业与保温作业，两者风险相加，有高处坠落、坠物、粉尘和烫伤等风险；当高处作业与高风险作业复合时，两者的风险相乘，风险明显增大，常见的有高处作业与用火作业相复合的高处用火作业，不但有高处坠落、坠物、烫伤、着火和爆炸风险，也会带来如逃生通道受限、躲闪困难、事故救援及应急处理困难等问题，直接放大了事故可能性和后果的严重性。

据统计，2017 年全国房屋市政工程生产安全事故统计和分析 692 起，死亡 807 人（图 1–5）。高处坠落事故 331 起，占总数的 47.83%；物体打击事故 82 起，占总数的 11.85%；坍塌事故 81 起，占总数的 11.71%；起重伤害事故 72 起，占总数的 10.40%；机械伤害事故 33 起，占总数的 4.77%；触电、车辆伤害、中毒和窒息、火灾和爆炸及其他类型事故 93 起，占总数的 13.44%。高处作业事故共计 413 起，占总数的 59.68%。

2017 年发生的 23 起生产安全较大事故中（图 1–6），土方坍塌事故 5 起、死亡 18 人，分别占较大事故总数的 21.74% 和 20.00%；起重伤害事故 4 起、死亡 16 人，分别占较大事故总数的 17.39% 和 17.78%；模板支撑体系坍塌事故 2 起、死亡 6 人，分别占较大事故总数的 8.70% 和 6.67%；吊篮倾覆事故 2 起、死亡 6 人，分别占较大事故总数的 8.70% 和 6.67%；中毒和窒息事故 2 起、死亡 7 人，分别占较大事故总数的 8.70% 和 7.78%；火灾和爆炸事故 2 起、死亡 7 人，分别占较大事故总数的 8.70% 和 7.78%；脚手架坍塌事故 1 起、死亡 3 人，分别占较大事故总数的 4.35% 和 3.33%；车辆伤害事故 1 起、死亡 3 人，分别占较大事故总数的 4.35% 和 3.33%；机械伤害事故 1 起、死亡 4 人，分别占较大事故总数的 4.35% 和 4.44%；其他坍塌事故 3 起、死亡 20 人，分别占较大事故总数的 13.04% 和 22.22%。

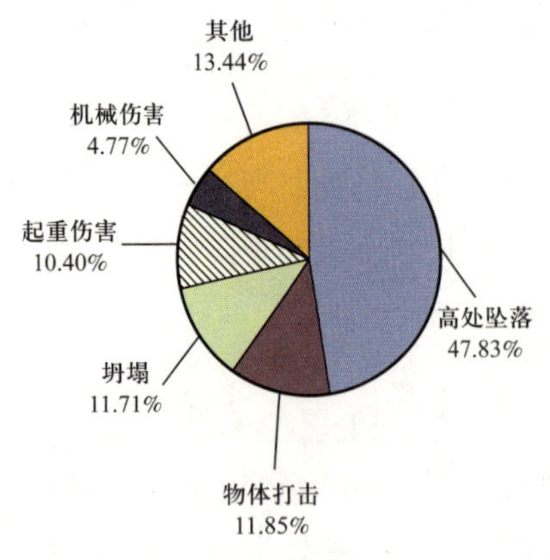

图 1-5　2017 年全国房屋市政工程生产安全事故分类饼状图

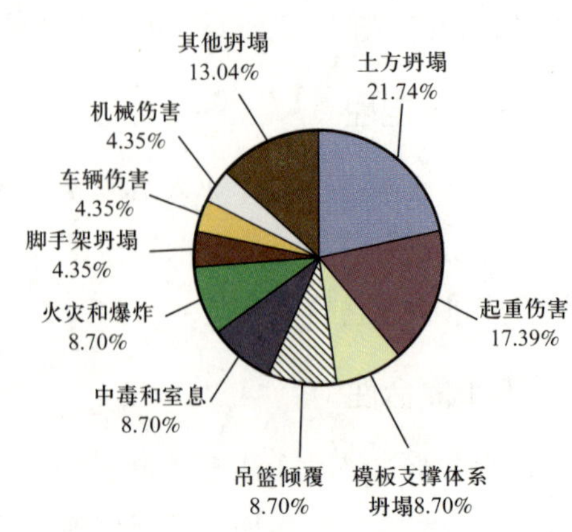

图 1-6　2017 年生产安全较大事故分类饼状图

按照事故类型分析，高处作业事故占全部事故起数的 59.54%，是最易造成人员伤亡的事故类型，反映出不少工程项目存在安全管理粗放、施工现场安全防护不到位、施工作业人员安全意识淡薄等问题。较大事故中，以基坑坍塌、起重伤害、模板支架坍塌为代表的危险性较大的分部分项工程事故共 17 起、死亡 64 人，分别占较大事故总数的 73.91% 和 71.11%，是防范群死群伤事故的重点。

第四节　高处坠落伤害

高处坠落伤害是高处作业最常见的损伤之一。据 2008 年美国劳工统计局的统计数据显示，2006 年盖顶工人发生的职业损伤中，高处坠落导致的最多，占到 81%。

一、坠落范围确定方法

由于并非所有的坠落都是沿垂直方向笔直地下坠，因此就有一个可能坠落范围的半径问题。当以可能坠落范围的半径为 R，从作业位置至坠落高度基准面的垂直距离（即坠落高度）为 h_w 时，GB/T 3608—2008《高处作业分级》的附录 A 规定 R 值与 h_w 值的关系见表 1-3。

二、坠落高度与伤害严重性

人员受伤严重程度与其身体坠落单位面积上所受到的冲击力大小有着直接关系，冲击力越大，受伤程度就越严重。

表 1-3 R 值与 h_w 值的关系

坠落高度 h_w，m	坠落半径 R，m
$2 \leqslant h_w \leqslant 5$	3
$5 < h_w \leqslant 15$	4
$15 < h_w \leqslant 30$	5
$h_w > 30$	6

根据能量守恒定律，当受力时间 t 和物体质量 M 不变时，冲击力大小与速度成正比，即速度越大所承受的冲击力就越大，见式（1-1）：

$$Ft=Mv \tag{1-1}$$

式中 F——冲击力，单位为牛（N）；

t——受力时间，单位为秒（s）；

M——物体质量，单位为克（g）；

v——速度，单位为米每秒（m/s）。

自由落体运动中，坠落速度大小与坠落垂直高度成正比，即垂直高度越高，物体的坠落速度越大，见式（1-2）：

$$v=2gH \tag{1-2}$$

式中 v——速度，单位为米每秒（m/s）；

g——重力加速度，单位为米每二次方秒（m/s^2）；

H——坠落高度，单位为米（m）。

通过以上推理可以得出这样的结论：人员从高处坠落后，其受伤严重程度与坠落高度成正比。根据有关统计资料，坠落高度与受伤严重程度存在如表 1-4 所示的关系。

表 1-4 坠落高度与受伤严重程度关系

坠落高度，m	受伤严重程度
2	50% 受伤
4	100% 受伤，甚至死亡
12	50% 死亡
≥15	100% 死亡

三、高处坠落常见的受伤部位

（一）颅脑损伤

颅脑损伤一般是由于直接撞击力的传导、加速和减速过程中的线性冲击力导致局部头皮受损、骨折或局部颅内组织损伤。据相关统计，高处坠落致颅脑损伤发生的概率在 41%～45%，占高处坠落合并伤的第一位。人类颅骨结构如图 1-7 所示。

（二）脊柱损伤

高处坠落常导致脊柱损伤。据国外文献报道，高处坠落的病人中有 22%～54% 发生脊柱骨折，2%～5% 合并有脊髓损伤。人类脊柱结构如图 1-8 所示。

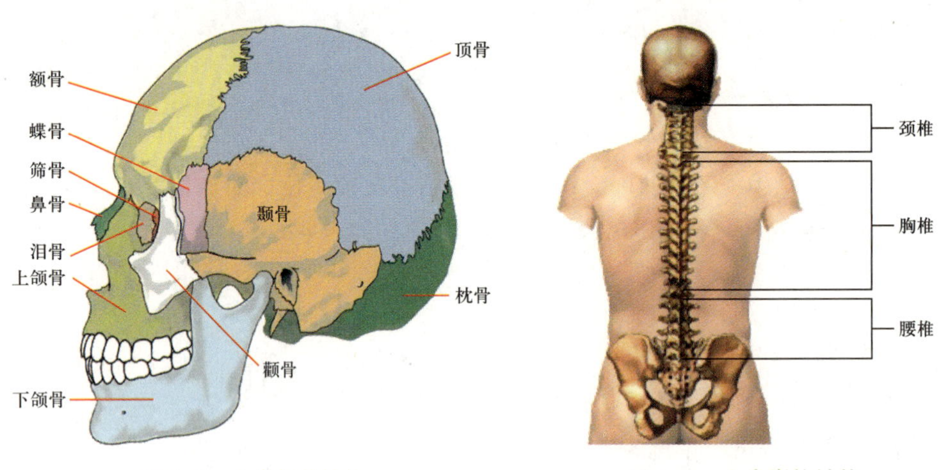

图 1-7　人类颅骨结构　　图 1-8　人类脊柱结构

（三）肢体损伤

高处坠落着地时产生的冲击力常导致肢体损伤。其中，下肢体受伤的概率要明显高于上肢体，且受伤部位多靠近肢端，即关节附近。人类肢体结构如图 1-9 所示。

（四）其他部位损伤

当然，除了以上损伤部位外，当高处坠落过程中遇到障碍物、着地时着地部位不同或钝器伤，还可能导致脏器伤或躯体其他部位的损伤。

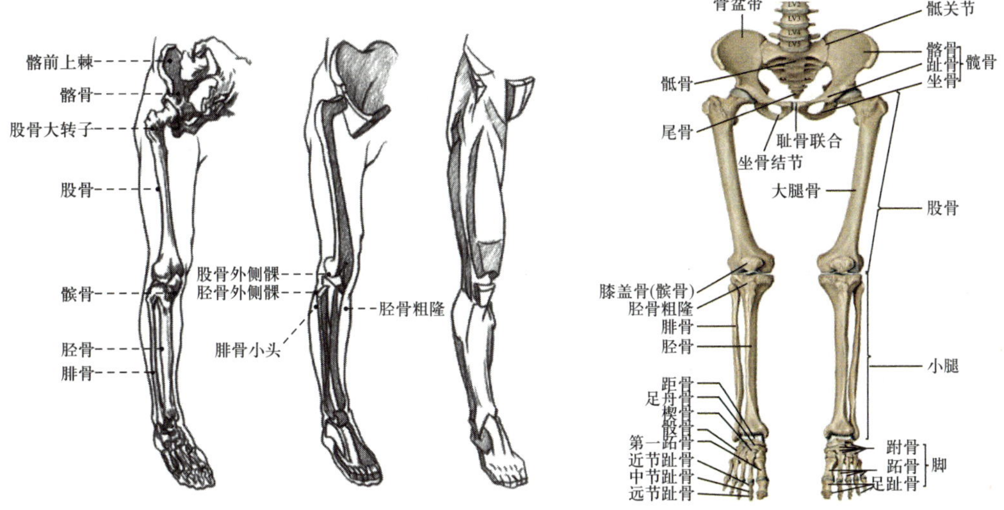

图 1-9　人类肢体结构

四、主要危害因素

（一）人的不安全行为

（1）人员未进行安全培训或未持有效证件进行高处作业。

（2）不具备高处作业资格（条件）的人员擅自从事高处作业。从事高处作业的人员要定期体检，凡患高血压、心脏病、贫血病、癫痫、恐高及其他不适合从事高处作业的人员不得从事高处作业。

（3）未经现场安全人员同意擅自拆除安全防护设施。

（4）不按规定的通道上下进入作业面，而是随意攀爬阳台、吊车臂架等非规定通道。

（5）拆除脚手架、井字架、塔吊或模板支撑系统时无专人监护且未按规定设置可靠防护设施。

（6）高空作业时未按要求穿戴好个人劳动防护用品（安全帽、安全带、防滑鞋）等。

（7）人的操作失误，例如：

① 在洞口、临边作业时因踩空、踩滑而坠落。

② 在转移作业地点时因没有系好安全带或安全带系挂不牢而坠落。

③ 在安装建筑构件时，因作业人员配合失误而导致坠落。

（8）作业人员违规从高处扔东西。

（9）作业人员冒险进入危险区域。

（10）指挥人员违章指挥。

（11）作业人员疲劳、注意力不集中、身体条件差或情绪不稳定等。

（12）作业人员未执行作业许可管理（高处、动火、用电、电气设备维修等）。

（二）物的不安全状态

（1）作业区域无梯子、栏杆、生命线、防坠落装置、安全网等安全防护设施。

（2）高处作业安全防护设施材质强度不够、安装不良、磨损老化等，安全防护设施不合格、装置失灵而导致事故，主要表现为：

① 防护栏杆的钢管、扣件等材料壁厚不足、腐蚀、扣件不合格而折断、变形。

② 吊篮脚手架钢丝绳因磨擦、锈蚀而破断导致吊篮倾斜、坠落。

③ 施工脚手板因强度不够而弯曲变形、折断。

④ 脚手板漏铺或有探头板或铺设不平稳。

⑤ 材料有缺陷，因被蹬踏物材质强度不够突然断裂。钢管与扣件不符合要求、脚手架钢管锈蚀严重仍然使用。

⑥ 脚手架架设不规范。如未绑扎防护栏杆或防护栏杆损坏，操作层下面未铺设安全防护层。

⑦ 材料堆放过多造成脚手架超载断裂（图省事将钢筋一次性堆放在脚手架上）。

⑧ 模板斜度超过 25°，无防滑措施（特指连续梁模板）。

⑨ 临边、洞口、操作平台周边无防护设施、安全设施不牢固或已损坏未及时处理。

⑩ 整体提升脚手架、施工电梯等设施设备的防坠装置失灵而导致脚手架、施工电梯坠落。

⑪ 个人防护用品本身有缺陷。如使用三无产品或已老化的安全带、安全绳。

⑫ 安全网损坏或间距过大、宽度不足或未设安全网。

（3）作业通道、平台或梯子固定不牢或作业通道、平台有坑洞。

（4）危险区域无隔离、警示。

（5）随身物品未清理或未采取有效固定措施、手工具或零部件未拴保险绳。

（6）人员上下无梯子或通道。

（7）交叉作业无隔离网。

（8）防护鞋不防滑或者防滑效果不好。

（三）管理上的缺陷

（1）选派无有效作业证件或有高处作业禁忌证的人员进行高处作业。

（2）未按要求配备安全防护设备或设施。

（3）高处作业施工现场无安全生产监督管理人员，未对高处作业现场进行有效的监控。

（4）未按要求组织作业人员进行体检。

（5）生产组织过程不合理，存在交叉作业或超时作业现象。

（6）高处作业安全管理规章制度及岗位安全责任制未建立或不完善。

（7）未组织作业人员参加相关培训。

（8）未按要求实行作业许可管理。

（9）未组织进行作业风险辨识和控制。

（10）高处作业现场无进行有效隔离、无警示标识。

（11）未对高处作业现场进行定期安全检查，未及时投入资金组织整改发现的隐患。

（四）环境因素

（1）作业现场能见度不足、光线差。

（2）作业活动范围与危险电压带电体的距离小于安全距离。

（3）风力 5 级（风速 8.0m/s）以上高处作业。

（4）高温中度危害作业（2 级）及其以上的高处作业。

（5）在平均气温等于或低于 5℃的作业环境下进行高处作业。

（6）接触冷水温度等于或低于 12℃的高处作业。

（7）作业平台有油泥、冰、雪、霜、水、油等易滑物。

（8）作业通道、平台有障碍物。

（9）危险区域交叉作业。

（10）摆动，立足处不是平面或只有很小的平面，即任一边小于 500mm 的矩形平面、直径小于 500mm 的圆形平面或具有类似尺寸的其他形状的平面，致使作业者无法维持正常姿势。

（11）存在有毒气体或空气中氧含量低于 19.5%、高于 23.5% 的作业环境进行高处作业。

第五节 高处作业法规标准

古人云："没有规矩，不成方圆。"规矩就是规章制度，是用来规范我们行为的规则、条文。随着我国市场经济体制的逐步推行和完善，随着经济全球化，国内外企业竞争日趋激烈，建立和健全符合我国国情和企业自身特点的现代化公司管理规章制度，是实现企业的持续发展和成长最重要的基础和根本所在。

当前我国正处在工业化、城镇化持续推进过程中，生产经营规模不断扩大，传统和新型生产经营方式并存，各类事故隐患和安全风险交织叠加，安全生产基础薄弱、监管体制机制和法律制度不完善、企业主体责任落实不力等问题依然突出，生产安全事故易发、多发。

党的十八大以来，以习近平同志为核心的党中央对安全生产工作高度重视。2016 年 10 月 11 日，习近平总书记主持召开中央全面深化改革领导小组第 28 次会议上，通过了《关于推进安全生产领域改革发展的意见》（简称《意见》），12 月 9 日中共中央、国务院正式印发，12 月 18 日向社会公开发布。《意见》坚守"发展绝不能以牺牲安全为代价"这条不可逾越的红线为原则，着力解决"安全生产法治不彰及法律法规标准体系不健全"等九个方面的问题。《意见》要求大力推进依法治理，建立健全安全生产法律法规立改废释工作协调机制，加快安全生产标准制定修订和整合，建立以强制性国家标准为主体的安全生产标准体系。

自从《意见》出台以来，国家相关部门组织对有关安全生产法律法规、规范标准也进行了修订。2017 年和 2020 年两次对《中华人民共和国刑法》等安全生产监督执法相关的法律进行修订；并修订了《中华人民共和国安全生产法》（2021 年）等安全生产法律；2022 年 3 月 15 日发布了新修订的 GB 30871—2022《危险化学品企业特殊作业安全规范》，2022 年 10 月 1 日正式实施；2019 年 7 月 10 日发布了 GB 50484—2019《石油化工建设工程施工安全技术标准》等涉及安全生产的规范标准。2022 年 4 月 19 日住房和城乡建设部发布《房屋市政工程生产安全重大事故隐患判定标准（2022 版）》（简称《判定标准》），要求要把重大风险隐患当成事故来对待，将《判定标准》作为监管执法的重要依据，督促工程建设各方依法落实重大事故隐患排查治理主体责任，准确判定、及时消除各类重大事故隐患。要严格落实重大事故隐患排查治理挂牌督办等制度，着力从根本上消除事故隐患，牢牢守住安全生产底线。

一、法律法规

（一）《中华人民共和国刑法》

《中华人民共和国刑法》（简称《刑法》）于1979年7月1日第五届全国人民代表大会第二次会议通过，1997年3月14日第八届全国人民代表大会第五次会议修订。根据1999年12月25日中华人民共和国刑法修正案，2001年8月31日中华人民共和国刑法修正案（二），2001年12月29日中华人民共和国刑法修正案（三），2002年12月28日中华人民共和国刑法修正案（四），2005年2月28日中华人民共和国刑法修正案（五），2006年6月29日中华人民共和国刑法修正案（六），2009年2月28日中华人民共和国刑法修正案（七），2009年8月27日《全国人民代表大会常务委员会关于修改部分法律的决定》，2011年2月25日中华人民共和国刑法修正案（八），2015年8月29日中华人民共和国刑法修正案（九），2017年11月4日中华人民共和国刑法修正案（十），2020年12月26日中华人民共和国刑法修正案（十一）修正。

《刑法》明确了在生产、作业中，生产经营单位及其有关人员犯罪及其刑事责任，主要涉及“危险作业罪”“重大责任事故罪”“强令、组织他人违章冒险作业罪”“重大劳动安全事故罪”“消防责任事故罪”等。其中“危险作业罪”在事故发生前可以进行定罪。

1. 危险作业罪

在生产、作业中违反有关安全管理的规定，具有发生重大伤亡事故或者其他严重后果的现实危险的，处一年以下有期徒刑、拘役或者管制。

2. 重大责任事故罪

在生产、作业中违反有关安全管理的规定，因而发生重大伤亡事故或者造成其他严重后果的，处三年以下有期徒刑或者拘役；情节特别恶劣的，处三年以上七年以下有期徒刑。

3. 强令、组织他人违章冒险作业罪

强令他人违章冒险作业，或者明知存在重大事故隐患而不排除，仍冒险组织作业，因而发生重大伤亡事故或者造成其他严重后果的，处五年以下有期徒刑或者拘役；情节特别恶劣的，处五年以上有期徒刑。

4. 重大劳动安全事故罪

安全生产设施或者安全生产条件不符合国家规定，因而发生重大伤亡事故或者造成其他严重后果的，对直接负责的主管人员和其他直接责任人员，处三年以下有期徒刑或者拘役；情节特别恶劣的，处三年以上七年以下有期徒刑。

（二）《中华人民共和国安全生产法》

《中华人民共和国安全生产法》（简称《安全生产法》）由 2002 年 6 月 29 日第九届全国人民代表大会常务委员会第二十八次会议通过，根据 2009 年 8 月 27 日第十一届全国人民代表大会常务委员会第十次会议《关于修改部分法律的决定》第一次修正，根据 2014 年 8 月 31 日第十二届全国人民代表大会常务委员会第十次会议《关于修改〈中华人民共和国安全生产法〉的决定》第二次修正，根据 2021 年 6 月 10 日第十三届全国人民代表大会常务委员会第二十九次会议《关于修改〈中华人民共和国安全生产法〉的决定》第三次修正，自 2021 年 9 月 1 日起施行。《安全生产法》是我国第一部规范安全生产的综合性法律，目的是加强安全生产工作，防止和减少生产安全事故，保障人民群众生命和财产安全，促进经济社会持续健康发展。《安全生产法》新增了“坚持人民至上、生命至上，把保护人民生命安全摆在首位，树牢安全发展的理念”“安全生产工作实行管行业必须管安全、管业务必须管安全、管生产经营必须管安全”“生产经营单位必须构建安全风险分级管控和隐患排查治理双重预防机制，健全风险防范化解机制”“生产经营单位的主要负责人是本单位安全生产第一责任人”等变化。

1.《安全生产法》涉及高处作业的安全管理

《安全生产法》第四十三条：生产经营单位进行爆破、吊装、动火、临时用电以及国务院应急管理部门会同国务院有关部门规定的其他危险作业，应当安排专门人员进行现场安全管理，确保操作规程的遵守和安全措施的落实。

2.《安全生产法》涉及高处作业的违章处罚

《安全生产法》第一百零一条：进行爆破、吊装、动火、临时用电以及国务院应急管理部门会同国务院有关部门规定的其他危险作业未安排专门人员进行现场安全管理的，责令限期改正，处十万元以下的罚款；逾期未改正的，责令停产停业整顿，并处十万元以上二十万元以下的罚款，对其直接负责的主管人员和其他直接责任人员处二万元以上五万元以下的罚款；构成犯罪的，依照刑法有关规定追究刑事责任。

（三）《中华人民共和国民法典》

2020 年 5 月 28 日，十三届全国人大三次会议表决通过了《中华人民共和国民法典》，自 2021 年 1 月 1 日起施行。《中华人民共和国民法典》明确了高空作业属于危险作业。第八章高度危险责任中第一千二百三十六条“从事高度危险作业造成他人损害的，应当承担侵权责任”；第一千二百四十条“从事高空、高压、地下挖掘活动或者使用高速轨道运输工具造成他人损害的，经营者应当承担侵权责任；但是，能够证明损害是因受害人故意或者不可抗力造成的，不承担责任。被侵权人对损害的发生有重大过失的，可以减轻经营者的责任。”

二、行政规章

（一）《房屋市政工程生产安全重大事故隐患判定标准（2022 版）》

为准确认定、及时消除房屋建筑和市政基础设施工程生产安全重大事故隐患，有效防范和遏制群死群伤事故发生，2022 年 4 月 19 日，住房和城乡建设部发布“建质规〔2022〕2 号”文件，印发《房屋市政工程生产安全重大事故隐患判定标准（2022 版）》，明确了高处作业、脚手架工程、基坑工程重大生产安全事故隐患 12 条。

（二）《陕西省石油天然气开采业重大事故隐患判定标准（试行）》

该文件依据有关法律法规，部门规章和国家行业标准，吸取了近年来石油天然气开采业重大及典型事故教训，从人员要求、设备设施和安全管理三个方面明确了 20 种，应当判定为重大事故隐患的情形。涉及高处作业 2 条，即特种作业人员未持证上岗，未按规定落实作业审批制度，擅自进行动火、进入受限空间等特殊作业。

三、国家标准

（一）GB 30871—2022《危险化学品企业特殊作业安全规范》

该标准由原中华人民共和国国家质量监督检验检疫总局、中国国家标准管理委员会于 2014 年 7 月 24 日发布。2022 年 3 月 15 日，国家市场监督管理总局和国家标准化管理委员会正式发布了新修订版，2022 年 10 月 1 日实施。

新标准规定了危险化学品企业设备检修中动火、进入受限空间、盲板抽堵、高处作业、吊装、临时用电、动土、断路等安全要求。

新标准涉及高处作业主要变化点：

（1）提出了 30m 以上高处作业应配备通信联络工具。

（2）增加了高处作业人员不应站在不牢固的结构物上进行作业，不应在未固定、无防护设施的构件及管道上进行作业或通行要求。

（3）明确了交叉作业要求：在同一坠落方向上，一般不应进行上下交叉作业，如需进行交叉作业，中间应设置安全防护层，坠落高度超过 24m 的交叉作业，应设双层防护。

（4）明确了连续作业风险管控要求：安全作业票的有效期最长为 7 天。当作业中断，再次作业前，应重新对环境条件和安全措施进行确认。

（二）GB 51210—2016《建筑施工脚手架安全技术统一标准》

2016 年 12 月 2 日由中华人民共和国住房和城乡建设部、中华人民共和国国家质量监督检验检疫总局联合发布，并于 2017 年 7 月 1 日实施，标准规定了房屋建筑工程和市政工程施工用脚手架的材料、构配件、载荷、设计、施工、使用及管理要求。

（三）GB 6095—2021《坠落防护　安全带》

2021 年 8 月 10 日，《坠落防护　安全带》由国家市场监督管理总局、中国国家标准化管理委员会发布，并于 2022 年 9 月 1 日实施。

本标准规定了高处作业用安全带的分类与标记、技术要求、测试方法、检验规则及标识、制造商提供的信息，适用于高处作业过程中使用者体重及负重之和不大于 100kg 时所使用的安全带。

新标准与 GB 6095—2009 相比，增加了坠落防护用安全带、区域限制用安全带、围杆作业用安全带等的定义、安全带的组成与设计、安全带系统性能、安全带附加性能、安全带金属零部件耐腐蚀性能、测试方法、制造商提供的信息；修改了分类与标记、检验规则、标识；删除了基本技术性能、特殊技术性能。

（四）GB/T 50484—2019《石油化工建设工程施工安全技术标准》

该标准由中华人民共和国住房和城乡建设部和中华人民共和国国家质量监督检验检疫总局于 2008 年 12 月 30 日联合发布，2019 年 7 月 10 日，中华人民共和国住房和城乡建设部和国家市场监督管理总局进行修正，于 2019 年 12 月 1 日实施。

新标准适用于石油化工、煤化工、天然气化工等新建、改建、扩建及装修装置施工安全技术管理。规定了动火、进入受限空间、土建作业、高处作业、起重作业、临时用电、特殊安装作业、脚手架等作业的安全要求。

新标准的第 3.5 节规定了高处作业的一般规定、攀登与悬空作业、作业平台与洞口、临边防护等相关管理要求。第 6 章规定了脚手架作业的一般规定、脚手架用料、搭设使用拆除、特殊形式脚手架相关要求。

（五）GB/T 3608—2008《高处作业分级》

1983 年 4 月首次中华人民共和国国家质量监督检验检疫总局、中国国家标准化管理委员会联合发布，1993 年 12 月第一次修订，2008 年 10 月 30 日再次进行修订并发布，于 2009 年 6 月 1 日实施，标准规定了高处作业的术语和定义、高度计算方法及分级。适用于各种高处作业。

（六）GB/T 23468—2009《坠落防护装备安全使用规范》

2009 年 4 月 1 日由中国国家标准化管理委员会、中华人民共和国国家质量监督检验检疫总局联合发布，并于 2009 年 12 月 1 日起实施。

标准规定了安全网、安全带等坠落防护装备的配需要求、安全使用要求、使用期限、定期检验要求及标识管理，适用于高处作业、攀登及悬吊作业中使用的安全网、安全带等坠落防护装备。

四、行业标准

（一）SY/T 6444—2018《石油工程建设施工安全规范》

该标准由国家石油和化学工业局于 2000 年 3 月 1 日发布；2011 年 1 月 9 日，国家能源局进行第一次修订；2018 年 10 月 29 日，国家能源局进行第二次修订，于 2019 年 3 月 1 日实施。

标准 5.9 规定了高处作业管理要求。

（二）SH/T 3567—2018《石油化工工程高处作业技术规范》

该标准由中华人民共和国工业和信息化部于 2018 年 12 月 21 日发布，并于 2019 年 7 月 1 日实施。

标准主要内容为：基本规定、高处作业个人防护、高处作业防护设施、高处作业平台、高处作业安全要求、高处作业管理、监督检查。

标准规定了高处作业防护、技术要求及安全管理要求。

（三）JGJ 80—2016《建筑施工高处作业安全技术规范》

该标准由中华人民共和国住房和城乡建设部于2016年7月9日发布，并于2016年12月1日实施；规定了建筑施工高处作业中的临边、洞口、攀登、悬空、操作平台、交叉作业及安全网搭设等作业安全作业要求，亦适用于其他高处作业的各类洞、坑、沟、槽等部位的施工。

主要技术内容为总则、术语和符号、基本规定、临边与洞口作业、攀登与悬空作业、操作平台、交叉作业、建筑施工安全网。

五、中国石油高处作业相关要求

（一）高度重视高处作业风险管控

（1）Ⅳ级高处作业及情况复杂、风险高的非常规作业由作业区域所在单位和作业单位实施作业现场“双监护”和视频监控。

（2）节假日、公休日、夜间及其他特殊敏感时期或者特殊情况，应当尽量减少作业数量，确需作业，应当实行升级管理，可采取审批升级、监护升级、监督升级及措施升级等方式，其中Ⅳ级高处作业及情况复杂、风险高的非常规作业，作业区域所在单位应当有领导人员现场带班。

（3）作业前，作业区域所在单位应当会同作业单位对参加作业的人员进行安全技术交底。

（4）作业前，作业区域所在单位应当组织作业单位对作业现场及作业涉及的设备、设施、工器具进行检查，并满足要求。

（5）所属企业应当完善现有的固定式视频监控设施，配备满足需要的移动式视频监控设施。对所有的特殊、非常规作业场所推广使用视频监控和违章行为智能分析技术，实现作业过程全过程智能化监控。

（二）高处作业“八不准”

（1）工作前安全分析未开展不准作业。

（2）界面交接、安全技术交底未进行不准作业。

（3）作业人员无有效资格不准作业。

（4）作业许可未在现场审批不准作业。

（5）现场安全措施和应急措施未落实不准作业。

（6）监护人未在现场不准作业。

（7）作业现场出现异常情况不准作业。

（8）升级管理要求未落实不准作业。

参考文献

[1]郭兆贵，任彦斌．高处作业安全知识［M］．北京：中国劳动社会保障出版社，2017.

[2]徐非凡，田金江，李阳，等．石油钻探企业高处作业安全实用手册［M］．北京：石油工业出版社，2016.

[3]李欣，苏国胜，蒋涛，等．高处作业安全［M］．北京：中国石化出版社，2016.

[4]马海珍，白建军．高处安全作业［M］．北京：中国电力出版社，2015.

第二章　高处作业安全管理

第一节　高处作业清单制管理

一、清单制管理的概念

清单制管理是指制订一套完整的清单，将管理理念、管理内容和管理方式等作为清单内容进行组织、编排，以实现管理的有效实施。具体是针对某项职能范围内的管理活动、生产作业活动，优化流程，建立台账，对工作内容进行细化、量化，形成清晰明确的清单，严格按照清单执行、考核、督查。

高处作业清单制管理是各单位建立高处作业风险管控目标，明确机构职责，梳理生产作业活动中所有高处作业内容，评估确认高处作业风险，制订风险管控措施，建立高处作业清单，并开展教育培训，落实高处作业许可管理，严格过程监管、考核的一种规范化管理，以改善工作效率、提高管理效果的方法。

二、高处（临边）作业风险清单

高处作业风险辨识范围应覆盖作业活动及相关的人员、设备、环境和管理，可采用经验交流法、安全检查表法、作业危害分析法等进行辨识。

（一）高处作业安全风险辨识清单

通过使用清单，可以帮助管理人员和作业人员在进行高处作业时更全面地考虑安全问题，提高作业过程的安全性。具体见表 2–1。

表 2–1　高处作业安全风险辨识清单

序号	风险点	辨识内容
1	工作场所高度	确认工作现场的高度，以确定是否需要特殊的安全措施和防护设备
2	工作环境	评估工作现场的环境条件，包括天气状况、温度、风力等因素，以确定是否对工作安全会产生影响

续表

序号	风险点	辨识内容
3	工具和设备	检查使用的工具和设备是否符合安全标准，并确保其正常运行和维护
4	安全防护装备	核实是否提供了必要的安全防护装备，如安全带、安全帽、安全网等，并确保其正确使用
5	作业人员	确认作业人员是否有高处作业禁忌证，是否接受了相关培训，具有相应资质，了解高处作业的安全操作规程和紧急处理方法
6	通风和气体检测	检查工作区域的通风情况，并进行气体检测，以确保没有存在有害气体
7	存在障碍物	识别可能存在的障碍物，如电线、管道、建筑结构等，在进行高处作业前进行全面检查和清理
8	工作时间安排	合理安排高处作业的时间，避免在恶劣天气条件下进行作业，如强风、暴雨等
9	紧急情况预案	建立应急预案，包括紧急救援措施、通信手段、医疗支援等，以应对意外事故或突发状况
10	过程安全	设立专人负责对高处作业进行监督，确保作业过程中的安全措施得到有效执行

（二）高处作业风险清单

表 2-2 为高处作业风险清单。

表 2-2　高处作业风险清单

序号	风险类型	具体风险
1	人	1. 作业人员有高处作业禁忌证（如高血压、心脏病、恐高症、贫血症、精神疾病等）。 2. 年老体弱、疲劳过度、视力不佳、酒后作业者。 3. 未取得特种作业相应资格。 4. 未掌握现场环境和作业安全要求及作业中可能遇到意外时的处理和救护方法。 5. 未正确配备防坠落用品与登高器具、设备。 6. 未掌握自锁器等使用技术要求。 7. 未佩戴个人防护用品或佩戴不正确或在作业过程中去除
2	机	1. 个人防护用品存在质量缺陷。 2. 使用的高处作业设备设施、提升设备本质或安全防护存在缺陷。

续表

序号	风险类型	具体风险
2	机	3. 在危险化学品生产、储存场所或附近有放空管线的位置高处作业时，作业人员未配备必要的防护器材（如空气呼吸过滤式防毒面具或口罩等）。 4. 30m 以上高处作业未配备通信、联络工具
3	料	1. 洞口防护材料强度不足或固定不牢。 2. 作业前未对高处作业中的安全标志、工具、仪表、电器设施和各种设备进行检查。 3. 高处作业所需的安全带、索具、脚手板、吊篮、吊笼、平台等设备，未经过验收即投入使用。 4. 安全绳和主绳打结后仍继续使用。 5. 自锁器、主绳经常接触尖锐、易燃、强腐蚀等环境。 6. 操作平台、吊笼、梯子、防护围栏、挡脚板、跳板等搭设不符合安全要求。 7. 悬空等作业未按要求设置安全网或安全网破损。 8. 便携式梯脚底部基础面不坚实，或垫高使用
4	法	1. 高处作业设备设施、提升设备操作失误。 2. 安全带低挂高用，扣环未扣牢固。 3. 30m 以上高处作业未指定专人负责联系。 4. 操作平台、临时搭建登高梯、作业台未及时拆除。 5. 作业中的走道、通道板和登高用具未及时清理。 6. 拆卸下的物件及余料和废料未及时清理运走。 7. 操作平台、防护棚拆除时，未设警戒区，派专人监护。 8. 操作平台、防护棚拆除时上、下同时施工。 9. 临时用电设备未及时拆除。 10. 未持特种作业操作证书的人员拆除临时用电的设施。 11. 未经验收确认，作业人员撤离现场。 12. 未办理高处作业许可证。 13. 高处作业许可证要素不全，缺少对高处作业风险分析。 14. 涉及动火、抽堵盲板等危险作业时，没有同时办理相关作业许可证。 15. 未进行安全技术交底或安全技术交底不充分。 16. 开始高处作业前没有对作业准备措施进行检查确认。 17. 发现高处作业的安全技术设施有缺陷和隐患时，未及时解决。 18. 现场无作业监护人员。 19. 危及人身安全时，未停止作业，违章指挥。 20. 作业条件发生重大变化或作业证超期，未重新办理高处作业安全许可票。 21. 违规转包给没有资质的单位
5	环	1. 工作面有冰霜雪水覆盖。 2. 严寒、酷暑天气。 3. 强风、雨雪、大雾天气。

续表

序号	风险类型	具体风险
5	环	4. 采光不足、夜间高处作业照明不足。 5. 作业通道缺乏或设置不合理。 6. 临边洞口无警示标志。 7. 作业场所布置不合理。 8. 作业面狭窄。 9. 高处作业平台搭设在靠近现场安全阀、爆破板、各类放空管和有毒有害气体排放口等区域。 10. 供高处作业人员上下用的梯道、电梯、吊笼等不符合要求，作业人员上下时没有可靠的安全措施。 11. 临边洞口无防护栏杆或设置不规范。 12. 踩踏光滑的材料、湿滑的面板。 13. 踩空或踩踏非承重板、面、临边。 14. 在雨雪覆盖工作面工作。 15. 强风天气下临边作业。 16. 高温环境作业时间过长。 17. 被材料、设备、构件等碰撞。 18. 易滑动、易滚动的工具、材料堆放。 19. 空中抛接工具、材料及其他物品。 20. 被工具、材料、设备羁绊。 21. 在无防护的临边洞口边缘作业。 22. 脚手架或临时搭建登高梯、作业台失稳、坍塌、超载。 23. 在不稳定的结构件上攀爬。 24. 安全带系挂在移动或不牢固的物件上或系挂在有尖锐棱角的部位。 25. 与其他作业交叉进行时，未按指定的路线上下。 26. 上下垂直作业，没有可靠的隔离措施。 27. 高处作业涉及临时用电时不符合 JGJ 46—2005《施工现场临时用电安全技术规范》的有关要求。 28. 在采取地（零）电位或等（同）电位作业方式进行带电高处作业时，未使用绝缘工具。 29. 排放有毒有害气体、粉尘的放空管线或烟囱的场所进行高处作业时，未对作业点的有毒物浓度进行检测或采取有效的防护措施。 30. 在缺氧环境登高作业时，采取措施不符合 GB 8958—2006《缺氧危险作业安全规程》有关要求

三、高处（临边）作业风险管控清单

表 2-3 为钻井高处作业及临边作业风险管控清单。

表 2-3　钻井高处作业及临边作业风险管控清单

高处作业				
序号	工序	区域	作业内容	管控措施
1	拆搬安作业	场地 / 人字梁	安装起井架大绳	1. 上下人字梁（或炮台）使用防坠落装置。 2. 系安全带。 3. 使用绳索将大绳挂入滑轮。 4. 先将牛鼻子吊到耳板位置后人员再上井架在牛鼻子前端安装（或借助升降平台）。 5. 井架上作业时使用双尾绳安全带。 6. 人字梁、起放井架大绳下方等区域禁止站人。 7. 手工具系好保险绳
2			拆卸起井架大绳	1. 井架上作业使用双尾绳安全带。 2. 人员站在牛鼻子前端敲击销子（或借助升降平台作业）。 3. 使用吊车或绳索将牛鼻子及大绳从井架上放至地面，禁止直接抛下。 4. 上下人字梁（或炮台）使用防坠落装置。 5. 使用吊车或小撬杠或引绳将大绳从滑轮内吊出或撬出（拉出），严禁用手替代工具。 6. 人字梁、起放井架大绳下方等区域禁止站人
3		场地区	拆安井架	1. 井架上作业使用双尾绳安全带和井架生命线。 2. 作业人员在井架稳定的一端，砸销子时骑跨在井架槽钢上或抓牢。 3. 禁止高处抛物。 4. 吊车旋转范围、吊装井架下方、大锤敲击运行轨迹前方。 5. 井架上作业人员下方等区域禁止站人。 6. 禁止在槽钢上直立行走，尽量采用骑跨方式
4			拆安井架附件（气动小绞车钢丝绳、B 型大钳钢丝绳等）	1. 井架上作业使用双尾绳安全带。 2. 井架上行走采取正确的移动姿势，使用好安全带和井架生命线。 3. 井架上作业人员下方，附件可能掉落等区域禁止站人
5			拆安天车	1. 井架放在小支架上低位拆安天车。 2. 作业人员系好安全带，不得在天车一端作业。 3. 吊车旋转范围、吊装天车下方、大锤敲击运行轨迹前方、井架上作业人员下方等区域禁止站人
6			拆装转角梯子	1. 使用拉筋固定转角梯子底座（提前确定好位置）。 2. 转角平台固定牢靠。 3. 装好上转角平台梯子后，人员再上平台作业。 4. 转角平台固定梯子时人员站稳扶好

续表

高处作业				
序号	工序	区域	作业内容	管控措施
7	拆搬安作业	场地区	穿大绳	1. 拉穿绳器蛇皮锁扣人员使用双尾绳安全带挂在井架生命线上，尽量在轮梯上行走；过人字梁时使用引绳。 2. 井架及天车配合人员使用安全带。 3. 钻台作业人员与临边保持安全距离，能安装护栏的安装护栏。 4. 井架上作业人员下方、引绳（大绳）下方或侧方等区域禁止站人。 5. 手工具系好安全尾绳
8		二层台	拆安二层台逃生装置	1. 起井架前低位安装好逃生装置。 2. 中途更换拆安进行作业许可。 3. 使用防坠落装置上下井架，系保险带。 4. 骑跨横梁移动。 5. 工具系尾绳。 6. 作业区下方隔离
9		机房区	拆装柴油机排气管	1. 排气管使用双绳套吊挂平稳并拴挂引绳。 2. 人员骑跨在柴油机增压器上配合。 3. 上下柴油机时借助梯子
10			拆装发电机排气管	1. 排气管吊挂平稳并拴挂引绳。 2. 上下发电机房时使用梯子。 3. 拆卸时人员距房子边缘保持 1m 以上距离
11		井架	拆装顶驱及附件	1. 作业许可。 2. 使用防坠落装置上下井架。 3. 使用载人小绞车和提篮。 4. 骑跨横梁移动并系好保险带。 5. 顶驱液压臂伸出，将顶驱放置到低位。 6. 工具系尾绳。 7. 作业面下方禁止站人
12			炮台上取绳套	1. 使用防坠落装置上下炮台，到位置后系好保险带。 2. 炮台四周及下方禁止站人
13			摘挂起井架（底座）大绳	1. 使用防坠落装置上下井架。 2. 骑跨横梁移动，系保险带。 3. 工具系尾绳。 4. 钻台面大绳掉落下方禁止站人

续表

高处作业				
序号	工序	区域	作业内容	管控措施
14	拆搬安作业	井架 / 偏房	拆安装工业监控	1. 系保险带。 2. 起井架前安装，使用井架生命线。 3. 骑跨横梁移动。 4. 工具系尾绳。 5. 钻台面、作业人员下方等区域禁止站人。 6. 严禁高空抛物
15		井口装置区	拆装液气分离器绷绳	1. 分离器放倒时进行。 2. 禁止人员爬上罐顶作业
16		生产水罐区	拆装高架水罐	1. 底罐加装定位装置。 2. 使用引绳在地面上配合，禁止站在底罐上作业。高罐安装速差器，上下罐时使用。 3. 取挂绳套放低身体重心或借助梯子
17		油品储存区	拆装油罐上罐 / 高架罐	1. 借助梯子上下罐。 2. 高架罐有护栏的在低位提前安装
18		钻台区	拆安顶驱导轨	1. 使用安全带。 2. 使用载人小绞车和提篮。 3. 骑跨横梁移动。 4. 工具安装保险绳。 5. 吊车旋转范围、吊装导轨下方、井架上作业人员下方等危险区域禁止站人
19			拆装井架U形固定	1. 使用安全带。 2. 禁止高处抛物。 3. 作业人员下方禁止站人。 4. 工具安装保险绳
20			拆装偏房支架	1. 作业使用安全带。 2. 借助引绳或钩子摘挂绳套
21			拆装钻机排绳器	1. 排绳器固定牢靠。 2. 人员作业时坐在钻机上防滑落
22			拆装钻台铺台拉筋	1. 系安全带。 2. 使用高处作业专用工具。 3. 铺台、拉筋吊挂平衡

续表

<table>
<tr><th colspan="5">高处作业</th></tr>
<tr><th>序号</th><th>工序</th><th>区域</th><th>作业内容</th><th>管控措施</th></tr>
<tr><td>23</td><td rowspan="2">拆搬安作业</td><td>钻台区</td><td>调整人字架导向轮位置</td><td>1. 钻台面使用引绳拉导向轮，将作业放到低位进行。
2. 高处作业时使用安全带、生命线。
3. 骑跨圆梁移动</td></tr>
<tr><td>24</td><td>钻台 / 场地</td><td>房顶拆安无线仪器传输线 / 探照灯</td><td>1. 借助梯子上下房子。
2. 作业时距房屋边缘保持 1m 以上距离。
3. 严禁跳跃横跨房顶。
4. 切断电源，上锁挂签。
5. 使用引绳</td></tr>
<tr><td>25</td><td>电测</td><td>井架</td><td>取挂测井天滑轮</td><td>1. 作业许可。
2. 使用防坠落装置上下井架，系保险带。
3. 骑跨横梁移动。
4. 工具系尾绳。
5. 钻台面物件掉落区域禁止站人</td></tr>
<tr><td>26</td><td rowspan="4">吊装作业</td><td>场地区</td><td>取挂吊大支架绳套</td><td>1. 使用引绳或钩子摘挂绳套，将作业放在低位进行。
2. 上下支架使用防坠落装置。
3. 取挂绳套时挂好安全带尾绳</td></tr>
<tr><td>27</td><td rowspan="2">井口装置区</td><td>拆、安封井器、防雨伞、灌浆管线、钻井液出口管线</td><td>1. 作业许可。
2. 转盘大梁安装防坠落装置。
3. 使用安全带。
4. 出口管支架摆放平稳。
5. 拆安封井器使用游车和气动小绞车配合。
6. 被吊物下方、存在挤压等危险区域禁止站人。
7. 防雨伞可整体吊装的在低位安装好后整体吊装</td></tr>
<tr><td>28</td><td>取挂液气分离器吊绳</td><td>1. 液气分离器安装防坠落装置。
2. 使用安全带</td></tr>
<tr><td>29</td><td>钻台区</td><td>钻台偏房取挂绳套</td><td>1. 采取房内开孔取挂绳套。
2. 房顶取挂绳套时注意脚踩稳。
3. 用专用的扶梯上房顶，使用好长尾绳安全带。
4. 人员监护到位，吊车司机不得擅自操作吊臂</td></tr>
<tr><td>30</td><td>检维修</td><td>机房区</td><td>更换柴油机空气滤芯</td><td>1. 作业许可。
2. 专人监控。
3. 系保险带</td></tr>
</table>

续表

<table>
<tr><th colspan="5">高处作业</th></tr>
<tr><th>序号</th><th>工序</th><th>区域</th><th>作业内容</th><th>管控措施</th></tr>
<tr><td>31</td><td rowspan="6">检维修</td><td rowspan="4">井架</td><td>处理大绳及井架上各类绳索跳槽</td><td>1. 作业许可。
2. 使用防坠落装置上下井架，系保险带。
3. 骑跨横梁移动。
4. 释放大绳（或各绳索）两端重量。
5. 使用撬杠等工具撬动跳槽绳索。
6. 借助气动绞车、手拉葫芦、引绳等工具提拉跳槽绳索。
7. 严禁用手直接在滑轮两侧提拉绳索。
8. 工具系尾绳。
9. 作业区下方隔离</td></tr>
<tr><td>32</td><td>更换水龙带、立管油壬密封圈</td><td>1. 作业许可。
2. 使用防坠落装置上下井架，系保险带。
3. 作业下方隔离。
4. 工具拴保险绳。
5. 专人指挥、操作气动绞车</td></tr>
<tr><td>33</td><td>检查井架（井架固定 / 其他悬挂附件等）</td><td>1. 作业许可。
2. 使用防坠落装置上下井架。
3. 骑跨横梁移动，系保险带。
4. 工具系尾绳。
5. 作业区下方钻台面、场地等可能存在高空落物区域禁止站人</td></tr>
<tr><td>34</td><td>检修井架照明设施 / 工业监控系统</td><td>1. 作业许可，切断电源，上锁挂签。
2. 使用防坠落装置上下井架，系保险带。
3. 骑跨横梁移动。
4. 工具系尾绳。
5. 作业区下方钻台面、场地等可能存在高空落物区域禁止站人</td></tr>
<tr><td>35</td><td rowspan="2">钻台区</td><td>更换维修水龙头冲管、密封填料（盘根）保养水龙头</td><td>1. 锁转盘，将水龙头下放到低位更换、维修。
2. 在大鼠洞高于 2m 更换维修需作业许可，作业时借助平台或梯子。
3. 人员在水龙头上方作业系好安全带</td></tr>
<tr><td>36</td><td>检查保养顶驱</td><td>1. 作业许可。
2. 顶驱液压臂伸出，将顶驱放置到低位作业。
3. 高处使用载人绞车、提篮。
4. 使用保险带，尾绳系挂在顶驱上。
5. 工具系尾绳。
6. 作业区下方隔离</td></tr>
</table>

续表

高处作业				
序号	工序	区域	作业内容	管控措施
37	检维修	钻台区	检查保养天车	1. 作业许可，切断动力源，上锁挂签。 2. 上下井架使用防坠落装置。 3. 使用保险带。 4. 工具系尾绳。 5. 作业区下方隔离。 6. 搬迁安装时在场地对天车全面维护保养，避免或减少高处作业
38	起下钻	二层台	二层台起下钻作业	1. 上下井架使用防坠落装置。 2. 上二层平台时先挂好安全带尾绳，后取防坠落装置。 3. 作业时尾绳挂差速器，使用兜绳、钩子。 4. 禁止站在栏杆、指梁上作业。 5. 二层台工具（钩子）系尾绳
39	起钻	井口装置区	开关灌浆管线阀门	1. 使用钩子等工具在低位开关。 2. 借助梯子
40	校正井口	井架	调整人字架顶丝	1. 作业许可。 2. 系保险带。 3. 工具系尾绳。 4. 作业区域下方禁止站人
41	其他	场地	日常上高架油罐、高架水罐、检查、整改等	1. 使用好差速器。 2. 专人监护
42		场地区	小伙房烟筒拆安、房顶架设探照灯等	1. 使用吊车配合拆卸安装。 2. 两人配合，专人监护
43		机房区	柴油机水箱加冷却液	1. 借助梯子上下水箱，抓牢扶好。 2. 大量加冷却液时使用手摇泵和管线加注，少量添加时，两人配合
44		井架／钻台	高处清理井架／底座／司控房卫生	1. 作业许可。 2. 系安全带
45		钻台区	整理钻台下各管线	1. 作业许可。 2. 系安全带

续表

临边作业				
序号	工序	区域	作业内容	管控措施
1	拆搬安作业	场地	游车穿引绳	1. 上下游车支架使用梯子。 2. 作业时系好保险带
2		循环罐区	拆装循环罐罐面设备	1. 不影响设备安装拆卸的护栏先安装到位或最后拆除。 2. 罐面盖板先安装到位或罐面设备拆卸后拆除
3		钻台 / 机房 / 循环罐 / 水罐等	拆装栏杆	1. 双人站在栏杆内侧拆安，拆卸困难时借助手锤等工具，不硬拔。 2. 禁止高处抛物。 3. 作业下方区域禁止站人
4		钻台区	拆安绞车、转盘	1. 临边作业人员站稳扶好。 2. 不影响拆安绞车、转盘的铺台应先装后拆。 3. 禁止高处抛物。 4. 作业面狭小存在挤压、人员站立困难、作业下方等危险区域禁止站人
5			拆安液压猫头底座	1. 临边作业人员站稳扶好。 2. 禁止高处抛物。 3. 作业面狭小存在挤压、人员站立困难、作业下方等危险区域禁止站人
6			拆安钻台底座	1. 临边作业人员站稳扶好。 2. 禁止高处抛物。 3. 作业面狭小存在挤压、人员站立困难、作业下方等危险区域禁止站人
7			拆装绞车、转盘大梁	1. 临边作业人员站稳扶好。 2. 禁止高处抛物。 3. 作业面狭小存在挤压、人员站立困难、作业下方等危险区域禁止站人
8			拆装梯子 / 大门坡道 / 逃生滑道	1. 挂绳套和临边作业时拴好安全带。 2. 借助钩子等摘挂绳套
9			拆装钻台铺台	1. 专人指挥，干部旁站监督。 2. 作业人员禁止站在未固定的铺台上。 3. 禁止钻台下站人。 4. 使用双根绳套吊挂铺台
10	检维修	泵房区	检修钻井泵安全阀、空气包	1. 作业许可、上锁挂签。 2. 借助工作平台。 3. 清理工作面杂物、钻井液

续表

临边作业				
序号	工序	区域	作业内容	管控措施
11	一开	井口装置区	挖方井、铺设方井盖板	1. 作业许可。 2. 专人监护
12			一开打导管/表层底座下清理岩屑	1. 排水沟保持畅通。 2. 人员尽量远离井口。 3. 系安全带（或安全绳），尾绳可靠固定
13	其他	场地区	上下卡车车厢	1. 配备简易梯子，方便人员上下。 2. 车辆移动时，禁止人员站在卡车车厢边沿或车厢挡板上。 3. 禁止人员从车厢上跳下
14		循环罐区/钻井液不落地区	拆安循环罐之间连接管线	1. 使用简易作业平台。 2. 两人配合作业
15			钻井液不落地罐边作业（安装/更换或调节排污泵）	1. 罐边作业至少两人，禁止一人单独作业。 2. 罐边作业系安全带（或安全绳），尾绳可靠固定。 3. 大罐内设救生绳，罐边设救生圈

表 2-4 为试油（气）高处作业（临边）作业风险管控清单。

表 2-4 试油（气）高处作业（临边）作业风险管控清单

高处作业				
序号	工序	区域	作业内容	管控措施
1	拆搬安作业	生产区	安装输砂装置	1. 上下扶梯时使用防坠落装置。 2. 在输砂装置平台上作业时护栏安装齐全，使用双尾绳安全带。 3. 危险区域禁止站人。 4. 手工具系好保险绳。 5. 吊点在高处时取绳套使用梯子，并安排专人扶稳梯子
2			拆卸输砂装置	1. 上下扶梯（笼梯）时使用防坠落装置。 2. 高处使用的工具拴好尾绳。 3. 高处挂取绳套时使用梯子，并安排专人扶稳梯子。 4. 危险区域禁止站人

续表

高处作业				
序号	工序	区域	作业内容	管控措施
3	拆搬安作业	生产区	立井架	1. 清除井架上的附着物。 2. 井架辐射区域禁止人员靠近。 3. 井架绷绳提前理顺，防止互相缠绕。 4. 上下井架抓好扶梯使用防坠落装置。 5. 井架上作业使用双尾绳安全带固定牢靠。 6. 高空使用的工具必须拴尾绳，禁止高处抛物
4			拆装二层平台销子	1. 使用防坠落装置上下井架。 2. 拆除附件移动并系好安全带。 3. 工具系尾绳。 4. 作业面下方禁止站人
5			拆装二层平台逃生装置	1. 使用防坠落装置上下井架，系安全带。 2. 二层平台护栏完好可靠。 3. 在二层平台上作业时使用双保险安全带。 4. 使用的工具系尾绳，禁止高空抛物。 5. 作业区下方隔离，禁止人员靠近
6			放井架	1. 上下井架时抓好扶梯使用安全带和防坠落装置。 2. 井架部件齐全、完好、可靠，清除异物。 3. 井架辐射区域禁止人员靠近。 4. 高空使用的工具必须拴尾绳，禁止高处抛物。 5. 缠绷绳时注意脚下，小心绊倒
7			穿大绳	1. 作业许可、专人指挥。 2. 井架高空作业人员持证上岗，正确使用安全带和速差自控器。 3. 天车头作业人员使用双尾绳安全带挂在井架生命线上，过人字梁时使用引绳。 4. 引绳与提升大绳连接要牢靠，以防拉至半空脱掉伤人。 5. 井架上作业人员下方、引绳（大绳）下方或侧方等区域禁止站人。 6. 手工具系好安全尾绳，禁止高空抛物
8		井口区域	拆装平板阀	1. 作业使用双尾绳安全带固定牢靠。 2. 拆装平板阀井口区域严禁站人。 3. 装平板阀作业使用护栏齐全的升降平台。 4. 禁止直接从井口跳下

续表

高处作业				
序号	工序	区域	作业内容	管控措施
9	拆搬安作业	生产辅助区	安装气液分离装置（吊点在上方）	1. 使用安全带。 2. 作业使用双尾绳安全带固定牢靠。 3. 骑跨横梁移动。 4. 工具拴保险绳。 5. 吊车旋转范围、罐上作业人员下方等危险区域禁止站人
10			拆气液分离装置（吊点在上方）	1. 使用安全带。 2. 禁止高处抛物。 3. 作业人员下方禁止站人。 4. 工具安装保险绳
11		储液区域	储液罐挂吊索	1. 上下储液罐，抓好安全扶梯，脚下踩稳。 2. 挂吊索时，注意脚下护栏，防止被护栏绊倒。 3. 高处挂取绳套时使用梯子，并安排专人扶稳梯子。 4. 严禁在无防护的大罐之间跨越
12			拆安储液罐护栏	1. 上下大罐，抓好安全扶梯，脚下踩稳。 2. 拆安大罐护栏时，作业人员注意力集中，不要依靠护栏，系好安全带，严禁在大罐之间跳跃。 3. 大罐上行走时，注意脚下情况，防止被护栏绊倒
13			上下罐车查看罐口液面	1. 上下罐车，注意力集中，抓牢站稳。 2. 督促司机将罐车护栏安装到位，在车顶行走时，注意脚下，防止被管线、罐口绊倒，不要在罐体边缘行走。 3. 严禁在车辆之间跳跃
14	压裂	生产区	上混配车加瓜尔胶	1. 上下车辆，注意力集中，抓牢站稳。 2. 加瓜尔胶人员，脚下站稳，并注意站位，防止被瓜尔胶袋摆动碰倒
15			输砂装置加砂	1. 禁止高空抛物。 2. 上下扶梯（笼梯）时使用防坠落装置。 3. 护栏安装牢靠。 4. 砂漏斗上作业使用双尾绳安全带。 5. 砂袋禁止从人员头顶越过，并注意站位，防止砂袋摆动碰倒
16	起下钻	二层平台	二层平台起下钻作业	1. 上下井架使用防坠落装置。 2. 上二层平台时先挂好安全带尾绳，后取防坠落装置。 3. 作业时尾绳挂差速器，使用兜绳。 4. 禁止站在栏杆上作业。 5. 二层平台工具系尾绳。 6. 二层平台上禁止放置物品，禁止高空抛物

续表

<table>
<tr><th colspan="5">临边作业</th></tr>
<tr><th>序号</th><th>工序</th><th>区域</th><th>作业内容</th><th>管控措施</th></tr>
<tr><td>1</td><td rowspan="3">拆搬安作业</td><td rowspan="2">储液区域</td><td>安装拆卸储液罐</td><td>1. 上下储液罐抓好扶梯。
2. 罐台面、作业人员下方等区域禁止站人。
3. 高处挂取绳套时使用梯子，并安排专人扶稳梯子。
4. 安装护栏时选择合适的位置挂好安全带。
5. 严禁在无防护的大罐之间跨越。
6. 使用无缓冲包的双尾绳安全带</td></tr>
<tr><td>2</td><td>拆装储液罐管线</td><td>1. 双人站在栏杆内侧拆安，拆卸困难时借助手锤等工具，不硬拔。
2. 使用手锤敲击时必须佩戴护目镜。
3. 禁止高处抛物。
4. 作业下方区域禁止站人</td></tr>
<tr><td>3</td><td>生活区</td><td>值班房顶拆装视频监控摄像头</td><td>1. 上下野营房使用梯子，梯子支撑牢固，并有专人扶稳梯子。
2. 作业时距房屋边缘保持 1m 以上距离。
3. 严禁跳跃横跨房顶或从房顶直接跳下</td></tr>
<tr><td>4</td><td rowspan="2">压裂</td><td rowspan="2">井口区域</td><td>安装井口压裂装置（平板阀、注入头、排液四通）</td><td>1. 上下井口压裂装置取吊索时，系好安全带，注意力集中，手抓牢，脚下踩稳。
2. 条件允许时，可采用井口升降平台辅助取吊索。
3. 井口附近禁止站人</td></tr>
<tr><td>5</td><td>紧固井口压裂装置螺栓（平板阀、注入头、排液四通）</td><td>1. 上下井口压裂装置，系好安全带，注意力集中，手抓牢，脚下踩稳。
2. 砸螺栓时，操作人员确保自身已站稳，井口压裂装置下方区域不要站人，防止工具掉落砸伤人员。
3. 条件允许时，可采用井口升降平台辅助</td></tr>
</table>

表 2–5 为压裂高处作业（临边）作业风险管控清单。

表 2–5　压裂高处作业（临边）作业风险管控清单

<table>
<tr><th colspan="5">高处作业</th></tr>
<tr><th>序号</th><th>工序</th><th>区域</th><th>作业内容</th><th>管控措施</th></tr>
<tr><td>1</td><td>作业前检查</td><td>场地区</td><td>作业前安全检查</td><td>1. 根据高处作业人员档案信息核实作业人员资质及健康状况符合要求。
2. 高处作业前作业批准人、申请人、监护人、安全监督、作业人员召开工作安全分析会，分析、制订危害控制措施。</td></tr>
</table>

续表

高处作业				
序号	工序	区域	作业内容	管控措施
1	作业前检查	场地区	作业前安全检查	3. 高处作业申请人、监护人、作业人员、执行并落实危害控制措施，作业批准人、安全监督现场巡查核实措施落实情况，并签字确认。 4. 高处作业严格执行并落实作业许可管理制度
2	拆搬安作业	液罐、酸罐区域	安拆液罐、酸罐、配酸罐	1. 作业前检查全身式安全带并正确穿戴。 2. 高处作业人员严禁上下抛物。 3. 确认液罐顶部盖板完整有效
3		液罐区域	低压管汇连接及拆卸（液罐）	1. 提醒作业人员正确站位。 2. 作业区下方隔离。 3. 人员监护到位。 4. 核查高处作业硬件设施安全装置及附件配置情况，确保数量符合安全要求且性能完好有效。 5. 确认液罐顶部盖板完整有效。 6. 高处作业结束后，作业人员认真清理作业区域内的工具和材料，确保无遗留
4			安装护栏	1. 作业前检查全身式安全带并正确穿戴。 2. 检查并核实安全装置及附件配置情况，确保性能完好有效。 3. 检查并核实防护栏杆、防护链条等硬件设施的配置情况，确保配置数量及性能满足安全要求
5		砂罐区域	卸砂罐	1. 作业前检查全身式安全带并正确穿戴。 2. 配备通信工具保持信息畅通。 3. 罐体下放后垫枕木防止滚动。 4. 检查并核实安全装置及附件配置情况，确保性能完好有效。 5. 高处作业区域使用围栏或警戒带，设置警示隔离区，专人监护，禁止无关人员通过和逗留。 6. 高处作业人员严禁上下抛物。 7. 高处作业工具配备工具袋或安装安全尾绳（防掉）
6			立砂罐	1. 作业前检查全身式安全带并正确穿戴。 2. 配备通信工具保持信息畅通。 3. 立罐前打开砂罐登高梯护栏。 4. 使用防坠落装置上下砂罐。 5. 高处作业人员严禁上下抛物。 6. 高处作业工具配备工具袋或安装安全尾绳（防掉）。 7. 登高及防护设施牢靠、无松动

续表

高处作业				
序号	工序	区域	作业内容	管控措施
7	拆搬安作业	砂罐区域	安装砂罐底座	1. 作业前检查全身式安全带并正确穿戴。 2. 砂罐底座对齐，避免错位导致砂罐不稳。 3. 砂罐底座注意 U 形卡固定牢靠。 4. 使用防坠落装置上下砂罐。 5. 高处作业工具配备工具袋或安装安全尾绳（防掉）。 6. 登高及防护设施牢靠、无松动
8			砂罐就位	1. 作业前检查全身式安全带并正确穿戴。 2. 选地基平整、符合工程要求的场地进行摆放。 3. 告知人员站位至安全区域。 4. 砂罐就位后，登高人员上罐拆卸扣，立护栏，不得在立罐期间处于相邻的砂罐上。 5. 使用防坠落装置上下砂罐。 6. 高处作业工具配备工具袋或安装安全尾绳（防掉）。 7. 登高及防护设施牢靠、无松动
9			组装砂罐破袋器	1. 作业前检查全身式安全带并正确穿戴。 2. 选地基平整、符合工程要求的场地进行摆放。 3. 告知人员站位至安全区域。 4. 砂罐就位后，登高人员上罐拆卸扣，立护栏，不得在立罐期间处于相邻的砂罐上。 5. 高处作业工具配备工具袋或安装安全尾绳（防掉）。 6 登高及防护设施牢靠、无松动
10			安装拆除砂罐破袋器盖板	1. 作业前检查全身式安全带并正确穿戴。 2. 专人指挥，保持通信。 3. 作业人员正确站位。 4. 使用防坠落装置上下砂罐。 5. 高处作业工具配备工具袋或安装安全尾绳（防掉）。 6. 登高及防护设施牢靠、无松动
11			补砂	1. 作业前检查全身式安全带并正确穿戴。 2. 专人指挥，保持通信。 3. 作业人员正确站位。 4. 使用防坠落装置上下砂罐。 5. 高处作业工具配备工具袋或安装安全尾绳（防掉）。 6. 要求厂家在支撑剂入袋前，检查砂袋完整有效，使用吊耳牢固可靠的砂袋，避免砂袋撕裂造成落物。 7. 高处作业人员严禁上下抛物

续表

高处作业				
序号	工序	区域	作业内容	管控措施
12	拆搬安作业	砂罐区域	拆卸砂罐破袋器	1. 作业前检查全身式安全带并正确穿戴。 2. 专人指挥，保持通信。 3. 作业人员正确站位。 4. 使用防坠落装置上下砂罐。 5. 高处作业工具配备工具袋或安装安全尾绳（防掉）
13			拆卸砂罐底座	1. 作业前检查全身式安全带并正确穿戴。 2. 使用防坠落装置上下砂罐。 3. 高处作业工具配备工具袋或安装安全尾绳（防掉）
14			倒砂罐	1. 作业前检查全身式安全带并正确穿戴。 2. 配备通信工具保持信息畅通。 3. 倒罐前收起砂罐登高梯护栏。 4. 使用防坠落装置上下砂罐。 5. 高处作业人员严禁上下抛物。 6. 高处作业工具配备工具袋或安装安全尾绳（防掉）
15		井口区域	安装井口平台	1. 作业前检查全身式安全带并正确穿戴。 2. 加强配合沟通。 3. 作业面下方禁止站人。 4. 专人监护。 5. 提醒人员上下井口平台过程手扶正确位置。 6. 支撑杆紧固后再次敲击检查，确保支撑杆牢靠。 7. 提醒高空人员站位。 8. 完善井口平台护栏。 9. 高处作业工具应配备工具袋或安装安全尾绳（防掉）
16			拆除井口平台	1. 作业前检查全身式安全带并正确穿戴。 2. 加强配合沟通。 3. 作业面下方禁止站人。 4. 专人监护。 5. 提醒人员上下井口平台过程手扶正确位置。 6. 提醒高空人员站位。 7. 高处作业工具应配备工具袋或安装安全尾绳（防掉）
17			安装、拆卸井口阀门 拆除井口阀门	1. 作业前检查全身式安全带并正确穿戴。 2. 加强配合沟通。 3. 作业面下方禁止站人。 4. 专人监护。 5. 高处作业工具应配备工具袋或安装安全尾绳（防掉）

续表

高处作业				
序号	工序	区域	作业内容	管控措施
18	拆搬安作业	井口区域	井口管线连接及拆除	1. 核查全身式安全带的完好性并正确穿戴。 2. 高处作业应配备通信工具保持信息畅通。 3. 核查高处作业硬件设施安全装置及附件配置情况，确保数量符合安全要求且性能完好有效。 4. 高处作业区域应使用围栏或警戒带，设置警示隔离区，专人监护，禁止无关人员通过和逗留。 5. 高处作业工具应配备工具袋或安装安全尾绳（防掉）。 6. 高处作业结束后，作业人员认真清理作业区域内的工具和材料，确保无遗留
19		指挥中心区域	摆放指挥中心	1. 核查全身式安全带的完好性并正确穿戴。 2. 高处作业应配备通信工具保持信息畅通。 3. 借助侧梯上下指挥中心。 4. 吊装就位时指挥中心房顶不得有人。 5. 高处作业工具应配备工具袋或安装安全尾绳（防掉）。 6. 高处作业结束后，作业人员认真清理作业区域内的工具和材料，确保无遗留
20	施工期间	砂罐区域	吊砂	1. 核查全身式安全带的完好性并正确穿戴。 2. 高处作业应配备通信工具保持信息畅通
21		液罐区域	液罐巡视	1. 核查全身式安全带的完好性并正确穿戴。 2. 高处作业应配备通信工具保持信息畅通。 3. 完善液罐围栏。 4. 作业人员注意液罐盖板完整有效。 5. 上下液罐需借助楼梯

临边作业				
序号	工序	区域	作业内容	管控措施
1	作业前检查	场地区	作业前安全检查	1. 根据高处（临边）作业人员档案信息核实作业人员资质及健康状况符合要求。 2. 高处（临边）作业前作业批准人、申请人、监护人、安全监督、作业人员、召开工作安全分析会，分析、制订危害控制措施。 3. 高处（临边）作业申请人、监护人、作业人员、执行并落实危害控制措施，作业批准人、安全监督现场巡查核实措施落实情况，并签字确认。 4. 高处（临边）作业应严格执行并落实作业许可管理制度

续表

<table>
<tr><th colspan="5">临边作业</th></tr>
<tr><th>序号</th><th>工序</th><th>区域</th><th>作业内容</th><th>管控措施</th></tr>
<tr><td>2</td><td rowspan="6">拆搬安作业</td><td rowspan="6">液罐、酸罐区域</td><td>安装液罐</td><td>1. 核查全身式安全带的完好性并正确穿戴。
2. 高处（临边）作业应配备通信工具保持信息畅通。
3. 高处（临边）作业人员严禁上下抛物。
4. 高处（临边）作业工具应配备工具袋或安装安全尾绳（防掉）。
5. 高处（临边）作业结束后，作业人员认真清理作业区域内的工具和材料，确保无遗留。
6. 先就位液罐再安装液罐护栏。
7. 确认液罐盖板完好有效</td></tr>
<tr><td>3</td><td>拆卸液罐</td><td>1. 核查全身式安全带的完好性并正确穿戴。
2. 高处（临边）作业应配备通信工具保持信息畅通。
3. 高处（临边）作业人员严禁上下抛物。
4. 高处（临边）作业工具应配备工具袋或安装安全尾绳（防掉）。
5. 高处（临边）作业结束后，作业人员认真清理作业区域内的工具和材料，确保无遗留</td></tr>
<tr><td>4</td><td>安装酸罐</td><td>1. 核查全身式安全带的完好性并正确穿戴。
2. 上下酸罐使用梯子。
3. 确认酸罐盖板完好有效。
4. 酸罐就位后完善酸罐护栏</td></tr>
<tr><td>5</td><td>拆除酸罐</td><td>1. 核查全身式安全带的完好性并正确穿戴。
2. 高处（临边）作业应配备通信工具保持信息畅通。
3. 高处（临边）作业人员严禁上下抛物。
4. 高处（临边）作业工具应配备工具袋或安装安全尾绳（防掉）。
5. 高处（临边）作业结束后，作业人员认真清理作业区域内的工具和材料，确保无遗留</td></tr>
<tr><td>6</td><td>安拆配酸罐</td><td>1. 核查全身式安全带的完好性并正确穿戴。
2. 上下配酸罐使用梯子。
3. 确认配酸罐盖板完好有效。
4. 酸罐就位后完善配酸罐护栏</td></tr>
<tr><td>7</td><td>低压管汇连接及拆卸（液罐）</td><td>1. 核查全身式安全带的完好性并正确穿戴。
2. 高处（临边）作业应配备通信工具保持信息畅通。
3. 核查高处（临边）作业硬件设施安全装置及附件配置情况，确保数量符合安全要求且性能完好有效。
4. 高处作业区域应使用围栏或警戒带，设置警示隔离区，专人监护，禁止人员通过和逗留。</td></tr>
</table>

续表

临边作业				
序号	工序	区域	作业内容	管控措施
7	拆搬安作业	液罐、酸罐区域	低压管汇连接及拆卸（液罐）	5. 高处（临边）作业人员严禁上下抛物。 6. 高处（临边）作业工具应配备工具袋或安装安全尾绳（防掉）。 7. 高处（临边）作业结束后，作业人员认真清理作业区域内的工具和材料，确保无遗留。 8. 确认液罐顶部盖板完整有效
8			安装护栏	1. 作业前检查全身式安全带并正确穿戴。 2. 检查并核实防护栏杆、防护链条等硬件设施的配置情况，确保配置数量及性能满足安全要求
9		砂罐区域	立砂罐	1. 临边作业人员站稳扶好。 2. 穿戴双尾绳安全带。 3. 禁止高处抛物。 4. 作业面狭小存在挤压、人员站立困难、作业下方等危险区域禁止站人。 5. 优先竖起砂罐顶部围栏
10			安装砂罐底座	1. 核查全身式安全带的完好性并正确穿戴。 2. 专人指挥，保持通信。 3. 作业人员正确站位。 4. 破袋器安装过程中作业人员手放置位置远离破袋器接口。 5. 使用防坠落装置上下砂罐。 6. 高处（临边）作业工具配备工具袋或安装安全尾绳（防掉）
11			砂罐就位	1. 核查全身式安全带的完好性并正确穿戴。 2. 作业面狭小存在挤压、人员站立困难、作业下方等危险区域禁止站人。 3. 砂罐就位后，登高人员上罐拆卸扣，立护栏，不得在立罐期间处于相邻的砂罐上。 4. 使用防坠落装置上下砂罐
12			组装砂罐破袋器	1. 核查全身式安全带的完好性并正确穿戴。 2. 专人指挥，保持通信。 3. 作业人员正确站位。 4. 破袋器安装过程中作业人员手放置位置远离破袋器接口。 5. 使用防坠落装置上下砂罐。 6. 高处（临边）作业工具配备工具袋或安装安全尾绳（防掉）

续表

临边作业				
序号	工序	区域	作业内容	管控措施
13	拆搬安作业	砂罐区域	安拆砂罐破袋器盖板	1. 核查全身式安全带的完好性并正确穿戴。 2. 专人指挥，保持通信。 3. 作业人员正确站位。 4. 破袋器安装过程中作业人员手放置位置远离破袋器接口。 5. 使用防坠落装置上下砂罐。 6. 高处（临边）作业工具配备工具袋或安装安全尾绳。 7. 严禁上下抛物
14			补砂	1. 核查全身式安全带的完好性并正确穿戴。 2. 高处（临边）作业应配备通信工具保持信息畅通。 3. 核查高处（临边）作业硬件设施安全装置及附件配置情况，确保数量符合安全要求且性能完好有效。 4. 高处（临边）作业区域应使用围栏或警戒带，设置警示隔离区，专人监护，禁止人员通过和逗留。 5. 高处（临边）作业人员严禁上下抛物
15			拆卸砂罐底座	1. 核查全身式安全带的完好性并正确穿戴。 2. 高处（临边）作业应配备通信工具保持信息畅通。 3. 核查高处（临边）作业硬件设施安全装置及附件配置情况，确保数量符合安全要求且性能完好有效
16			倒砂罐	1. 核查全身式安全带的完好性并正确穿戴。 2. 高处（临边）作业应配备通信工具保持信息畅通。 3. 核查高处（临边）作业硬件设施安全装置及附件配置情况，确保数量符合安全要求且性能完好有效。 4. 高处（临边）作业区域应使用围栏或警戒带，设置警示隔离区，专人监护，禁止人员通过和逗留
17		井口区域	安拆井口平台	1. 核查全身式安全带的完好性并正确穿戴。 2. 高处（临边）作业应配备通信工具保持信息畅通。 3. 核查高处（临边）作业硬件设施安全装置及附件配置情况，确保数量符合安全要求且性能完好有效。 4. 高处（临边）作业区域应使用围栏或警戒带，设置警示隔离区，专人监护，禁止人员通过和逗留。 5. 高处（临边）作业人员严禁上下抛物。 6. 临边井口或坑洞作业，应设置并固定安全网，防止人、物坠落。 7. 高处（临边）作业工具应配备工具袋或安装安全尾绳（防掉）。 8. 高处（临边）作业结束后，作业人员认真清理作业区域内的工具和材料，确保无遗留

续表

临边作业				
序号	工序	区域	作业内容	管控措施
18	拆搬安作业	井口区域	安拆井口阀门、管线连接	1. 核查全身式安全带的完好性并正确穿戴。 2. 高处（临边）作业应配备通信工具保持信息畅通。 3. 核查高处（临边）作业硬件设施安全装置及附件配置情况，确保数量符合安全要求且性能完好有效。 4. 高处（临边）作业区域应使用围栏或警戒带，设置警示隔离区，专人监护，禁止人员通过和逗留。 5. 高处（临边）作业人员严禁上下抛物。 6. 临边井口或坑洞作业，应设置并固定安全网，防止人、物坠落。 7. 高处（临边）作业工具应配备工具袋或安装安全尾绳（防掉）。 8. 高处（临边）作业结束后，作业人员认真清理作业区域内的工具和材料，确保无遗留
19		场地区域	摆放指挥中心	1. 核查全身式安全带的完好性并正确穿戴。 2. 高处（临边）作业区域应使用围栏或警戒带，设置警示隔离区，专人监护，禁止人员通过和逗留。 3. 高处（临边）作业人员严禁上下抛物。 4. 借助侧梯上下指挥中心。 5. 高处（临边）作业区域应使用围栏或警戒带，设置警示隔离区，专人监护，禁止人员通过和逗留。 6. 高处（临边）作业工具应配备工具袋或安装安全尾绳（防掉）。 7. 高处（临边）作业结束后，作业人员认真清理作业区域内的工具和材料，确保无遗留
20	施工期间	液罐区域	液罐巡视	1. 临边坑洞作业，应设置并固定安全网，防止人、物坠落。 2. 完善液罐围栏。 3. 确认液罐盖板完整有效。 4. 上下液罐需借助楼梯。 5. 高处（临边）作业应配备通信工具保持信息畅通
21		砂罐区域	补砂	1. 核查全身式安全带的完好性并正确穿戴。 2. 高处（临边）作业应配备通信工具保持信息畅通。 3. 核查高处（临边）作业硬件设施安全装置及附件配置情况，确保数量符合安全要求且性能完好有效。 4. 高处（临边）作业区域应使用围栏或警戒带，设置警示隔离区，专人监护，禁止人员通过和逗留。 5. 高处（临边）作业人员严禁上下抛物

续表

临边作业				
序号	工序	区域	作业内容	管控措施
22	施工期间	井口区域	开关井口7号阀门、投桥塞球、安装防喷管	1. 核查全身式安全带的完好性并正确穿戴。 2. 高处（临边）作业应配备通信工具保持信息畅通。 3. 核查高处（临边）作业硬件设施安全装置及附件配置情况，确保数量符合安全要求且性能完好有效。 4. 高处（临边）作业区域应使用围栏或警戒带，设置警示隔离区，专人监护，禁止人员通过和逗留。 5. 高处（临边）作业人员严禁上下抛物。 6. 安全带必须“高挂低用”。 7. 作业前提前告知风险。 8. 上下井口平台借助楼梯，并手扶扶手
23	其他	压裂车区域	压裂车检维修	1. 高处（临边）作业应配备通信工具保持信息畅通。 2. 高处（临边）作业区域应使用围栏或警戒带，设置警示隔离区，专人监护，禁止人员通过和逗留。 3. 高处（临边）作业人员严禁上下抛物。 4. 操作台展开并固定到位。 5. 作业面下方禁止站人。 6. 专人监护。 7. 正确使用安全带

表 2-6 为连续油管高处作业（临边）作业风险管控清单。

表 2-6　连续油管高处作业（临边）作业风险管控清单

高处作业				
序号	工序	区域	作业内容	管控措施
1	作业前准备	场地区	作业前安全检查	1. 根据高处作业人员档案信息核实作业人员资质及健康状况符合要求。 2. 高处作业前作业申请人、批准人、监护人、安全监督、作业人员召开工作安全分析会，分析、制订危害控制措施。 3. 高处作业应严格执行并落实作业许可管理制度。 4. 安全带、牵引绳等设备设施检查合格
2	设备摆放作业	场地区	摆放主体设备	1. 高处作业区域应使用围栏或警戒带，设置警示隔离区，专人监护，禁止无关人员通过和逗留。 2. 作业人员正确使用安全带、防坠落装置。 3. 登高及防护设施牢靠、无松动
3			摆放辅助设备	1. 作业人员正确使用安全带、防坠落装置。 2. 登高及防护设施牢靠、无松动

续表

高处作业				
序号	工序	区域	作业内容	管控措施
4	井口装置功能测试	场地区	准备工作	1. 作业人员正确使用安全带、防坠落装置。 2. 登高及防护设施牢靠、无松动
5		注入头	测试注入头功能	1. 作业人员正确使用安全带、防坠落装置。 2. 登高及防护设施牢靠、无松动。 3. 高处作业应配备通信工具保持信息畅通
6	连续油管穿管作业	油管滚筒	安装、拆卸油管卡	1. 清理干净连续油管上的油污，注意脚下安全。 2. 作业人员正确使用安全带、防坠落装置。 3. 登高及防护设施牢靠、无松动。 4. 工具系好尾绳，及时清理高处工作面机具、配件
7		注入头	引导连续油管进入注入头	1. 作业人员正确使用安全带、防坠落装置。 2. 登高及防护设施牢靠、无松动
8	井口装置拆卸	井口及井口附近	安拆井口法兰、井口防喷器、注入头	1. 作业人员正确使用安全带。 2. 登高及防护设施牢靠、无松动。 3. 工具系好尾绳，及时清理高处工作面机具、配件。 4. 高处作业人员严禁上下抛物
9	连续油管收回作业	注入头、油管滚筒	安装拆卸油管卡	1. 清理干净连续油管上的油污，注意脚下安全。 2. 作业人员正确使用安全带、防坠落装置。 3. 登高及防护设施牢靠、无松动。 4. 工具系好尾绳，及时清理高处工作面机具、配件。 5. 高处作业人员严禁上下抛物
10		注入头	挂取吊带	1. 作业人员正确使用安全带、防坠落装置。 2. 登高及防护设施牢靠、无松动
临边作业				
序号	工序	区域	作业内容	管控措施
1	工具连接、拆卸	井口方井附近	工具连接	1. 临边作业区域应使用围栏或警戒带，设置警示隔离区，专人监护，禁止人员通过和逗留。 2. 作业人员正确使用安全带、防坠落装置
2			工具拆卸	1. 临边作业区域应使用围栏或警戒带，设置警示隔离区，专人监护，禁止人员通过和逗留。 2. 作业人员正确使用安全带、防坠落装置

表 2-7 为带压高处作业（临边）作业风险管控清单。

表 2-7 带压高处作业（临边）作业风险管控清单

高处作业				
序号	工序	区域	作业内容	管控措施
1	拆搬安作业	场地区	拆卸带压装置	1. 装置上平台拆卸踏板、逃生筒作业使用双尾绳安全带。 2. 使用吊车将液压钳等附件从上平台放至地面。 3. 禁止高空抛物。 4. 上下带压装置系好安全带使用防坠落装置。 5. 拆卸带压装置，吊装作业半径禁止人员站立或穿行。 6. 高处手工具系好安全尾绳。 7. 带压装置拆卸前确保平台工具清理干净，松散件捆扎牢固
2			搬迁带压装置	1. 上下卡车配备简易梯子，方便人员上下。 2. 车辆移动时，禁止人员站在马槽边沿。 3. 禁止人员从马槽上跳下。 4. 作业区域警示隔离。 5. 挂取绳套使用好牵引绳和扶绳器
3			安装带压装置	1. 对吊装作业做好区域警示隔离。 2. 起吊前检查吊车和吊索具。 3. 上下带压装置系安全带并使用防坠落装置。 4. 安装带压装置附件，平台配合人员与吊装指挥信息沟通。 5. 安装带压装置，吊装作业半径禁止人员站立或穿行。 6. 高处手工具系安全尾绳。 7. 带压装置绷绳未卡紧调整好前，严禁拆除装置提升吊索
4			拆、装液压钳	1. 上下装置平台使用防坠落装置。 2. 禁止高处抛物
5			拆、装笼梯	1. 吊装笼梯时，地面配合使用牵引绳调整角度。 2. 装置上平台人员配合吊装指挥将笼梯固定牢靠。 3. 安装好装置上平台笼梯后，人员再上平台作业
6			升、降桅杆	1. 作业人员站稳扶好，拴好安全带。 2. 禁止高空抛物。 3. 升桅杆前检查好桅杆各部件是否紧固。 4. 升、降桅杆检查各液压管线无渗漏
7			拆、装逃生滑道	1. 取挂吊索具拴安全带。 2. 作业面狭小存在挤压、人员站立困难、作业下方等危险区域禁止站人

续表

高处作业				
序号	工序	区域	作业内容	管控措施
8	钢丝作业	场地区	取挂测井天滑轮	1. 作业许可。 2. 使用防坠落装置上下带压操作平台，系保险带。 3. 操作液压绞车或吊车，人员平稳操作挂天滑轮。 4. 手工具系好尾绳。 5. 平台操作面物件掉落区域禁止站人
9	吊装作业	场地区	取挂吊装置绳套	1. 使用引绳或钩子摘挂吊索具，将作业面放在低位进行。 2. 上下装置使用防坠落装置。 3. 取挂吊索具时注意手部位置，防止夹手
临边作业				
序号	工序	区域	作业内容	管控措施
10	吊装作业	井口装置区	拆、安防喷器、支撑底座	1. 作业许可。 2. 支撑底座安装防坠落装置。 3. 使用安全带。 4. 船型横梁摆放平稳，不悬空。 5. 吊车配合拆、安防喷器使用牵引绳配合。 6. 被吊物下方、存在挤压等危险区域禁止站人。 7. 装置支撑底座工字梁经过水平仪调平
11	检维修作业	上平台作业区	检修液压管线、液压绞车、更换环封胶芯、卡瓦牙	1. 使用防坠落装置上下装置，系保险带。 2. 手工具系尾绳。 3. 作业区下方可能存在高空落物区域禁止站人。 4. 检维修作业时对井口进行防护，防止井内落物
12	起下钻	上平台作业区	上平台起下钻作业	1. 上下装置平台使用防坠落装置。 2. 严禁高空抛物。 3. 副操手甲操作小绞车，注意观察单根吊卡的位置。 4. 禁止身体探出装置护栏作业。 5. 不使用小绞车时，杜绝将单根吊卡悬空放置
13		井口操作区	地面辅助挂油管单根	1. 使用钩子等工具拨拉油管，严禁手拨脚蹬。 2. 起吊油管时，地面配合人员远离绞车起吊油管区，严禁在油管下方穿行。 3. 遇到碰挂及时沟通
14	其他	场地区	上储液罐作业等	1. 使用好差速器。 2. 专人监护
15		生活区	淋浴房水箱加水	1. 借助梯子上下房顶，做好监护，人员抓牢扶好。 2. 水箱添加水时，两人配合

表 2-8 为油气场站高处作业（临边）作业风险管控清单。

表 2-8 油气场站高处作业（临边）作业风险管控清单

<table>
<tr><th colspan="5">高处作业</th></tr>
<tr><th>序号</th><th>工序</th><th>区域</th><th>作业内容</th><th>管控措施</th></tr>
<tr><td>1</td><td rowspan="2">检维修作业</td><td>放空区</td><td>放空火炬检修</td><td>1. 制订专项检修作业方案。
2. 穿戴全身式安全带。
3. 业务主管技术人员现场旁站监督。
4. 安全管理人员巡回检查。
5. 作业下方禁止站人。
6. 召开作业前安全技术交底会。
7. 作业区机关视频监控</td></tr>
<tr><td>2</td><td>工艺区</td><td>激光云台更换探头、摄像机检维修</td><td>1. 穿戴全身式安全带。
2. 业务主管技术人员巡回检查。
3. 召开作业前安全技术交底会。
4. 作业区机关视频监控</td></tr>
<tr><td>3</td><td rowspan="3">场站建设作业</td><td rowspan="3">井口区</td><td>方井混凝土立柱破碎</td><td>1. 作业前办理好作业许可。
2. 作业时使用双尾绳安全带。
3. 2m 以上作业时工作人员正确系好安全带。
4. 禁止高处抛物。
5. 上下方井时梯子需人员站稳扶好。
6. 方井周边搭设好脚手架，以备安全带高挂低用。
7. 方井底部作业人员必须佩戴气体检测仪，安排专人现场监护</td></tr>
<tr><td>4</td><td>方井隔墙、挡水墙混凝土浇筑</td><td>1. 作业前办理好作业许可。
2. 作业时使用双尾绳安全带。
3. 临边作业人员正确系好安全带。
4. 方井周边搭设好脚手架，以备安全带高挂低用。
5. 安排专人现场监护</td></tr>
<tr><td>5</td><td>方井采气树防腐喷漆</td><td>1. 作业前办理好作业许可。
2. 作业时使用双尾绳安全带。
3. 作业人员正确系好安全带。
4. 禁止高处抛物。
5. 上下方井时梯子需人员站稳扶好。
6. 方井周边搭设好脚手架，以备安全带高挂低用。
7. 方井底部作业人员必须佩戴气体检测仪，安排专人现场监护</td></tr>
</table>

续表

<table>
<tr><th colspan="5">高处作业</th></tr>
<tr><th>序号</th><th>工序</th><th>区域</th><th>作业内容</th><th>管控措施</th></tr>
<tr><td>6</td><td rowspan="4">场站建设作业</td><td rowspan="2">井口区</td><td>方井底部清理淤泥油污、方井底部地坪浇筑</td><td>1. 作业前办理好作业许可。
2. 作业时使用双尾绳安全带。
3. 作业人员正确系好安全带。
4. 禁止高处抛物。
5. 上下方井时梯子需人员站稳扶好。
6. 方井周边搭设好脚手架，以备安全带高挂低用。
7. 作业前清理方井边 1m 内杂物，防止落物伤人。
8. 方井底部作业人员必须佩戴气体检测仪，安排专人现场监护</td></tr>
<tr><td>7</td><td>方井内脚手架搭设</td><td>1. 作业前办理好作业许可。
2. 作业时使用双尾绳安全带。
3. 作业人员正确系好安全带。
4. 方井周边搭设脚手架，安全带高挂低用。
5. 安排专人现场监护。
6. 作业时必须佩戴气体检测仪，安排专人现场监护</td></tr>
<tr><td>8</td><td>压缩机区</td><td>压缩机房内电气、二氧化碳消防安装</td><td rowspan="2">1. 穿戴全身式安全带。
2. 业务主管技术人员巡回检查。
3. 召开作业前安全技术交底会。
4. 作业区机关视频监控</td></tr>
<tr><td>9</td><td>井口区</td><td>采气树油套压传感器及阀件安装</td></tr>
<tr><td>10</td><td rowspan="2">其他施工</td><td>场站内</td><td>压缩机房顶、值班室房顶、井口采气树、场站高架空管线除锈喷漆防腐施工作业</td><td rowspan="2">1. 作业前办理好作业许可。
2. 作业时使用双尾绳安全带。
3. 作业人员正确系好安全带。
4. 选用合适锚点，安全带高挂低用。
5. 安排专人现场监护。
6. 在井口作业时必须佩戴气体检测仪，安排专人现场监护</td></tr>
<tr><td>11</td><td>井口区</td><td>天然气气举作业、连接拆除气举管线</td></tr>
<tr><td>12</td><td>气田水罐的拆卸和安装</td><td>平台水罐区域</td><td>拆安水罐</td><td>1. 作业许可。
2. 使用安全带。
3. 禁止高处抛物。
4. 作业人员下方禁止站人。
5. 借助梯子上下罐。
6. 取挂绳套放低身体重心或借助梯子</td></tr>
</table>

续表

<table>
<tr><th colspan="5">高处作业</th></tr>
<tr><th>序号</th><th>工序</th><th>区域</th><th>作业内容</th><th>管控措施</th></tr>
<tr><td>13</td><td>水罐装车</td><td>场地</td><td>吊装水罐</td><td>1. 作业许可。
2. 使用安全带。
3. 借助梯子上下罐。
4. 取挂绳套放低身体重心或借助梯子。
5. 被吊物下方存在挤压等危险区域禁止站人</td></tr>
<tr><td>14</td><td>气田水罐清淤</td><td>水罐区域</td><td>操作吸排设备</td><td>1. 作业许可。
2. 作业期间使用安全带。
3. 借助梯子上下罐及运输车。
4. 禁止高处抛物</td></tr>
<tr><th colspan="5">临边作业</th></tr>
<tr><th>序号</th><th>工序</th><th>区域</th><th>作业内容</th><th>管控措施</th></tr>
<tr><td>1</td><td rowspan="2">场站建设作业</td><td rowspan="2">井口区</td><td>方井挡水墙支模、拆模</td><td>1. 作业前办理好作业许可。
2. 作业时使用双尾绳安全带。
3. 作业人员正确系好安全带。
4. 方井周边搭设脚手架，安全带高挂低用。
5. 安排专人现场监护</td></tr>
<tr><td>2</td><td>井口变送器接线，井安系统安装</td><td>1. 穿戴全身式安全带。
2. 业务主管技术人员巡回检查。
3. 召开作业前安全技术交底会。
4. 作业区机关视频监控</td></tr>
<tr><td>3</td><td>气田水池清淤</td><td>平台水池区域</td><td>操作吸排设备</td><td>1. 作业许可。
2. 临边作业人员站稳扶好。
3. 水池排液口等危险区域禁止站人。
4. 水池边作业至少两人，禁止一人单独作业。
5. 池边作业系安全带（或安全绳），尾绳可靠固定。
6. 水池边设救生绳、救生圈。
7. 作业人员严禁倚靠水池栏杆</td></tr>
<tr><td>4</td><td>其他施工</td><td>井口区</td><td>柱塞检查，柱塞流程壁厚检测</td><td>1. 作业前办理好作业许可。
2. 作业时使用双尾绳安全带。
3. 作业人员正确系好安全带。
4. 选用合适锚点，安全带高挂低用。
5. 安排专人现场监护。
6. 在井口作业时必须佩戴气体检测仪，安排专人现场监护</td></tr>
</table>

表 2-9 为基建高处作业风险管控清单。

表 2-9 基建高处作业风险管控清单

高处作业			
序号	工序	作业内容	管控措施
1	基础施工	基坑开挖	1. 基坑边缘临边搭设防护措施，并设置上下通道。 2. 作业人员临边作业需系挂好安全带
2		基础钢筋绑扎	1. 钢筋绑扎作业前设置合格作业平台。 2. 作业人员高处 2m 以上必须系挂好安全带。 3. 作业过区域下方拉设警戒维护，设置监护人防止人员穿行
3		基础支模	1. 安装和拆除模板时，监督操作人员佩戴安全帽、系安全带、穿防滑鞋。严格按照项目要求佩戴劳动防护用品，不合格的严禁使用。 2. 超过 2m 设置合格作业平台，并系挂好安全带。 3. 作业过区域下方拉设警戒维护，设置监护人防止人员穿行
4		浇筑	离地面 2m 以上浇捣过梁、雨篷、小平台等，不准站在搭头上操作，如无可靠的安全设备时，必须戴好安全带，并扣好保险钩
5		拆模	1. 超过 2m 设置合格作业平台，并系挂号安全带。 2. 拆除模板时，监督操作人员佩戴安全帽、系安全带、穿防滑鞋。严格按照项目要求佩戴劳动防护用品，不合格的严禁使用。 3. 拆模中途停歇时，应将已松扣或已拆松的模板、支架等拆下运走，防止构件坠落或作业人员扶空坠落伤人。 4. 作业过区域下方拉设警戒维护，设置监护人防止人员穿行
6	混凝土主体结构施工	主体结构全封闭双排脚手架搭设及模板支撑架搭设	1. 组织架子工进行专项培训和安全技术交底。 2. 搭设人员必须为合格持证脚手架工。 3. 作业人员在高处作业时系好安全带。 4. 铺设的脚手板及时铁丝绑扎固定。 5. 搭设人员必须严格按照脚手架施工方案进行搭设。搭设过程安排人员监护。 6. 作业时仔细小心，握稳扳手等工具防止作业过程中把其他材料设备碰落。 7. 减少在作业平台上放置的材料，尽可能用多少料上多少料，上料时材料绑扎牢靠。 8. 作业面散装物及小型手段用料使用箱（桶）规整，防止从作业面滑落；严禁抛掷工具或扣件。 9. 作业过区域下方拉设警戒维护，设置监护人防止人员穿行

续表

高处作业			
序号	工序	作业内容	管控措施
7	混凝土主体结构施工	混凝土梁柱屋面板钢筋绑扎	1. 作业人员应从规定的通道上下，不得在阳台之间等非规定通道进行攀登。 2. 高处作业人员必须戴好安全帽、系安全带、穿防滑鞋、衣着灵便。 3. 施工作业场所有坠落可能的物件，应一律先行拆除或加以固定。 4. 钢筋骨架不论其固定与否，不得在上行走；禁止从柱子上的钢箍上下。 5. 作业过区域下方拉设警戒维护，设置监护人防止人员穿行
8		混凝土梁柱屋面板支模	1. 作业时，模板和配件不得随意堆放，模板应放平放稳，严防滑落。 2. 脚手架或操作平台上临时堆放的模板不宜超过3层，连接件应放在箱盒或工具袋中，不得散放在脚手板上。脚手架或操作平台上的施工总荷载不得超过其设计值。 3. 多人共同操作或扛抬组合钢模板时，必须密切配合、协调一致、互相呼应。 4. 模板安装时，上下应有人接应，随装随运，严禁抛掷；且不得将模板支搭在门窗框上，也不得将脚手板支搭在模板上，模板应有抗风的临时加固措施。 5. 作业过区域下方拉设警戒维护，设置监护人防止人员穿行
9		混凝土梁柱屋面板浇筑	1. 用塔吊、料斗浇捣混凝土时，指挥扶斗人员与塔吊驾驶员应密切配合，当塔吊放下料斗时，操作人员应主动避让，应随时注意料斗碰头，并应站立稳当，防止料斗碰人坠落。 2. 离地面2m以上浇捣过梁、雨篷、小平台等，不准站在搭头上操作，如无可靠的安全设备时，必须系好安全带，并扣好保险钩。 3. 作业过区域下方拉设警戒维护，设置监护人防止人员穿行
10		混凝土梁柱屋面板拆模	1. 拆除模板时，在临街面及交通要道地区，尚应设警示牌，派专人看管。 2. 支模拆除的顺序和方法应按模板专项施工方案和设计的规定进行，并应遵循先支后拆、后支先拆、先拆非承重模板、后拆承重模板、从上而下的原则，拆下的模板不得抛扔，应按指定地点堆放
11	房屋内部钢结构及操作平台完善	钢结构平台、通道、劳动防护安装	1. 高处作业搭设合理脚手架作业平台。 2. 临边作业拉设生命线确保人员高处临边安全带有牢靠系挂点。

续表

高处作业			
序号	工序	作业内容	管控措施
11	房屋内部钢结构及操作平台完善	钢结构平台、通道、劳动防护安装	3. 高处作业人员必须戴好安全帽、系安全带、穿防滑鞋、衣着灵便。 4. 手拉葫芦进行吊装安装前要检查完整性，损坏及时更换。 5. 吊索具与尖锐的棱角接触要增加衬垫保护措施。 6. 作业过区域下方拉设警戒维护，设置监护人防止人员穿行
12	装饰装修	内墙面抹灰	1. 升降车使用确保地面平稳。 2. 操作升降车作业人员，必须经过培训取得操作证，并遵守升降车操作规程。 3. 人员在升降车上操作必须穿戴并系挂好安全带。 4. 作业过区域下方拉设警戒维护，设置监护人防止人员穿行
13		外墙贴砖	1. 使用双排全封闭外脚手架进行作业，作业人员应从规定的通道上下，不得在阳台之间等非规定通道进行攀登。 2. 高处作业人员必须戴好安全帽、系安全带、穿防滑鞋、衣着灵便。 3. 作业过区域下方拉设警戒维护，设置监护人防止人员穿行
14		门窗安装	1. 人员作业尽量在室内进行安装，条件有限必须，高处必须搭设脚手架作业平台，确保安全带牢靠系挂点。 2. 作业过区域下方拉设警戒维护，设置监护人防止人员穿行

四、钻井高处（临边）与吊装、用电、检维修、动火、受限空间复合作业管控清单

表 2-10 为钻井高处（临边）与吊装、用电、检维修、动火、受限空间复合作业管控清单。

表 2-10　钻井高处（临边）与吊装、用电、检维修、动火、受限空间复合作业管控清单

序号	作业区域	作业内容	作业风险	管控措施
1	井架 / 场地	拆安起井架大绳	高处坠落	1. 井架上作业使用双尾绳安全带和井架生命线。 2. 拆安牛鼻子时，人员骑跨于牛鼻子耳板前方井架上或站于耳板前方井架轮梯上（或借助升降平台作业）
			高空落物	1. 手工具拴好尾绳，尾绳端固定于井架上。 2. 固定销放置于槽钢内

续表

<table>
<tr><th>序号</th><th>作业区域</th><th>作业内容</th><th>作业风险</th><th>管控措施</th></tr>
<tr><td>1</td><td>井架 / 场地</td><td>拆安起井架大绳</td><td>绳套断裂</td><td>1. 安装牛鼻子时使用 ϕ13mm 钢丝绳吊索捆绑起吊。
2. 人字梁、起放井架大绳下方等可能被下砸物伤及的区域禁止站人</td></tr>
<tr><td>2</td><td>钻台 / 场地</td><td>取挂人字梁（炮台）吊装绳套</td><td>高处坠落</td><td>1. 人字梁（炮台）攀登梯安装的生命线使用攀升保护器专用钢丝绳，上人字梁必须使用抓绳器。
2. 安全带尾绳拴挂牢固，人字梁圆梁上移动时使用生命线。
3. 借助钩子等工具摘挂绳套</td></tr>
<tr><td rowspan="3">3</td><td rowspan="8">场地</td><td rowspan="3">拆安井架、天车</td><td>高处坠落</td><td>1. 井架上作业使用双尾绳安全带和井架生命线。
2. 井架上砸销子时，人员骑跨在固定端的井架槽钢上，人员移动时，禁止在槽钢上直立行走，应采用骑跨方式或井架轮梯上行走并配合使用双尾绳安全带。
3. 天车头在小支架上低位安装</td></tr>
<tr><td>高空落物</td><td>1. 手工具拴好尾绳，尾绳端固定于井架上。
2. 避免上下交叉作业，砸销子时人员远离销子掉落范围</td></tr>
<tr><td>绳套断裂</td><td>1. 使用标准绳套，吊挂于固定吊点，棱刃处有防护措施。
2. 起吊危险区域禁止站人</td></tr>
<tr><td rowspan="2">4</td><td rowspan="2">拆安二层台</td><td>高处坠落</td><td>作业人员使用双尾绳安全带和井架生命线，安全带尾绳不得挂在二层台上</td></tr>
<tr><td>挤压</td><td>拆安时人员在井架本体上作业</td></tr>
<tr><td>5</td><td>吊挂大支架</td><td>高处坠落</td><td>上下大支架人员系好安全带配合速差自控器</td></tr>
<tr><td>6</td><td>取挂液气分离器吊装绳套</td><td>高处坠落</td><td>1. 液气分离器安装防坠落装置。
2. 使用安全带</td></tr>
<tr><td>7</td><td>拆安高架水罐</td><td>高处坠落</td><td>1. 底罐加装定位装置。
2. 高架水罐护栏在场地低位安装好，避免放上底罐后高位安装。
3. 安装高架罐时使用引绳在地面上配合，禁止站在底罐上作业；取挂高架罐绳套借助平台、扶梯或钩子等工具。
4. 高罐安装速差器，上下罐时使用</td></tr>
<tr><td>8</td><td>柴油罐</td><td>拆装油罐高架罐、梯子</td><td>高处坠落</td><td>1. 高架油罐护栏、梯子护栏在场地上拆、安。
2. 取挂高架罐绳套借助平台、扶梯，攀爬高架罐支架时使用双尾绳安全带，交替钩挂好尾绳。
3. 人员站在插好栏杆的下罐上，将梯子挂在高架罐上</td></tr>
</table>

续表

序号	作业区域	作业内容	作业风险	管控措施
9	场地	拆装转角梯	底座倾倒、梯子掉落	1. 场地上安装转角梯底座护栏，使用拉筋固定转角梯底座，无拉筋固定的转角梯子两台吊车配合安装，一台吊车扶正防止底座倾倒，另外一台吊车安装梯子。 2. 先安装转角支撑平台与地面梯子，再安装平台与钻台梯子
			高处坠落	钻台面、转角梯平台安装梯子时系安全带
10	钻台	拆安转盘及转盘大梁、大马甲	高处坠落	1. 取挂大马甲绳套上下时交替使用双尾绳安全带，上下攀爬注意防坠落。 2. 设置安全带锚固点，高处、临边作业人员系好安全带
			碰撞挤压	1. 吊挂平稳，未就位前使用引绳，就位时人员站在安全位置。 2. 对正时使用撬杠等工具，禁止用手替代工具探摸固定销孔
			高空落物	1. 手工具拴好尾绳。 2. 作业下方和销子退出方向禁止站人
11		拆安钻台偏房支架	高处坠落	1. 钻台高处临边作业人员使用好安全带。 2. 在场地组装好支架后再吊装支架
			高空落物	1. 手工具拴好尾绳，固定销拿稳扶好。 2. 支架作业下方禁止站人，严禁穿行
12		钻台偏房取挂绳套	高处坠落	1. 用专用扶梯上下房顶，偏房房顶设置锚固点、生命线，使用好安全带（适用于吊点在房顶）。 2. 采取房内开孔取挂绳套（适用于吊点在偏房底座）
13		拆安钻台梯子、大门坡道、逃生滑道	高处坠落	1. 取挂绳套、砸固定销时人员系好安全带。 2. 借助钩子或专用工具取挂绳套
			物体碰撞	1. 安装时使用四根绳套吊平后对正销孔砸销子。 2. 拆卸时用两根绳套挂入上端两个吊耳并轻微吃力，砸掉固定销后，上提将吊物摆开后放平至场地，严禁将吊物吊起后砸固定销，防止重心不平吊物摆动碰撞
			高空落物	1. 手工具拴好尾绳。 2. 砸销子时物件下方禁止站人
			吊物坠落	1. 确认吊挂安全可靠。 2. 吊装危险区域内禁止站人

续表

序号	作业区域	作业内容	作业风险	管控措施
14	钻台	拆安钻台护栏	高处坠落	1. 双人在栏杆内侧拆安，使用吊车时拆安栏杆时，吊索拴挂平稳，拆卸时借助手锤等工具，不得使用吊车硬拔。 2. 作业人员系好安全带
			高空落物	1. 手锤拴好尾绳。 2. 作业下方禁止站人和通行
15		高位拆安绞车	高处坠落	1. 拆安装绞车，铺台执行先装后拆原则，铺台在上绞车前可以安装的应先安装，可以后拆的下完绞车后再拆。 2. 设置安全带锚固点，高处、临边作业人员系好安全带
			碰撞挤压	1. 绞车未就位前使用引绳牵引，绞车就位时人员站在安全的作业工位作业。 2. 绞车对正时使用撬杠等工具，禁止用手替代工具探摸固定销孔
16		拆安钻台铺台	高处坠落	1. 高处、临边作业人员系好安全带，无锚固点的配合速差自控器使用。 2. 拆卸铺台时吊索拉紧后人员远离铺台，安装时铺台吊到安装位置后人员再上前作业，防止碰撞坠落。 3. 控制作业人员数量，避免上下交叉作业
			吊物坠落	吊挂点选择固定吊耳或提环，吊挂平衡，提环式吊挂应配合卸扣使用
17		拆装顶驱、电缆	高处坠落	1. 井架移动时交替使用双尾绳安全带。 2. 高处作业人员系好安全带，无锚固点的配合速差自控器使用，安全带锚固定点不得设置在顶驱上，高挂低用。 3. 使用载人绞车和提篮
			高空落物	1. 手工具拴好尾绳。 2. 避免上下交叉作业
18		气动小绞车安装B型钳	高处坠落	1. 人员禁止站立B型钳上作业。 2. 攀爬时使用防坠落装置，高处作业系好安全带
19	井口	拆安钻井液出口管线	高处坠落	取挂绳套人员系好安全带
			出口管掉落	1. 确认绳套拴挂牢靠，吊挂位置正确，吊索具无缺陷。 2. 起吊范围禁止站人。 3. 使用好引绳，防止摆动碰撞，物件摆动绳套脱落

续表

<table>
<tr><th>序号</th><th>作业区域</th><th>作业内容</th><th>作业风险</th><th>管控措施</th></tr>
<tr><td rowspan="3">20</td><td rowspan="3">井口</td><td rowspan="3">拆装
封井器、
防溢管</td><td>高处坠落</td><td>钻台铺台下方横梁或底座上安装差速器，安装作业人员系好安全带</td></tr>
<tr><td>吊物坠落</td><td rowspan="2">1. 吊索具拴挂牢靠，专人指挥。
2. 避免上下交叉作业</td></tr>
<tr><td>碰撞</td></tr>
<tr><td rowspan="2">21</td><td rowspan="2">机房</td><td rowspan="2">拆安柴油机、发电房排气筒</td><td>高处坠落</td><td>1. 拆安时人员骑跨在柴油机增压器作业并系好安全带。
2. 上下柴油机、拴挂绳套时站稳扶好</td></tr>
<tr><td>碰撞挤压</td><td>排气管使用双绳套吊挂平稳并拴挂引绳</td></tr>
<tr><td rowspan="2">22</td><td rowspan="10">井架</td><td rowspan="2">拆安井架轮梯小平台、人字架
小平台</td><td>高处坠落</td><td>1. 耳板销子固定的平台应选择在场地拆安。
2. 高处安装平台作业人员系好安全带，尾绳系挂在井架轮梯、人字架本体上</td></tr>
<tr><td>吊物坠落</td><td>1. 平台标识吊点、吊挂平稳，取吊索具时扶好，防止吊索具钩挂平台，挂钩式平台安装保险绳。
2. 平台下方禁止进入</td></tr>
<tr><td rowspan="2">23</td><td rowspan="2">用气动小绞车固定起井架大绳</td><td>高处坠落</td><td>1. 上下攀爬井架使用好防坠落装置。
2. 高处作业设置生命线，使用好差速器及双尾绳保险带</td></tr>
<tr><td>高空落物</td><td>1. 手工具及钻井工具保险绳可靠。
2. 区域隔离，禁止上下交叉作业</td></tr>
<tr><td rowspan="3">24</td><td rowspan="3">处理大绳及井架上各类绳索跳槽</td><td>高处坠落</td><td>1. 作业许可。
2. 使用防坠落装置上下井架，系保险带。
3. 骑跨横梁移动</td></tr>
<tr><td>高空落物</td><td>1. 工具系尾绳。
2. 作业区下方隔离</td></tr>
<tr><td>挤压</td><td>1. 释放大绳（或各绳索）两端重量。
2. 借助气动绞车、手拉葫芦、引绳等工具提拉跳槽绳索。
3. 使用撬杠等工具撬动跳槽绳索，严禁用手直接在滑轮两侧提拉绳索</td></tr>
<tr><td rowspan="3">25</td><td rowspan="3">更换水龙带、立管油壬密封圈</td><td>高处坠落</td><td>1. 作业许可。
2. 使用防坠落装置上下井架，系保险带</td></tr>
<tr><td>高空落物</td><td>1. 工具系尾绳。
2. 作业区下方隔离</td></tr>
<tr><td>吊物坠落</td><td>1. 专人指挥、操作气动绞车。
2. 吊索具完好，拴挂牢靠</td></tr>
</table>

续表

序号	作业区域	作业内容	作业风险	管控措施
26	井架	顶驱钻机用小绞车接卸钻杆立柱	高处坠落	1. 上下井架使用好防坠落装置。 2. 二层台操作系挂好安全带，注意绳索上下擦刷
			高空落物	1. 二层台手工具保险绳可靠。 2. 上下信号沟通明确
27	循环罐	安装高位连接管	高处坠落	1. 循环罐上临边作业拴好保险带，尾绳拴挂可靠，防止掉落。 2. 控制上循环罐人员
28	营地	水罐取挂绳套（立罐，吊点在上方）	高处坠落	1. 水罐安装差速器。 2. 上下罐系安全带，使用差速器，作业时安全带尾绳拴好
29	井架	检查井架及电路、工业监控等检维修作业	高处坠落	使用好防坠落装置，系好安全带
			高空落物	工具系尾绳，作业下方隔离
			触电	上锁挂签，落实好断电等能量隔离，专人监护
30		井架上切割、焊修、打磨作业	高处坠落	使用好防坠落装置，系好安全带
			高空落物	工具系尾绳，作业下方隔离
			触电	严禁连接井架代替接地，专人监护
			灼伤	使用好防护面罩、焊接手套等防护用具
31		检维修顶驱及更换部件	高处坠落	使用好防坠落装置，系好安全带
			高空落物	工具系尾绳，作业下方隔离
			触电	上锁挂签，专人监护
			挤压	使用好工具，严禁肢体代替工具
32		拆装测井天滑轮	高空落物	天滑轮吊挂牢靠，作业下方隔离
			高处坠落	使用好防坠落装置，系好安全带
			碰伤挤压	站位正确，使用好工具，相互配合好
33		更换天滑轮及其他滑轮组	高空落物	滑轮吊挂牢靠，作业下方隔离
			高处坠落	使用好防坠落装置，系好安全带
			碰伤挤压	站位正确，使用好工具，相互配合好

续表

<table>
<tr><th>序号</th><th>作业区域</th><th>作业内容</th><th>作业风险</th><th>管控措施</th></tr>
<tr><td rowspan="3">34</td><td rowspan="3">井架</td><td rowspan="3">顶驱导轨焊接校正</td><td>高处坠落</td><td>使用好防坠落装置，系好安全带</td></tr>
<tr><td>高空落物</td><td>工具系尾绳，作业下方隔离</td></tr>
<tr><td>触电灼伤</td><td>1. 使用好防护面罩、焊接手套等防护用具。
2. 接地良好，专人监护</td></tr>
<tr><td rowspan="3">35</td><td rowspan="3">泵房</td><td rowspan="3">钻井泵上检维修作业</td><td>高处坠落</td><td>系好安全带</td></tr>
<tr><td>物体打击</td><td>上锁挂签，落实好能量隔离，专人监护</td></tr>
<tr><td>夹伤碰伤</td><td>使用好工具，站位正确</td></tr>
<tr><td rowspan="3">36</td><td rowspan="3">钻台</td><td rowspan="3">绞车上检维修作业</td><td>高处坠落</td><td>系好安全带</td></tr>
<tr><td>物体打击</td><td>上锁挂签，落实好能量隔离，专人监护</td></tr>
<tr><td>夹伤碰伤</td><td>使用好工具，站位正确</td></tr>
<tr><td rowspan="2">37</td><td rowspan="2">机房</td><td rowspan="2">柴油机上检维修作业</td><td>高处坠落</td><td>系好安全带</td></tr>
<tr><td>夹伤碰伤</td><td>1. 上锁挂签，落实好能量隔离，专人监护。
2. 使用好工具，站位正确</td></tr>
<tr><td rowspan="2">38</td><td rowspan="2">机房</td><td rowspan="2">发电房上检维修作业</td><td>高处坠落</td><td>系好安全带</td></tr>
<tr><td>夹伤碰伤</td><td>1. 上锁挂签，落实好能量隔离，专人监护。
2. 使用好工具，站位正确</td></tr>
</table>

表 2-11 为试油（气）高处（临边）与吊装、用电、检维修、动火、受限空间复合作业管控清单。

表 2-11　试油（气）高处（临边）与吊装、用电、检维修、动火、受限空间复合作业管控清单

<table>
<tr><th>序号</th><th>作业区域</th><th>作业内容</th><th>作业风险</th><th>管控措施</th></tr>
<tr><td rowspan="3">1</td><td rowspan="3">场地</td><td rowspan="3">拆安井架、天车</td><td>高处坠落</td><td>1. 井架上作业使用双尾绳安全带和井架生命线。
2. 井架穿连接螺栓时，人员骑跨在固定端的井架槽钢上，人员移动时，禁止在槽钢上直立行走，应采用扶轮梯并配合使用双尾绳安全带。
3. 天车头在小支架上低位安装</td></tr>
<tr><td>高空落物</td><td>1. 手工具拴好尾绳，尾绳端固定于井架上。
2. 避免上下交叉作业，穿螺栓时人员远离螺栓掉落范围</td></tr>
<tr><td>绳套断裂</td><td>1. 使用标准绳套，吊挂于固定吊点，棱刃处有防护措施。
2. 起吊危险区域禁止站人</td></tr>
</table>

续表

序号	作业区域	作业内容	作业风险	管控措施
2	场地	拆安二层台	高处坠落	作业人员使用双尾绳安全带和井架生命线，安全带尾绳不得挂在二层台上
			挤压	拆安时人员在井架本体上作业
3		拆安砂漏、取放破袋器	高处坠落	1. 砂漏护栏在场地低位安装好，避免放上底罐后高位安装。 2. 安装砂漏时使用引绳在地面上配合，禁止站在底罐上作业；取挂砂漏绳套借助平台、扶梯或钩子等工具。 3. 砂漏上安装速差器，上下罐时使用。 4. 手持工具拴好尾绳
4		取挂气液处理装置，吊装绳套	高处坠落	1. 上下气液分离装置使用扶梯。 2. 使用安全带
5		拆安储液罐	高处坠落	1. 安装储液罐时使用引绳在地面上配合，取挂百方罐绳套借助平台、扶梯或钩子等工具。 2. 使用安全带
6	井口	安装压裂井口装置	高处坠落	1. 使用升降机或者井口操作平台。 2. 使用安全带
7	场地	砂漏加砂	高处坠落	使用安全带
			高空落物	手工具拴好尾绳，尾绳固定在砂漏上
8		装卸支撑剂	高处坠落	1. 人员合理站位，避免和吊物站位冲突。 2. 不宜使用过长的吊索具。 3. 人员在支撑剂垛上行走时不宜靠边
			挤压	1. 支撑剂摆放到位后人员再去取挂绳套。 2. 支撑剂叠放不超过三层，摆放紧密。 3. 不得在支撑剂周围休息
9		混配车上加吨料	高处坠落	1. 人员合理站位，避免和吊物移动位置冲突。 2. 上下混配车时抓好扶手。 3. 使用安全带
			挤压	1. 等吨包停止摆动时人员再靠近。 2. 人员不得将上半身全部探到吊物底下

表 2-12 为压裂高处（临边）与吊装、用电、检维修、动火、受限空间复合作业管控清单。

表 2-12　压裂高处（临边）与吊装、用电、检维修、动火、受限空间复合作业管控清单

序号	作业区域	作业内容	作业风险	管控措施
1	场地	摆放拆除液罐、酸罐、配酸罐、卸砂罐	高处坠落	1. 根据高处（临边）作业人员档案信息核实作业人员资质及健康状况符合要求，开展安全培训并考核合格。 2. 高处（临边）作业工具应配备工具袋或安装安全尾绳（防掉）。 3. 吊装时注意吊点位置。 4. 就位后竖起围栏。 5. 确认液罐顶部盖板完整有效。 6. 核查全身式安全带的完好性并正确穿戴
			起重伤害	1. 吊装指挥、操作人员标识明显，指挥信号统一，严格执行操作规程。 2. 监护人应全程在场，防止人员擅自进入吊装区域。 3. 提醒起吊人员使用牵引绳，并采取“双牵引”，选取正确牵挂位置。 4. 核查吊装设备、钢丝绳（吊带）、牵引绳、链条、吊钩等各种机具，确保安全可靠。 5. 隔离起吊区域。 6. 在进行吊装作业时，吊车支腿应全伸，垫木支垫牢靠，地面坚实、平整，有足够的承载力；在进行沟（坑）临边吊装作业时，临边侧支腿或履带等承重构件的外缘应与沟（坑）保持不小于其深度 1.2 倍的安全距离，且起重机作业位区域的地耐力满足吊装要求。 7. 正式起吊前应按要求进行试吊，确认无问题后再开始吊装
			绳套断裂	1. 吊装液罐时罐内可能有残液，使用大钩进行吊装。 2. 吊臂下、吊装路线等可能被下砸物伤及的区域禁止站人
2	液罐区域	低压管汇连接及拆卸（液罐）、安装护栏	起重伤害	1. 吊装指挥、操作人员标识明显，指挥信号统一，严格执行操作规程。 2. 监护人应全程在场，防止人员擅自进入吊装区域。 3. 提醒起吊人员使用牵引绳，并采取“双牵引”，选取正确牵挂位置。 4. 核查吊装设备、钢丝绳（吊带）、牵引绳、链条、吊钩等各种机具，确保安全可靠。 5. 隔离起吊区域。 6. 在进行吊装作业时，吊车支腿应全伸，垫木支垫牢靠，地面坚实、平整，有足够的承载力；在进行沟（坑）临边吊装作业时，临边侧支腿或履带等承重构件的外缘应与沟（坑）保持不小于其深度 1.2 倍的安全距离，且起重机作业位区域的地耐力满足吊装要求。 7. 正式起吊前应按要求进行试吊，确认无问题后再开始吊装

续表

序号	作业区域	作业内容	作业风险	管控措施
2	液罐区域	低压管汇连接及拆卸（液罐）、安装护栏	高处坠落	1. 根据高处（临边）作业人员档案信息核实作业人员资质及健康状况符合要求，开展安全培训并考核合格。 2. 高处（临边）作业工具应配备工具袋或安装安全尾绳（防掉）。 3. 吊装时注意吊点位置。 4. 就位后竖起围栏。 5. 确认罐顶部盖板完整有效。 6. 核查全身式安全带的完好性并正确穿戴
3	砂罐区域	卸砂罐	高处坠落	1. 根据高处（临边）作业人员档案信息核实作业人员资质及健康状况符合要求，开展安全培训并考核合格。 2. 高处（临边）作业工具应配备工具袋或安装安全尾绳（防掉）。 3. 吊装时注意吊点位置。 4. 核查全身式安全带的完好性并正确穿戴
			起重伤害	1. 吊装指挥、操作人员标识明显，指挥信号统一，严格执行操作规程。 2. 监护人应全程在场，防止人员擅自进入吊装区域。 3. 提醒起吊人员使用牵引绳，并采取“双牵引”，选取正确牵挂位置。 4. 核查吊装设备、钢丝绳（吊带）、牵引绳、链条、吊钩等各种机具，确保安全可靠。 5. 隔离起吊区域。 6. 在进行吊装作业时，吊车支腿应全伸，垫木支垫牢靠，地面坚实、平整，有足够的承载力；在进行沟（坑）临边吊装作业时，临边侧支腿或履带等承重构件的外缘应与沟（坑）保持不小于其深度 1.2 倍的安全距离，且起重机作业位区域的地耐力满足吊装要求。 7. 正式起吊前应按要求进行试吊，确认无问题后再开始吊装
4		立砂罐	高处坠落	1. 根据高处（临边）作业人员档案信息核实作业人员资质及健康状况符合要求，开展安全培训并考核合格。 2. 高处（临边）作业工具应配备工具袋或安装安全尾绳（防掉）。 3. 吊装时注意吊点位置。 4. 核查全身式安全带的完好性并正确穿戴。 5. 立罐前打开砂罐登高梯护栏。 6. 使用防坠落装置上下砂罐

续表

序号	作业区域	作业内容	作业风险	管控措施
4	砂罐区域	立砂罐	起重伤害	1. 吊装指挥、操作人员标识明显，指挥信号统一，严格执行操作规程。 2. 监护人应全程在场，防止人员擅自进入吊装区域。 3. 提醒起吊人员使用牵引绳，并采取“双牵引”，选取正确牵挂位置。 4. 核查吊装设备、钢丝绳（吊带）、牵引绳、链条、吊钩等各种机具，确保安全可靠。 5. 隔离起吊区域。 6. 在进行吊装作业时，吊车支腿应全伸，垫木支垫牢靠，地面坚实、平整，有足够的承载力；在进行沟（坑）临边吊装作业时，临边侧支腿或履带等承重构件的外缘应与沟（坑）保持不小于其深度 1.2 倍的安全距离，且起重机作业位区域的地耐力满足吊装要求。 7. 注意吊点位置是否合规。 8. 正式起吊前应按要求进行试吊，确认无问题后再开始吊装
5		安装砂罐底座	高处坠落	1. 根据高处（临边）作业人员档案信息核实作业人员资质及健康状况符合要求，开展安全培训并考核合格。 2. 高处（临边）作业工具应配备工具袋或安装安全尾绳（防掉）。 3. 吊装时注意吊点位置。 4. 核查全身式安全带的完好性并正确穿戴。 5. 立罐前打开砂罐登高梯护栏。 6. 使用防坠落装置上下砂罐
			起重伤害	1. 吊装指挥、操作人员标识明显，指挥信号统一，严格执行操作规程。 2. 监护人应全程在场，防止人员擅自进入吊装区域。 3. 提醒起吊人员使用牵引绳，并采取“双牵引”，选取正确牵挂位置。 4. 核查吊装设备、钢丝绳（吊带）、牵引绳、链条、吊钩等各种机具，确保安全可靠。 5. 隔离起吊区域。 6. 在进行吊装作业时，吊车支腿应全伸，垫木支垫牢靠，地面坚实、平整，有足够的承载力；在进行沟（坑）临边吊装作业时，临边侧支腿或履带等承重构件的外缘应与沟（坑）保持不小于其深度 1.2 倍的安全距离，且起重机作业位区域的地耐力满足吊装要求。 7. 砂罐底座对齐，避免错位导致砂罐不稳。 8. 砂罐底座使用 U 形卡固定牢靠。 9. 正式起吊前应按要求进行试吊，确认无问题后再开始吊装

续表

<table>
<tr><th>序号</th><th>作业区域</th><th>作业内容</th><th>作业风险</th><th>管控措施</th></tr>
<tr><td rowspan="3">6</td><td rowspan="5">砂罐区域</td><td rowspan="3">组装砂罐及破袋器</td><td>起重伤害</td><td>1. 吊装指挥、操作人员标识明显，指挥信号统一，严格执行操作规程。
2. 监护人应全程在场，防止人员擅自进入吊装区域。
3. 提醒起吊人员使用牵引绳，并采取“双牵引”，选取正确牵挂位置。
4. 核查吊装设备、钢丝绳（吊带）、牵引绳、链条、吊钩等各种机具，确保安全可靠。
5. 隔离起吊区域。
6. 在进行吊装作业时，吊车支腿应全伸，垫木支垫牢靠，地面坚实、平整，有足够的承载力；在进行沟（坑）临边吊装作业时，临边侧支腿或履带等承重构件的外缘应与沟（坑）保持不小于其深度 1.2 倍的安全距离，且起重机作业位区域的地耐力满足吊装要求。
7. 正式起吊前应按要求进行试吊，确认无问题后再开始吊装</td></tr>
<tr><td>高处坠落</td><td>1. 根据高处（临边）作业人员档案信息核实作业人员资质及健康状况符合要求，开展安全培训并考核合格。
2. 高处（临边）作业工具应配备工具袋或安装安全尾绳（防掉）。
3. 吊装时注意吊点位置。
4. 核查全身式安全带的完好性并正确穿戴。
5. 完善砂罐顶部护栏或防护链。
6. 使用防坠落装置上下砂罐</td></tr>
<tr><td>碰撞挤压</td><td>破袋器下放过程中作业人员手放置位置远离破袋器接口</td></tr>
<tr><td rowspan="2">7</td><td rowspan="2">砂罐就位、吊砂</td><td>高处坠落</td><td>1. 根据高处（临边）作业人员档案信息核实作业人员资质及健康状况符合要求，开展安全培训并考核合格。
2. 高处（临边）作业工具应配备工具袋或安装安全尾绳（防掉）。
3. 吊装时注意吊点位置。
4. 核查全身式安全带的完好性并正确穿戴。
5. 使用防坠落装置上下砂罐</td></tr>
<tr><td>起重伤害、底座倾倒</td><td>1. 吊装指挥、操作人员标识明显，指挥信号统一，严格执行操作规程。
2. 监护人应全程在场，防止人员擅自进入吊装区域。
3. 提醒起吊人员使用牵引绳，并采取“双牵引”，选取正确牵挂位置。
4. 核查吊装设备、钢丝绳（吊带）、牵引绳、链条、吊钩等各种机具，确保安全可靠。</td></tr>
</table>

续表

序号	作业区域	作业内容	作业风险	管控措施
7	砂罐区域	砂罐 就位、 吊砂	起重 伤害、 底座倾倒	5. 隔离起吊区域。 6. 在进行吊装作业时，吊车支腿应全伸，垫木支垫牢靠，地面坚实、平整，有足够的承载力；在进行沟（坑）临边吊装作业时，临边侧支腿或履带等承重构件的外缘应与沟（坑）保持不小于其深度 1.2 倍的安全距离，且起重机作业位区域的地耐力满足吊装要求。 7. 选地基平整、符合工程要求的场地进行摆放。 8. 正式起吊前应按要求进行试吊，确认无问题后再开始吊装
8	井口区域	拆安井口 平台	高处坠落	1. 根据高处（临边）作业人员档案信息核实作业人员资质及健康状况符合要求，开展安全培训并考核合格。 2. 高处（临边）、吊装复合作业应严格执行并落实作业许可管理制度。 3. 高处（临边）、吊装复合作业前作业批准人、申请人、监护人、安全监督、高处作业人员、吊装指挥人员、吊装操作人员召开工作安全分析会，分析、制订危害控制措施。 4. 及时完善井口平台护栏。 5. 高处（临边）、吊装复合作业应配备通信工具保持信息畅通。 6. 高处（临边）作业工具应配备工具袋或安装安全尾绳（防掉）。 7. 核查全身式安全带的完好性并正确穿戴
			起重伤害	1. 吊装指挥、操作人员标识明显，指挥信号统一，严格执行操作规程。 2. 监护人应全程在场，防止人员擅自进入吊装区域。 3. 提醒起吊人员使用牵引绳，并采取“双牵引”，选取正确牵挂位置。 4. 核查吊装设备、钢丝绳（吊带）、牵引绳、链条、吊钩等各种机具，确保安全可靠。 5. 隔离起吊区域。 6. 在进行吊装作业时，吊车支腿应全伸，垫木支垫牢靠，地面坚实、平整，有足够的承载力；在进行沟（坑）临边吊装作业时，临边侧支腿或履带等承重构件的外缘应与沟（坑）保持不小于其深度 1.2 倍的安全距离，且起重机作业位区域的地耐力满足吊装要求。 7. 提醒作业人员在吊物下放过程中手扶正确位置。 8. 正式起吊前应按要求进行试吊，确认无问题后再开始吊装

续表

序号	作业区域	作业内容	作业风险	管控措施
9	井口区域	拆安井口阀门	高处坠落	1. 根据高处（临边）作业人员档案信息核实作业人员资质及健康状况符合要求，开展安全培训并考核合格。 2. 高处（临边）、吊装复合作业应严格执行并落实作业许可管理制度。 3. 高处（临边）、吊装复合作业前作业批准人、申请人、监护人、安全监督、高处作业人员、吊装指挥人员、吊装操作人员召开工作安全分析会，分析、制订危害控制措施。 4. 高处（临边）、吊装复合作业应配备通信工具保持信息畅通。 5. 高处（临边）作业工具应配备工具袋或安装安全尾绳（防掉）。 6. 核查全身式安全带的完好性并正确穿戴
			起重伤害	1. 吊装指挥、操作人员标识明显，指挥信号统一，严格执行操作规程。 2. 监护人应全程在场，防止人员擅自进入吊装区域。 3. 提醒起吊人员使用牵引绳，并采取“双牵引”，选取正确牵挂位置。 4. 核查吊装设备、钢丝绳（吊带）、牵引绳、链条、吊钩等各种机具，确保安全可靠。 5. 隔离起吊区域。 6. 在进行吊装作业时，吊车支腿应全伸，垫木支垫牢靠，地面坚实、平整，有足够的承载力；在进行沟（坑）临边吊装作业时，临边侧支腿或履带等承重构件的外缘应与沟（坑）保持不小于其深度 1.2 倍的安全距离，且起重机作业位区域的地耐力满足吊装要求。 7. 提醒作业人员在吊物下放过程中手扶正确位置。 8. 正式起吊前应按要求进行试吊，确认无问题后再开始吊装
10		拆安井口管线	高处坠落	1. 高处（临边）、吊装复合作业应配备通信工具保持信息畅通。 2. 高处（临边）作业工具应配备工具袋或安装安全尾绳（防掉）。 3. 核查全身式安全带的完好性并正确穿戴。 4. 高处（临边）人员注意站位

续表

序号	作业区域	作业内容	作业风险	管控措施
10	井口区域	拆安井口管线	起重伤害	1. 吊装指挥、操作人员标识明显，指挥信号统一，严格执行操作规程。 2. 监护人应全程在场，防止人员擅自进入吊装区域。 3. 提醒起吊人员使用牵引绳，并采取“双牵引”，选取正确牵挂位置。 4. 核查吊装设备、钢丝绳（吊带）、牵引绳、链条、吊钩等各种机具，确保安全可靠。 5. 隔离起吊区域。 6. 在进行吊装作业时，吊车支腿应全伸，垫木支垫牢靠，地面坚实、平整，有足够的承载力；在进行沟（坑）临边吊装作业时，临边侧支腿或履带等承重构件的外缘应与沟（坑）保持不小于其深度 1.2 倍的安全距离，且起重机作业位区域的地耐力满足吊装要求。 7. 提醒作业人员在吊物下放过程中手扶正确位置。 8. 正式起吊前应按要求进行试吊，确认无问题后再开始吊装
11	场地	拆安指挥中心	高处坠落	1. 高处（临边）、吊装复合作业应配备通信工具保持信息畅通。 2. 核查全身式安全带的完好性并正确穿戴。 3. 高处（临边）人员注意站位
			高空落物	高处（临边）作业工具应配备工具袋或安装安全尾绳（防掉）
			起重伤害	1. 吊装指挥、操作人员标识明显，指挥信号统一，严格执行操作规程。 2. 监护人应全程在场，防止人员擅自进入吊装区域。 3. 提醒起吊人员使用牵引绳，并采取“双牵引”，选取正确牵挂位置。 4. 核查吊装设备、钢丝绳（吊带）、牵引绳、链条、吊钩等各种机具，确保安全可靠。 5. 隔离起吊区域。 6. 在进行吊装作业时，吊车支腿应全伸，垫木支垫牢靠，地面坚实、平整有足够的承载力；在进行沟（坑）临边吊装作业时，临边侧支腿或履带等承重构件的外缘应与沟（坑）保持不小于其深度 1.2 倍的安全距离，且起重机作业位区域的地耐力满足吊装要求。 7. 吊物及吊物移动路线下方严禁站人。 8. 正式起吊前应按要求进行试吊，确认无问题后再开始吊装

续表

序号	作业区域	作业内容	作业风险	管控措施
12	压裂车区域	压裂车检维修	起重伤害	1. 吊装指挥、操作人员标识明显，指挥信号统一，严格执行操作规程。 2. 监护人应全程在场，防止人员擅自进入吊装区域。 3. 提醒起吊人员使用牵引绳，并采取“双牵引”，选取正确牵挂位置。 4. 核查吊装设备、钢丝绳（吊带）、牵引绳、链条、吊钩等各种机具，确保安全可靠。 5. 隔离起吊区域。 6. 在进行吊装作业时，吊车支腿应全伸，垫木支垫牢靠，地面坚实、平整，有足够的承载力；在进行沟（坑）临边吊装作业时，临边侧支腿或履带等承重构件的外缘应与沟（坑）保持不小于其深度 1.2 倍的安全距离，且起重机作业位区域的地耐力满足吊装要求。 7. 吊物及吊物移动路线下方严禁站人。 8. 正式起吊前应按要求进行试吊，确认无问题后再开始吊装
			碰撞挤压	吊物下放过程中作业人员注意站位，避免挤压伤害

表 2-13 为连续油管高处（临边）与吊装、用电、检维修、动火、受限空间复合作业管控清单。

表 2-13 连续油管高处（临边）与吊装、用电、检维修、动火、受限空间复合作业管控清单

序号	工序	区域	作业内容	作业风险	管控措施
1	工作前检查	场地区	工作前安全检查	吊装、高处（临边）复合作业相关风险	1. 审核吊车指挥、操作人员资质；确认吊车的工作负荷，具备安全吊装能力。 2. 核查吊装设备、钢丝绳（吊带）、牵引绳、链条、吊钩等各种机具，确保安全可靠。 3. 高处（临边）、吊装复合作业应严格执行并落实作业许可管理制度。 4. 二级及以上吊装作业按要求编制吊装作业方案。 5. 高处（临边）、吊装复合作业前作业批准人、申请人、监护人、安全监督、高处作业人员、吊装指挥人员、吊装操作人员召开工作安全分析会，分析、制订危害控制措施。 6. 应配备通信工具并保持信息畅通。 7. 安全带、牵引绳等设备设施检查合格

续表

序号	工序	区域	作业内容	作业风险	管控措施
2	设备摆放作业	场地区	摆放主体设备	地基塌陷，吊车倾覆	1. 吊车选位地基夯实，支腿完全伸出，使用垫木有效支撑。 2. 吊车采用满倍率吊装，吊索具吊挂正确。 3. 吊装前进行试吊。 4. 吊装过程中平稳操作，吊车司机密切关注重量显示仪和报警器，避免关闭力矩限制器
				人员高处坠落伤害	1. 根据高处（临边）作业人员档案信息核实作业人员资质及健康状况符合要求。 2. 高处（临边）、吊装复合作业应严格执行并落实作业许可管理制度。 3. 高处（临边）、吊装复合作业前作业批准人、申请人、监护人、安全监督、高处作业人员、吊装指挥人员、吊装操作人员召开工作安全分析会，分析、制订危害控制措施。 4. 作业人员正确使用安全带、防坠落装置。 5. 登高及防护设施牢靠、无松动
				吊物摆动、脱落导致碰撞、挤压伤人	1. 设置警示隔离区，正确使用双牵引绳，人员正确站位。 2. 吊车起吊或吊物平稳就位前，作业人员避开吊臂运行方向，撤离至安全位置。 3. 吊索具吊挂正确
3			摆放辅助设备	人员高处坠落伤害	1. 作业人员正确使用安全带、防坠落装置。 2. 登高及防护设施牢靠、无松动
				吊物摆动、脱落导致碰撞、挤压伤人	1. 设置警示隔离区，正确使用双牵引绳，人员正确站位。 2. 吊车起吊或吊物平稳就位前，作业人员避开吊臂运行方向，撤离至安全位置。 3. 吊索具吊挂正确
4	连续油管穿管作业	油管滚筒	安装、拆卸油管卡	人员高处坠落伤害	1. 清理干净连续油管上的油污，注意脚下安全。 2. 作业人员正确使用安全带、防坠落装置。 3. 登高及防护设施牢靠、无松动
				高空落物伤害	工具系好尾绳，及时清理高处工作面机具、配件
5		场地区	放连续油管至地面	连续油管摆动导致碰撞、挤压伤害	1. 吊车司机平稳操作，配合井口人员牵引下放至宽敞的合适位置。 2. 专人指挥，人员正确站位，正确使用牵引绳

续表

序号	工序	区域	作业内容	作业风险	管控措施
6	连续油管穿管作业	注入头	引导连续油管进入注入头	人员高处坠落伤害	1. 作业人员正确使用安全带、防坠落装置。 2. 登高及防护设施牢靠、无松动
				连续油管摆动、弹出导致碰撞、挤压伤害	1. 正确选择吊点位置，试吊平衡后再移动。 2. 正确使用牵引绳。 3. 专人指挥，操作人员、井口人员与吊车司机紧密配合，缓慢引导油管进入喇叭口。 4. 注入头上人员站在导向器侧面，场地上作业人员正确站位，避免在油管下方停留
				高空落物伤害	工具系好尾绳，及时清理高处工作面机具、配件
7	井口装置安装	井口及井口附近	连接井口法兰	人员高处坠落伤害	1. 作业人员正确使用安全带。 2. 登高及防护设施牢靠、无松动
				高空落物伤害	工具系好尾绳，及时清理高处工作面机具、配件
				吊物摆动、脱落导致碰撞、挤压伤人	1. 设置警示隔离区，正确使用牵引绳，人员正确站位。 2. 吊车起吊或吊物平稳就位前，作业人员避开吊臂运行方向，撤离至安全位置。 3. 吊索具吊挂正确
8			连接防喷器与井口法兰	人员高处坠落伤害	1. 作业人员正确使用安全带。 2. 登高及防护设施牢靠、无松动
				高空落物伤害	工具系好尾绳，及时清理高处工作面机具、配件
				吊物摆动、脱落导致碰撞、挤压伤人	1. 设置警示隔离区，正确使用牵引绳，人员正确站位。 2. 吊车起吊或吊物平稳就位前，作业人员避开吊臂运行方向，撤离至安全位置。 3. 吊索具吊挂正确
9			连接注入头与井口防喷器	地基塌陷，吊车倾覆	1. 吊车选位地基夯实，支腿完全伸出，使用垫木有效支撑。 2. 吊车采用满倍率吊装，吊索具吊挂正确。 3. 吊装前进行试吊。 4. 吊装过程中平稳操作，吊车司机密切关注重量显示仪和报警器，避免关闭力矩限制器

续表

序号	工序	区域	作业内容	作业风险	管控措施
10	井口装置拆卸	井口及井口附近	拆卸注入头及防喷立管	人员高处坠落伤害	1. 作业人员正确使用安全带。 2. 登高及防护设施牢靠、无松动
				高空落物伤害	工具系好尾绳，及时清理高处工作面机具、配件
				吊物摆动、脱落导致碰撞、挤压伤人	1. 设置警示隔离区，正确使用牵引绳，人员正确站位。 2. 吊车起吊或吊物平稳就位前，作业人员避开吊臂运行方向，撤离至安全位置。 3. 吊索具吊挂正确
				吊装剐蹭井口及相关设备设施损坏	专人配合牵拉绷绳、液压管线、传感线，避绕障碍物
				人员高处坠落伤害	1. 作业人员正确使用安全带。 2. 登高及防护设施牢靠、无松动
				吊物摆动挤压、碰撞伤人	1. 吊车起吊或吊物平稳就位前，作业人员避开吊臂运行方向，撤离至安全位置。 2. 正确使用牵引绳，人员正确站位
				地基塌陷，吊车倾覆	1. 由吊车指挥人员专人指挥，各岗位密切协同配合、服从统一指挥。 2. 吊装过程中吊车司机密切关注重量显示仪和报警器，过提吨位控制在合理范围内，避免关闭力矩限制器
				吊装剐蹭井口及相关设备设施损坏	专人配合牵拉绷绳、液压管线、传感线，避绕障碍物
11			拆卸井口防喷器	人员高处坠落伤害	1. 作业人员正确使用安全带。 2. 登高及防护设施牢靠、无松动
				吊物摆动挤压、碰撞伤人	1. 吊车起吊或吊物平稳就位前，作业人员避开吊臂运行方向，撤离至安全位置。 2. 正确使用牵引绳，人员正确站位
12			拆卸井口法兰	人员高处坠落伤害	1. 作业人员正确使用安全带。 2. 登高及防护设施牢靠、无松动

续表

序号	工序	区域	作业内容	作业风险	管控措施
12	井口装置拆卸	井口及井口附近	拆卸井口法兰	高空落物伤害	工具系好尾绳，及时清理高处工作面机具、配件
				吊物摆动挤压、碰撞伤人	1. 吊车起吊或吊物平稳就位前，作业人员避开吊臂运行方向，撤离至安全位置。 2. 正确使用牵引绳，人员正确站位
13	连续油管收回作业	注入头、油管滚筒	安装、拆卸油管卡	人员高处坠落伤害	1. 清理干净连续油管上的油污，注意脚下安全。 2. 作业人员正确使用安全带、防坠落装置。 3. 登高及防护设施牢靠、无松动
14		注入头	挂取吊带	人员高处坠落伤害	1. 作业人员正确使用安全带、防坠落装置。 2. 登高及防护设施牢靠、无松动
15	工具连接、拆卸	井口方井附近	工具连接	人员高处坠落伤害	1. 临边作业区域应使用围栏或警戒带，设置警示隔离区，专人监护，禁止人员通过和逗留。 2. 作业人员正确使用安全带、防坠落装置
				吊物摆动挤压、碰撞伤人	1. 吊车起吊或吊物平稳就位前，作业人员避开吊臂运行方向，撤离至安全位置。 2. 正确使用牵引绳，人员正确站位
16			工具拆卸	人员高处坠落伤害	1. 临边作业区域应使用围栏或警戒带，设置警示隔离区，专人监护，禁止人员通过和逗留。 2. 作业人员正确使用安全带、防坠落装置
				吊物摆动挤压、碰撞伤人	1. 吊车起吊或吊物平稳就位前，作业人员避开吊臂运行方向，撤离至安全位置。 2. 正确使用牵引绳，人员正确站位

表2-14为带压高处（临边）与吊装、用电、检维修、动火、受限空间复合作业管控清单。

表2-14 带压高处（临边）与吊装、用电、检维修、动火、受限空间复合作业管控清单

序号	工序	区域	作业内容	作业风险	管控措施
1	拆搬安作业	场地区	拆卸带压装置	车辆伤害	专人指挥，专人监护，安全监督人员到位，严格按吊装指挥人员指挥信号进行吊装
				起重伤害	1. 吊车支腿地基坚固，支腿完全伸出。 2. 吊车司机平稳操作，吊装载荷满足安全要求。

续表

序号	工序	区域	作业内容	作业风险	管控措施
1	拆搬安作业	场地区	拆卸带压装置	起重伤害	3. 吊装带压作业机时，进行试吊。 4. 拆卸设备和吊装设备，采用牵引绳稳定。 5. 使用吊车将液压钳等附件从上平台放至地面。 6. 拆卸带压装置，吊装作业半径禁止人员站立或穿行
				物体打击	1. 禁止高空抛物。 2. 高处手工具系好安全尾绳。 3. 带压装置拆卸前确保平台工具清理干净，松散件捆扎牢固
				高处坠落	1. 装置上平台拆卸踏板、逃生筒作业使用双尾绳安全带。 2. 上下带压装置系好安全带使用防坠落装置
2			搬迁带压装置	起重伤害	1. 吊车支腿地基坚固，支腿完全伸出。 2. 专人指挥，专人监护，安全监督人员到位，严格按吊装指挥人员指挥信号进行吊装。 3. 吊车司机平稳操作，吊装载荷满足安全要求。 4. 吊装带压作业机时，进行试吊。 5. 作业区域警示隔离。 6. 挂取绳套使用好牵引绳和扶绳器
				高处坠落	1. 上下卡车配备简易梯子，方便人员上下。 2. 车辆移动时，禁止人员站在马槽边沿。 3. 禁止人员从马槽上跳下
3			安装带压装置	起重伤害	1. 吊车支腿地基坚固，支腿完全伸出。 2. 专人指挥，专人监护，安全监督人员到位，严格按吊装指挥信号进行吊装。 3. 吊车司机平稳操作，吊装载荷满足安全要求。 4. 吊装带压作业机时，进行试吊。 5. 设备安装连接时，采用牵引绳稳定。 6. 对吊装作业做好区域警示隔离。 7. 起吊前检查吊车和吊索具。 8. 安装带压装置附件，平台配合人员与吊装指挥信息沟通。 9. 安装带压装置，吊装作业半径禁止人员站立或穿行。 10. 带压装置绷绳未卡紧调整好前，严禁拆除装置提升吊索

续表

序号	工序	区域	作业内容	作业风险	管控措施
3	拆搬安作业	场地区	安装带压装置	高处坠落	上下带压装置系安全带并使用防坠落装置
				物体打击	高处手工具系安全尾绳
4			拆、装液压钳	高处坠落	上下装置平台使用防坠落装置
				物体打击	禁止高处抛物
				机械伤害	安装液压钳钳牙或手进入液压钳钳口时摘掉动力端
5			拆、装笼梯	起重伤害	1. 吊装笼梯时，地面配合使用牵引绳调整角度。 2. 装置上平台人员配合吊装指挥将笼梯固定牢靠
				高处坠落	安装好装置上平台笼梯后，人员再上平台作业
6			升、降桅杆	高处坠落	1. 作业人员站稳扶好，拴好安全带。 2. 升、降桅杆检查各液压管线无渗漏
				物体打击	1. 禁止高空抛物。 2. 升桅杆前检查好桅杆各部件是否紧固
7			拆、装逃生滑道	高处坠落	取挂吊索具拴安全带
				物体打击	作业面狭小存在挤压、人员站立困难、作业下方等危险区域禁止站人
8	钢丝作业	场地区	取挂测井天滑轮	高处坠落	使用防坠落装置上下带压操作平台，系保险带
				物体打击	1. 操作液压绞车或吊车，人员平稳操作挂天滑轮。 2. 手工具系好尾绳。 3. 平台操作面物件掉落区域禁止站人
9	吊装作业	场地区	取挂吊装置绳套	起重伤害	1. 使用引绳或钩子摘挂吊索具，将作业面放在低位进行。 2. 取挂吊索具时注意手部位置，防止夹手
				高处坠落	上下装置使用防坠落装置
10		井口装置区	拆、安防喷器、支撑底座	高处坠落	1. 上支撑底座安装防坠落装置。 2. 使用安全带
				起重伤害	1. 作业许可。 2. 吊车配合拆、安防喷器使用牵引绳配合。 3. 被吊物下方、存在挤压等危险区域禁止站人
				物体打击	1. 船型横梁摆放平稳，不悬空。 2. 装置支撑底座工字梁经过水平仪调平

续表

序号	工序	区域	作业内容	作业风险	管控措施
11	检维修作业	上平台作业区	检修液压管线、液压绞车、更换环封胶芯、卡瓦牙	高处坠落	使用防坠落装置上下装置，系保险带
				物体打击	1. 手工具系尾绳。 2. 作业区下方可能存在高空落物区域禁止站人。 3. 检维修作业时对井口进行防护，防止井内落物
12	起下钻	上平台作业区	上平台起下钻作业	高处坠落	1. 上下装置平台使用防坠落装置。 2. 禁止身体探出装置护栏作业
				物体打击	1. 严禁高空抛物。 2. 不使用小绞车时，杜绝将单根吊卡悬空放置
				机械伤害	1. 操作小绞车，注意观察单根吊卡的位置。 2. 操作液压钳使用安全联锁装置
13		井口操作区	地面辅助挂油管单根	物体打击	1. 使用钩子等工具拨拉油管，严禁手拨脚蹬。 2. 起吊油管时，地面配合人员远离绞车起吊油管区，严禁在油管下方穿行。 3. 遇到碰挂及时沟通

表 2-15 为油气场站高处（临边）与吊装、用电、检维修、动火、受限空间复合作业管控清单。

表 2-15　油气场站高处（临边）与吊装、用电、检维修、动火、受限空间复合作业管控清单

序号	作业区域	作业内容	作业风险	管控措施
1	集气站	更换分离器捕雾器	高处坠落	1. 搭设的脚手架应满足强度、刚度、稳定性的要求和分离器连接牢靠。 2. 脚手架上作业时系好保险带，尾绳拴挂可靠，防止掉落
			吊物坠落	1. 吊索具完好，拴挂牢靠。 2. 作业区域警戒隔离，捕雾器使用双绳套吊挂平稳并拴挂引绳
2	单井	单井采气树上部阀门更换	高处坠落	1. 脚手架上作业时系好保险带，尾绳拴挂可靠。 2. 手工具系好尾绳。
			吊物坠落	1. 信号联系明确，专人指挥。 2. 吊索具完好，拴挂牢靠

续表

序号	作业区域	作业内容	作业风险	管控措施
3	单井	井口柱塞设备安装	高处坠落	1. 搭设的脚手架应满足强度、刚度、稳定性的要求和分离器连接牢靠。 2. 脚手架上作业时系好保险带，尾绳拴挂可靠，防止掉落
			吊物坠落	1. 吊索具完好，拴挂牢靠。 2. 控制井口作业人数
4		井下节流器打捞	高处坠落	1. 高处作业人员系好安全带。 2. 选择好自身站位，抓牢站稳
			吊物坠落	1. 确认绳套拴挂牢靠，吊挂位置正确，吊索具无缺陷。 2. 起吊范围禁止站人。 3. 使用好引绳，防止摆动碰撞，物件摆动绳套脱落
5	压缩机区	降声罩拆安、维修	高处坠落、高空落物	1. 制订专项作业方案。 2. 穿戴全身式安全带。 3. 业务主管技术人员现场旁站监督。 4. 作业前设立警戒区域，作业区下方禁止站人。 5. 召开作业前安全技术交底会。 6. 上级管理部门视频监控。 7. 使用标准吊索具吊挂于固定吊点，作业旋转半径严禁站人，使用好牵引绳控制吊物，指定专人指挥
6	平台水罐区域	拆安水罐	高处坠落	1. 使用安全带。 2. 借助梯子上下罐。 3. 取挂绳套放低身体重心或借助梯子
			高空落物	1. 禁止高处抛物。 2. 作业人员下方禁止站人
7	场地	吊装水罐	高处坠落	1. 被吊物下方存在挤压等危险区域禁止站人。 2. 使用安全带。 3. 借助梯子上下罐。 4. 取挂绳套放低身体重心或借助梯子
			绳套断裂	1. 使用标准绳套，吊挂于固定吊点，棱刃处有防护措施。 2. 起吊危险区域禁止站人
8	水罐区域	操作吸排设备	高处坠落	1. 作业期间使用安全带。 2. 借助梯子上下罐及运输车
			高空落物	1. 禁止高处抛物。 2. 作业人员下方禁止站人

续表

序号	作业区域	作业内容	作业风险	管控措施
9	平台水池区域	操作吸排设备	高处坠落	1. 临边作业人员站稳扶好。 2. 水池边作业至少两人，禁止一人单独作业。 3. 池边作业系安全带（或安全绳），尾绳可靠固定。 4. 作业人员严禁倚靠水池栏杆

表2-16为石化高处（临边）与吊装、用电、检维修、动火、受限空间复合作业管控清单。

表2-16 石化高处（临边）与吊装、用电、检维修、动火、受限空间复合作业管控清单

<table>
<tr><th>序号</th><th>区域</th><th>作业内容</th><th>作业风险</th><th>管控措施</th></tr>
<tr><td rowspan="4">1</td><td rowspan="11">炼油、化工装置区</td><td rowspan="4">换热器等静设备检修</td><td>高处坠落</td><td>规范系挂安全带，高挂低用，锚固点牢靠</td></tr>
<tr><td>物体打击</td><td>合理站位，注意相互配合，并正确使用合适工具</td></tr>
<tr><td>中毒窒息</td><td>实施能量隔离，配置气体检测仪，人员处上风口作业，配置防毒面具</td></tr>
<tr><td>气体爆炸</td><td>实施能量隔离，配置气体检测仪，使用防爆工具，轻撬、轻放</td></tr>
<tr><td rowspan="7">2</td><td rowspan="7">换热器等静设备检修</td><td>高压刺漏</td><td>1. 实施能量隔离，合理站位，避开介质可能喷出面，佩戴防护面罩或护目镜。
2. 严格按规程操作，管程与壳程压差小的按操作压力1.5倍，压差大的按压差执行</td></tr>
<tr><td>机械伤害</td><td>规范使用合适工具，佩戴手套</td></tr>
<tr><td>起重伤害</td><td>1. 配合起重合理选择吊点进行试吊，专人操作，监护到位。
2. 起重指挥与吊车配合默契，使用溜绳控制，设置警戒区域</td></tr>
<tr><td>物体打击</td><td>专业人员操作抽芯机，注意相互配合</td></tr>
<tr><td>触电</td><td>定期检查保养，规范接电，配置漏电保护设施</td></tr>
<tr><td>火灾爆炸</td><td>1. 进行气体检测分析。
2. 作在动火前清理动火现场的易燃物。
3. 做好个人的劳动防护。
4. 动火作业结束后，动火人应认真检查动火现场有没有遗留火种</td></tr>
</table>

续表

序号	区域	作业内容	作业风险	管控措施
3	炼油、化工装置区	机组、机泵等动设备检修作业	中毒窒息	1. 严格执行上锁挂签测试程序及检修规程、检修方案。 2. 做好作业区域通风工作。 3. 佩戴相应防护用具。 4. 气体检测仪连续监测
			滑跌	及时清理地面污油
			灼伤	1. 严格执行操作规程对介质进行有效冲洗、置换。 2. 佩戴相应防酸碱劳保用品
			起重伤害	合理选择吊点进行试吊，监护人监护到位，合理站位
			物体打击	1. 作业时佩戴防护面罩或护目镜。 2. 规范使用专用工具。 3. 站位避开打击面
			灼烫	使用轴承加热器时，佩戴防烫手套
			触电	规范临时用电，设置接地及漏电保护
4		机组、机泵等动设备检修作业	物体打击	1. 佩戴好安全防护装备。 2. 检测仪监测，使用防爆工具。 3. 正确使用大锤，正确站位，避开打击面。 4. 用专用夹具夹持铜棒。 5. 打击扳手系防坠绳
			高处坠落	搭设临时检修平台，系挂安全带
			火灾爆炸	1. 及时清理易燃油污。 2. 及时将洗油现用现装入密闭桶内。 3. 与火源保持距离
			起重伤害	1. 认真检查吊具。 2. 严格按照操作规程进行操作。 3. 作业前对作业环境进行风险评价。 4. 进行试吊
			机械伤害	能量隔离、上锁挂签
			窒息	1. 加盲板隔离。 2. 严格执行管线打开作业规范
5		带压堵漏作业	灼烫	佩戴隔热服及隔热手套、面罩，合理站位
			火灾爆炸	1. 使用防爆工具，着防静电服。动火前进行气体检测分析，作业过程中连续气体检测。 2. 清除动火点附近可燃物，对焊渣进行接挡

续表

序号	区域	作业内容	作业风险	管控措施
5	炼油、化工装置区	带压堵漏作业	中毒	合理站位，避开喷射面，佩戴长管或空呼
			高处坠落	1. 搭设脚手架平台。 2. 规范系挂安全带进行作业。 3. 工具系挂防坠绳
			触电	规范设置漏电保护器、接地线或选用充电电钻
			高压刺漏	严格按规程操作，注意压力表压力，禁止超压作业
			物体打击	1. 规范穿戴隔热服、隔热头盔、隔热手套等防护用品。 2. 作业人员轮换作业
6		设备、管线的安装、更换或拆除（涉及高处、动火、吊装等作业）	高处坠落	1. 系好安全带，戴好安全帽。 2. 特殊高处作业，制定作业方案。 3. 遇大风等恶劣天气停止作业。 4. 全带应高挂低用。 5. 监护人监护到位。 6. 安全带的挂钩应挂在结实牢固的构件上或生命线上。 7. 禁止挂在移动或不牢固的物件上
			高空落物	1. 作业使用的工具、材料或零件必须装入工具袋。 2. 工具加装防坠绳。 3. 作业点下方铺设隔离层。 4. 采取有效隔离措施，如拉设警戒隔离带。 5. 避免交叉作业，监护人监护到位
			起重伤害	1. 遇大风、大雨、大雾等恶劣天气停止作业。 2. 避免在司机看不清指挥的地方进行指挥。 3. 作业配置对讲机。 4. 吊物捆扎牢靠平衡。 5. 吊点与吊物重心垂直。 6. 使用专用吊具或在边角加防护。 7. 严禁进行超载作业。 8. 吊装前对吊物重量进行正确的估计。 9. 设置警戒区域，监护人监护到位。 10. 检查吊具无缺陷。 11. 专业人员指挥。 12. 使用旗语、哨声配合手语指挥。 13. 及时清理现场闲散人员。 14. 轻吊轻放，严格遵守吊装作业规程

续表

序号	区域	作业内容	作业风险	管控措施
6	炼油、化工装置区	设备、管线的安装、更换或拆除（涉及高处、动火、吊装等作业）	火灾爆炸	1. 作业人员、监护人员动火前清理动火现场的易燃物。 2. 作业结束后，检查动火现场有无遗留火种。 3. 严格执行特殊作业安全管理规范的动火作业要求。 4. 加强检查保养，远离火源。 5. 氧气、乙炔安全距离分开放置。 6. 保持安全距离。 7. 劳保着装规范。 8. 安装防回火装置。 9. 动火点铺设防火布，接挡火花。 10. 连接容器管线盲板隔离，置换合格，检测仪连续检测，强制通风，配置长管呼吸器，监护到位。 11. 严禁乙炔瓶卧放。 12. 柴油发电焊机排气管配置阻火器。 13. 经常性检查气带，及时更换老化气带
			触电	1. 规范设置漏电保护器、接地线。 2. 严格执行特殊作业安全管理规范的临时用电作业要求
			灼烫	佩戴电焊面罩、手套等劳保用品
			其他风险	1. 保持作业现场通风良好。 2. 佩戴防尘口罩等劳保用品

第二节 高处作业人员管理

一、高处作业人员能力、资质要求

（1）高处作业、登高架设作业、高处安装、维护、拆除作业的人员，必须经专门的安全技术培训并考核合格，取得“中华人民共和国特种作业操作证”后，即“登高架设作业”资格证，方可上岗作业。涉及高处作业的岗位人员都必须接受高处作业安全培训，掌握相应的操作技能和安全基本常识。

（2）高处作业人员应掌握安全带、速差器等安全防护设施的使用方法和注意事项。经常从事井架上作业或井架拆装作业的人员必须掌握井架防坠落装置、登梯助力器、井架工二层台逃生装置、生命线的安装、检查、维护保养及使用方法。熟悉作业场所常见高处作业行走路线、站位、安全带悬挂点，以及手工具的携带方法。

（3）所有从事高处作业人员应定期进行身体检查，作业人员应当身体健康；凡经诊断患有心脏病、贫血病、癫痫病、晕厥及眩晕症、严重关节炎、四肢骨关节及运动功能障碍疾病、未控制的高血压病，或者其他相关禁忌证，或者服用嗜睡、兴奋等药物及饮酒的人员，不得从事高处作业。

二、高处作业人员管理要求

（1）年满 18 周岁，且不超过国家法定退休年龄。

（2）各基层队站必须从作业资质、能力及身体条件等方面对人员进行排查、评估，建立“高处作业人员清单”（表 2–17），不具备高处作业能力人员不得从事高处作业。

表 2–17　高处作业人员清单

序号	姓名	岗位	持证情况	有效期	禁忌证	能力评估情况	备注
1	赵 ××	井架工	高处作业证：610×××19880521××××	202512	无	合格	
2	王 ××	副司钻	高处作业证：622×××19901222××××	202512	无	合格	
3	……						

（3）危险区域进行的高处作业必须安排专人监护。

（4）高处作业人员必须按要求穿戴劳保护具和正确使用防坠落装置。

（5）高处作业手工具必须使用工具袋和工具保险绳。

（6）登高前，作业人员必须清理随身物品（如手机、钥匙等易掉落件），放入高处作业储纳盒，禁止随身携带。

（7）需要作业许可的高处作业，作业前必须按要求办理作业许可，进行工作安全分析，并召开作业前安全会。

（8）高处作业人员必须每年在单位指定医院进行一次体检，并建立健康档案。

三、登高作业“十不准”

（1）患有高血压、心脏病、贫血、癫痫、深度近视眼等疾病不准登高。

（2）无人监护不准登高。

（3）没有戴安全帽、系安全带、不扎紧裤管时不准登高作业。

（4）作业现场有六级以上大风及暴雨、大雪、大雾不准登高。

（5）脚手架、跳板不牢不准登高。

（6）梯子无防滑措施、未穿防滑鞋不准登高。

（7）不准攀爬井架、龙门架、脚手架，不能乘坐非载人的垂直运输设备登高。

（8）携带笨重物件不准登高。

（9）高压线旁无遮拦不准登高。

（10）光线不足不准登高。

第三节 高处作业安全职责

高处作业安全管理应当落实安全生产“三管三必须”（管行业必须管安全，管业务必须管安全，管生产经营必须管安全）要求，遵循“谁主管谁负责，谁批准谁负责，谁作业谁负责，谁的属地谁负责”的原则，做到依法合规、严格管理、风险受控、持续改进。

一、相关单位职责

（一）作业区域所在单位

高处作业区域所在单位是指按照分级审批原则具备作业许可审批权限的单位，负责作业全过程管理，安全职责主要包括：

（1）组织高处作业单位、相关方开展风险评估，制订相应的安全措施或者作业方案。

（2）提供现场高处作业安全条件，向作业单位进行安全技术交底，施工界面交接。

（3）审核并监督作业单位安全措施或者作业方案的落实。

（4）负责高处作业相关单位的协调工作。

（5）监督现场高处作业，发现违章或者异常情况应当立即停止作业，必要时迅速组织撤离。

（二）施工作业单位

施工作业单位是指承担作业任务的单位，对作业活动具体负责，安全职责主要包括：

（1）参加作业区域所在单位组织的作业风险评估。

（2）制订并落实作业安全措施或者作业方案。

（3）组织开展作业前安全培训和工作前安全分析。

（4）检查作业现场安全状况，及时纠正违章行为。

（5）当现场不具备安全作业条件时，立即停止作业，并及时报告作业区域所在单位。

二、申请人与审批人

（一）作业申请人

作业申请人是指作业单位的现场作业负责人，对作业活动负管理责任，安全职责主要包括：

（1）提出申请并办理作业许可证。

（2）参与作业风险评估，组织落实安全措施或者作业方案。

（3）对作业人员进行作业前安全培训和安全技术交底。

（4）指定作业单位监护人，明确监护工作要求。

（5）参与书面审查和现场核查。

（6）参与现场验收、取消和关闭作业许可证。

（二）作业批准人

作业批准人应当是作业区域所在单位相关负责人，对作业安全负责，安全职责主要包括：

（1）组织对作业申请进行书面审查，并核查作业许可审批级别和审批环节与企业管理制度要求的一致性情况。

（2）组织现场核查，核验风险识别及安全措施落实情况，在作业现场完成审批工作。

（3）负责签发、取消和关闭作业许可证。

（4）指定属地监督，明确监督工作要求。

三、作业相关人员

（一）作业监护人

作业监护人是指在作业现场实施安全监护的人员，由具有生产（作业）实践经验的人员担任，安全职责主要包括：

（1）熟悉作业区域、部位状况、工作任务和存在风险。

（2）对作业实施全过程现场监护。

（3）作业前检查作业许可证，核查作业内容和有效期，确认各项安全措施已得到落实。

（4）确认相关作业人员持有效资格证书上岗，检查现场设备完整性和符合性。

（5）核查作业人员配备和使用的个体防护装备。

（6）检查、监督作业人员的行为和现场安全作业条件，负责作业现场的安全协调与联系。

（7）作业现场不具备安全条件或者出现异常情况，应当及时中止作业，并采取应急处置措施。

（8）及时制止作业人员违章行为，情节严重时，应当收回作业许可证，中止作业。

（9）作业期间，不擅自离开作业现场，不从事与监护无关的事。确需离开，应当收回作业许可证，中止作业。

（二）作业人员

作业人员是作业的具体实施者，对作业安全负直接责任，安全职责主要包括：

（1）作业前确认作业区域、位置、内容和时间。

（2）参加安全培训、工作前安全分析和安全技术交底，清楚作业安全风险、安全措施或者作业方案。

（3）执行作业许可证、作业方案及操作规程的相关要求。

（4）服从作业监护人和属地监督的监管，作业监护人不在现场时，不得进行作业。

（5）作业结束后，负责及时清理作业现场，确保现场无安全隐患。

（三）属地监督

属地监督是指作业批准人指派的现场监督人员，安全职责主要包括：

（1）熟悉作业区域、部位状况、工作任务和存在风险。

（2）监督检查作业许可相关手续符合性。

（3）监督安全措施落实到位。

（4）核查现场作业设备设施完整性和符合性。

（5）核查作业人员资格符合性。

（6）在作业过程中，按要求实施现场监督。

（7）及时纠正或者制止违章行为，发现异常情况时，要求停止作业并立即报告，危及人员安全时，迅速组织撤离。

四、高危作业挂牌与区长制

为强化高危作业区域安全生产责任落实，保障高危作业区域安全风险受控，预防和遏制生产安全事故，企业应当推行高危作业安全生产挂牌制，对评估为高风险的特殊、非常规作业实行作业区域安全生产“区长”制，在属地作业区域明显处设置区长公告牌，标明区域范围、“区长”姓名、职务和有效的联系方式。

（一）挂牌制范围

作业区域所在单位将评估为高风险的作业及需办理作业许可的特殊作业纳入高危作业范围，建立高危作业项目清单，并对每项高危作业制定规范化、标准化的安全管理及作业要求。各属地单位应当对存在高危作业的场所纳入高危作业区域管理，并划定可识别的高危作业区域范围。

（二）建立区长制

建立高危作业区域安全生产“区长”制。企业应当在高危作业区域现场挂牌，对于所属企业内部下属单位之间的高危作业，由作业场所或者属地单位负责人和作业方负责人分别担任高危作业区域安全生产“区长”，形成高危作业区域安全生产“双区长”制。对于所属企业在本行业系统外承揽项目开展的高危作业，由所属企业项目负责人担任高危作业区域安全生产“区长”。

（三）区长主要职责

高危作业区域安全生产“区长”对本作业区域内的安全生产总负责，但高危作业区域安全生产“区长”的安全生产职责不代替企业有关单位和职能部门的安全生产责任。主要职责如下：

（1）组织开展安全风险识别，掌握作业区域内相关设备设施、场所环境和作业过程的风险状况、作业队伍和人员资质，以及高危作业实施计划。

（2）组织开展作业区域内的隐患排查，及时消除事故隐患。

（3）组织开展作业许可票证查验，现场督促并检查高危作业安全措施落实情况。

（4）组织召开安全分析会议，督促检查作业人员现场安全培训、作业前安全风险分析和安全技术交底。

（5）跟踪区域内作业进展，跟踪检查作业方案执行和安全要求落实情况，组织开展高危作业和关键环节现场安全监督监护。

（6）及时协调并处置作业区域内影响安全生产的问题。

（7）及时、如实报告作业区域内发生的事故事件和险情。

对高危作业区域不满足安全生产条件的人员、场所和设备设施，高危作业区域安全生产“区长”应当立即组织整改，超出本人权限范围无法整改的，应当及时向所属企业有关部门或者负责人报告，对高危作业区域内不具备安全生产条件或者安全风险无法保证受控的，应当及时进行停工处理。

第四节 高处作业许可管理

作业许可指在从事非常规作业和特殊作业前，为保证作业安全，必须取得授权许可方可实施作业的一种管理制度。作业许可管理以危害识别和风险评估为基础，以落实安全措施，保证持续安全作业为条件。作业许可管理流程（图 2–1）主要包括作业申请、作业批准、作业实施、作业取消和关闭等几个主要作业环节。

监督认可管理是指由现场安全监督或专（兼）职安全员对施工作业单位落实作业许可情况进行确认的安全监管方法。监督认可管理包括监督认可内容、监督认可方式。

一、作业许可的申请

（一）风险识别

（1）作业前，针对高处作业项目和内容，作业区域属地管理单位应组织作业单位及相关方，对可能存在的高处坠落、物体打击、坍塌等危害因素进行辨识，开展工作前安全分析，制订相应的安全措施，必要时编制作业方案。

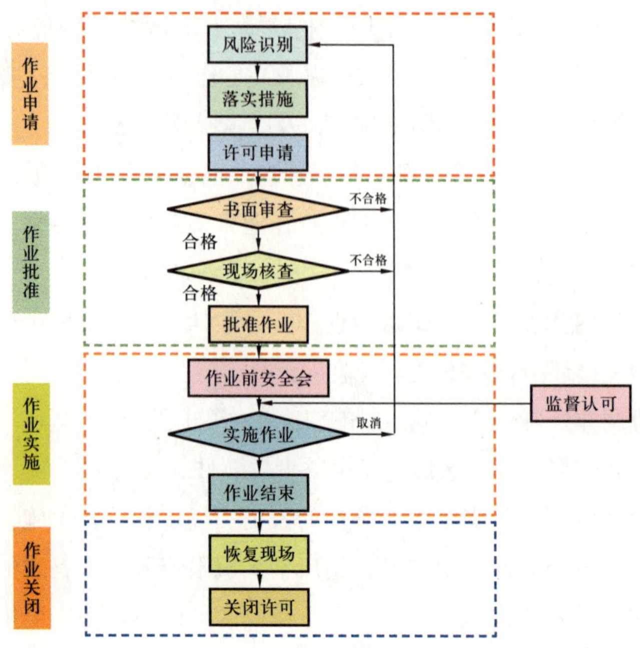

图 2–1　作业许可管理流程

（2）Ⅳ级高处作业和在高处实施的一级及以上动火作业应当编制作业方案。作业方案包括但不限于：

① 作业概况（内容、部位、时间）。

② 组织机构与职责。

③ 作业风险及防控措施。

④ 作业程序。

⑤ 应急处置措施。

⑥ 相关附件。

⑦ 审批记录。

（二）落实安全措施

安全措施包括并不限于以下几点：

（1）人员资质及劳动防护用品。作业申请人、作业批准人、作业监护人、属地监督、作业人员应当经过相应专项培训并考核合格。特种作业和特种设备作业人员应当取得相应资格证书，持证上岗。GBZ/T 260—2014《职业禁忌证界定导则》规定的职业禁忌证者不应参与相应作业。作业监护人应当佩戴明显标志，作业人员正确佩戴满足相关标准要求的个体防护装备。

（2）警戒隔离。作业区域所在单位应当尽量减少特殊、非常规作业现场人员，并设置警戒线，无关人员严禁进入。对具有能量的设备设施、环境应采取可靠的能量隔离措施，包括机械隔离、工艺隔离、电气隔离等，对放射源采取相应安全处置措施。

（3）气体检测。作业前，凡是可能存在缺氧、富氧、有毒有害气体、易燃易爆气体和粉尘的作业，都应进行气体或者粉尘浓度检测，并确认检测结果合格。同时，在作业许可证或者作业方案中注明作业期间检测方式、检测时间和频次。

（4）配备和使用符合安全要求的作业平台、高空作业车、吊篮、梯子、挡脚板、跳板、生命桩、生命线等。

（5）交叉作业保护措施可靠，指定专人统一协调管理，信息畅通。

（三）提出申请

（1）申请前，作业单位应当组织对人员情况、设备设施、安全装置、场所等进行检查，组织落实安全措施或方案，确保具备作业条件。

（2）申请人组织落实安全措施后，准备高处作业许可证等相关资料，提出作业申请。

——高处作业许可证和（或）相关特殊作业许可证。

——风险评估结果，如工作前安全（JSA）分析表。

——安全措施或作业方案。

——必要时，提交施工设计和相关附图等资料，如工艺流程示意图、平面布置示意图等。

（3）作业许可证应当包含动火作业活动的基本信息，各企业可根据自身实际情况，对许可证的内容进行调整和完善，高处作业许可证（推荐样式）见表2-18。基本内容应当包括但不限于：

——作业单位、作业时限、作业地点和作业内容。

——风险辨识结果和安全措施。

——作业人员及资格信息。

——有关检测分析记录和结果。

——作业监护人员、作业申请人、作业批准人签名。

——工作安全分析等附表。

——其他需要明确的要求。

表 2-18　高处作业许可证（推荐样式）

编号：

<table>
<tr><td>申请单位</td><td></td><td>作业申请时间</td><td colspan="3">年　月　日　时　分</td></tr>
<tr><td>作业区域
所在单位</td><td></td><td>属地监督</td><td></td><td>监护人</td><td></td></tr>
<tr><td>申请人</td><td></td><td>作业人</td><td colspan="3"></td></tr>
<tr><td>作业地点、部位</td><td colspan="2"></td><td colspan="2">是否编制作业方案</td><td>□是 □否</td></tr>
<tr><td>作业时间</td><td colspan="5">自　年　月　日　时　分始，至　年　月　日　时　分止</td></tr>
<tr><td>作业内容
（说明是否
附图等）</td><td colspan="5"></td></tr>
<tr><td>作业等级</td><td colspan="5">□Ⅰ级　□Ⅱ级　□Ⅲ级　□Ⅳ级</td></tr>
<tr><td>涉及的其他
特殊作业、
非常规作业</td><td colspan="2">□动火 □受限空间 □管线打开（盲板抽堵）
□高处 □吊装 □临时用电 □动土 □断路
□射线 □其他非常规作业</td><td colspan="2">涉及的其他特殊
作业、非常规作
业许可证编号</td><td></td></tr>
<tr><td colspan="6">危害因素识别：</td></tr>
<tr><td colspan="6">□高处坠落 / 落物 □易燃易爆气体 / 粉尘 □高温烫伤 / 低温冻伤 □高压气体、液体□生物伤害
□有毒 / 窒息性气体 □机械 / 车辆运动 / 物体打击 □挤压 □隔离 / 联锁失效 □放射性□腐蚀 / 毒性化学品
□倾覆 / 坍塌 □恶劣天气 □设备失效泄漏 □噪声 □同时进行的可能发生互相影响的作业
□其他</td></tr>
</table>

序号	安全措施	是画“√” 否画“×”	确认人
1	作业人员身体条件和着装符合要求，携带必要的工具袋及安全绳		
2	在有可能散发有毒有害气体的场所作业，作业人员携带有正压空气呼吸器和便携式报警仪等相关安防器材		
3	安全标志、工具、仪表、电气设施和各种设备确认齐全、无损坏，能正常使用		
4	现场使用的安全带、安全绳能正常有效使用		
5	30m 以上高处作业，作业人员已配备通信联络工具		
6	作业平台、高空作业车、吊篮、梯子、挡脚板、跳板等无损坏，能正常使用		
7	现场搭设的脚手架、安全网、围栏等符合安全规定，并经验收合格挂牌		
8	轻型棚的承重梁、柱能承重作业过程最大负荷的要求		

续表

序号	安全措施	是画“√” 否画“×”	确认人
9	作业人员在不承重物处作业所搭设的承重板稳定牢固		
10	安全带不会挂在移动或带尖锐棱角或不牢固的物件上，如无可靠挂点，已设置符合相关标准要求的挂点装置或生命线		
11	雨天和雪天作业时，已采取可靠的防滑、防寒措施		
12	高处动火作业时，已采取防火隔离措施		
13	在邻近排放有毒、有害气体、粉尘的放空管线或者烟囱等场所进行作业时，已预先与作业区域所在单位取得联系，采取有效的安全防护措施		
14	垂直分层作业中间设置有安全防护层或者安全网，坠落高度超过 24m 的交叉作业，设置有双层防护		
15	高处铺设钢格板、花纹板时，安装区域的下方已采取搭设安全网、脚手架平台等防坠落措施		
16	舷（岛）外作业，作业人员已穿戴工作救生衣，作业地点已配备足够数量的救生浮索和救生圈；已派遣守护船或救助艇驶近作业区域进行守护，守护船艇处于作业区域下游就近海域		
17	采光、夜间作业照明光线充足，满足作业条件		
18	作业现场四周已设警戒区		
19	露天作业，风力低于 5 级，能够满足作业条件		
20	其他相关特殊作业已办理相应作业许可证		
21	其他安全措施： 编制人（签字）：		

安全交底人（签字）		接受交底人（签字）	
作业方申请	我保证阅读理解并遵照执行该作业安全方案和此许可证，并在作业过程中负责落实各项风险削减措施，在工作结束时通知属地单位负责人。 作业申请人（签字）： 作业人（签字）： 年 月 日 时 分 年 月 日 时 分		
作业监护和监督	本人已阅读许可证并且确信所有条件都满足，并承诺坚守现场。 监护人（签字）： 年 月 日 时 分 属地监督（签字）： 年 月 日 时 分		

续表

<table>
<tr><td colspan="2">批 准</td><td colspan="3">我已经审核过本许可证的相关文件，并确认符合公司高处作业安全管理规定的要求，同时我与相关人员一同检查过现场并同意作业方案，因此，我同意作业 。

作业批准人（签字）：　　　　　　　　　　　　　　　　年　月　日　时　分</td></tr>
<tr><td colspan="2">相关方</td><td colspan="3">本人确认收到许可证，了解该高处作业项目的安全管理要求及对本单位的影响，将安排相关人员对此高处作业项目给予关注，并和相关各方保持联系。
单位：　　　　　确认人（签字）：　　　　　　　　年　月　日　时　分
单位：　　　　　确认人（签字）：　　　　　　　　年　月　日　时　分</td></tr>
<tr><td>关闭</td><td>□许可证到期，同意关闭。
□工作完成，已经确认现场没有遗留任何隐患，并已恢复到正常状态，同意许可证关闭。
作业结束时间：
年　月　日　时　分</td><td>作业申请人（签字）：

年　月　日　时　分</td><td>监护人（签字）：
属地监督（签字）：

年　月　日　时　分</td><td>批准人（签字）：

年　月　日　时　分</td></tr>
<tr><td>取消</td><td>因以下原因，此许可证取消：</td><td colspan="3">作业申请人（签字）：
批　准　人（签字）：
年　月　日　时　分</td></tr>
<tr><td colspan="5">备注：
1. 表格上部的监护人、申请人、作业人、属地监督由作业申请人统一填写，必须是打印或正楷书写；在表格上标明需签字处必须是本人签字。
2. 此表格中不涉及的，用斜划线“/”划除。</td></tr>
</table>

二、作业许可的批准

（一）书面审查

在收到申请人的作业许可申请后，作业批准人应组织对作业许可、工作前安全分析和作业方案等进行书面审查，书面审查内容主要包括安全措施或者作业方案、相关图纸、人员资质证书等支持文件，以及确认作业许可证期限等。

高处作业作业票的有效期最长为 7 天。

（二）现场核查

书面审查通过后，批准人应对作业现场风险防控措施落实情况进行现场核查，现场核查内容主要包括作业内容及位置、现场各项安全及应急措施落实情况、设备设施准备情况、坠落防护装备的配备及完好性情况、作业人员和监护人员资质及能力情况等。

现场核查通过之后，申请人和相关各方在作业许可证上签字；未通过，应对查出的问题记录在案，整改完成后由作业申请人重新办理高处作业申请。

因特殊情况，批准单位（部门）不能进行现场核查的，在确保风险辨识和防控措施有效的情况下，可以委托下一级单位（部门）对作业风险防控措施落实情况进行现场核查，被委托单位（部门）不能再将现场核查工作委托给下级单位（部门），应亲自组织现场核查并签署审核意见上报委托单位。

（三）作业批准

批准人在完成书面审查和现场核查后，对作业许可证进行批准签字，不得代签。“批准”作为作业的起始条件，不批准不作业。

作业许可证应由熟悉作业现场情况，能够提供或者调配风险控制资源的作业区域所在单位负责人或者上级单位、部门负责人审批。原则上，作业审批人不准授权，特殊情况下确需授权，应当由具备相应风险管控能力的被授权人审批，但授权不授责。

属地监督对作业许可办理流程、风险控制措施及作业方案落实情况进行监督认可，并在作业许可证上签字。

三、作业许可的实施

（1）作业人员应严格按照高处作业许可证和作业方案进行作业。安全措施未落实，作业人员有权拒绝作业。

（2）作业内容、作业方案、作业关键人员或环境条件变化，作业范围扩大、作业地点转移或者超过作业许可证有效期限时，应当重新办理作业许可证。

（3）作业中出现异常情况，作业人员应立即停止作业，并及时向作业项目负责人报告；可能危及作业人员安全时，应迅速撤离。

（4）作业监护人应核查现场作业相关要求及安全措施落实情况等，实施全过程现场监护。

（5）当作业中断，再次作业前，应重新对环境条件和安全措施进行确认。

（6）Ⅳ级高处作业应当全过程视频监控。

四、作业许可取消

发生下列任何一种情况，作业区域所在单位和作业单位都有责任立即中止作业，报告批准人，并取消作业许可证。

（1）作业环境、作业条件或者工艺条件发生变化。

（2）作业内容、作业方式发生改变。

（3）作业或者监护等现场关键人员未经批准发生变更。

（4）实际作业与作业计划发生偏离。

（5）安全措施或者作业方案发生变更或者无法实施。

（6）发现重大安全隐患。

（7）紧急情况或者事故状态。

作业批准人和申请人在作业许可证上签字后，方可取消作业许可；出现严重违章或紧急异常情况，属地监督有权直接取消作业许可。需要继续作业的，应当重新办理作业许可证。

五、作业许可关闭

（1）作业完毕后，作业人员应清理现场，检查高处无作业设备、工具、杂物等遗留，解除相关隔离设施，确认现场无任何隐患，申请人签字申请关闭作业。

（2）作业批准人和相关方应进行现场验收，确认现场无隐患，验收合格并签字后，方可关闭作业许可。

六、作业许可证管理

（1）作业许可证应编号，纸质版一式三联：第一联由监护人持有，第二联由作业人员持有，第三联保留在作业批准人处。

（2）作业许可证应规范填写，不得涂改，不得代签。

（3）作业完成后，作业许可证由申请人和批准人签字关闭，并交批准方将三联进行存档（电子版为电子存档），至少保存一年。

七、高处作业许可项目清单

（1）企业所属各单位应建立高处特殊、非常规作业清单，持续优化工艺流程、改善设备设施，不断补充完善各项非常规作业安全操作规程，控制特殊、非常规作业种类和数量。应办理而未办理作业许可和认可，禁止作业。

（2）作业许可项目应按照“防控风险、分级设定、分层管理”的原则进行设定。作业许可按照作业风险的大小和审批层级进行分解，也可以根据风险防控需要进行分级。企业及所属单位职能部门设定本业务范围内的作业许可分级标准和清单。

（3）作业现场应张贴作业许可清单，作业人员清楚高处作业许可项目。表2-19为某钻井公司钻井队高处作业许可项目清单。

表2-19 某钻井公司钻井队高处作业许可项目清单

序号	作业许可项目	责任单位	审批人	升级审批部门	升级审批人
1	井架搞卫生	钻井队	副队长	钻井队	队长
2	井架上检维修作业	钻井队	副队长	钻井队	队长
3	取挂天滑轮	钻井队	副队长	钻井队	队长
4	处理井架上大绳及各类绳索跳槽（有作业程序）	钻井队	副队长	钻井队	队长
5	处理立柱出指梁	钻井队	副队长	钻井队	队长
6	更换水龙带、立管活接头密封圈	钻井队	副队长	钻井队	队长
7	配置顶驱钻井队使用单根吊卡接卸钻杆立柱	钻井队	副队长	钻井队	队长
8	拆装封井器（拆装防雨伞）	钻井队	副队长	钻井队	队长
9	检查保养顶驱	钻井队	副队长	钻井队	队长
10	更换水龙头冲管（顶驱）	钻井队	副队长	钻井队	队长
11	保养天车	钻井队	副队长	钻井队	队长
12	检查底座，搞底座卫生	钻井队	副队长	钻井队	队长
13	50LDB钻机检修爬坡万向轴	钻井队	副队长	钻井队	队长
14	钻台偏房房顶上作业（调节摄像头，探照灯方向）	钻井队	副队长	钻井队	队长
15	拆装顶驱导轨及顶驱电缆、井架上配合拆挂顶驱	钻井队	副队长	钻井队	队长
16	调整人字架顶丝	钻井队	副队长	钻井队	队长

八、监督认可管理

（一）监督认可内容

（1）承包商作业入场教育和安全培训情况。

（2）工作前安全分析的执行情况。

（3）作业许可批准人对作业申请的书面审查和现场核查执行情况。

（4）作业许可证办理情况。

（5）作业前安全会召开情况。

（6）风险控制措施及作业方案落实情况。

（7）设备设施及作业人员个体防护装备的配备情况。

（8）作业人员资质的符合性情况。

（9）其他需要监督认可的情况。

（二）监督认可方式

（1）签字确认。在作业许可证、验收发现问题整改表等表、单上签字，对施工作业单位已进行作业许可的行为进行确认。

（2）参加会议。参加作业前安全会、施工方案技术交底会等会议，补充作业安全环保要求。

（3）旁听旁站。旁听承包商作业人员入场安全教育；旁站监督关键岗位操作和关键作业，确认风险防控措施已得到落实。

监督认可是确认施工作业单位已合规、有效地执行作业许可管理要求，不对施工作业质量负责；施工作业质量由施工作业单位负责。

九、推行预约制度

石油石化行业所属企业应当推行特殊、非常规作业预约管理。作业区域所在单位应当至少提前一天向上一级业务部门和安全管理部门报告拟实施的作业项目，包括作业风险和应当采取的安全措施或者作业方案。上一级业务部门和安全管理部门应当评估当日作业量和作业风险，对作业项目的实施做出统筹安排。未获得预约批准的项目不准擅自作业。

十、特殊、非常规作业实行“八不准”要求

（1）工作前安全分析未开展不准作业。

（2）界面交接、安全技术交底未进行不准作业。

（3）作业人员无有效资格不准作业。

（4）作业许可未在现场审批不准作业。

（5）现场安全措施和应急措施未落实不准作业。

（6）监护人未在现场不准作业。

（7）作业现场出现异常情况不准作业。

（8）升级管理要求未落实不准作业。

第五节 高处作业其他管理要求

一、一般高处作业管理要求

（一）通用要求

（1）坠落防护应通过采取消除坠落危害、坠落预防和坠落控制等措施来实现，否则不得进行高处作业。坠落防护措施的优先选择顺序如下：

① 尽量选择在地面作业，避免高处作业。

② 设置固定的楼梯、护栏、屏障和限制系统。

③ 使用工作平台，如脚手架或带升降的工作平台等。

④ 使用区域限制安全带，以避免作业人员的身体靠近高处作业的边缘。

⑤ 使用坠落保护装备，如配备缓冲装置的全身式安全带和安全绳等。

（2）高处作业中使用的安全标志、工具、仪表、电气设施和各种设备，应当在作业前检查，确认完好后方可投入使用；禁止穿易滑的鞋进行高处作业；30m 以上高处作业应当配备通信联络工具。

（3）作业单位应当根据实际需要配备和使用符合安全要求的作业平台、高空作业车、吊篮、梯子、挡脚板、跳板等；脚手架的搭设、拆除和使用应当符合下列要求，并经验收合格，挂合格标识牌后方能使用。

① 应能承受设计载荷。

② 结构应稳固，不得发生影响正常使用的变形。

③ 应满足使用要求，具有安全防护功能。

④ 在使用中脚手架结构性能不得发生明显改变。

⑤ 当遇意外作用或偶然超载时，不得发生整体破坏。

⑥ 脚手架所依附、承受的工程结构不应受到损害。

（4）使用高处作业防坠落装备应当遵守以下规定：

① 选择符合安全要求的安全带、安全绳和安全网，并按 GB/T 23468—2009《坠落防护装备安全使用规范》的要求安全使用。

② 应当根据工作性质正确选配区域限制安全带、坠落悬挂安全带和围杆作业安

全带，必要时应当配合使用自锁器或者速差自控器。

③ 安全带应当拴挂于牢固的构件或物体上，防止挂点摆动和碰撞，使用坠落悬挂安全带时，挂点应当位于工作平面上方，坠落下方安全空间范围内应无障碍物。

④ 禁止将安全带挂在移动或者带尖锐棱角或者不牢固的物件上，如无可靠挂点，应当设置符合相关标准要求的挂点装置或生命线。

（5）雨天和雪天作业时，应当采取可靠的防滑、防寒措施；在气温高于35℃（含35℃）或低于5℃（含5℃）条件下进行高处作业时，应采取防暑、防寒措施；遇有五级风以上（含五级风）、浓雾、气温高于40℃、海上风速每秒15m以上等恶劣天气，不应进行高处作业、露天攀登；暴风雪、台风、暴雨后，应当对作业安全设施进行检查，发现问题立即处理。

（6）高处铺设钢格板、花纹板时，应当边铺设边固定。安装区域的下方采取搭设安全网、脚手架平台等防坠落措施，且铺设过程中形成的孔洞应及时封闭。

（7）高处作业过程中，作业监护人应对高处作业实施全过程现场监护，严禁无监护人作业。

（二）拆、搬、安期间高处作业管理

拆、搬、安期间的高处作业主要集中在拆装主体设备及配套、外围的设备设施，因其工作量大、作业环境复杂，极易发生人员高处坠落、高处落物等意外事故，所以拆、搬、安期间的高处作业是高处作业管理的重点环节。

1. 一般管理要求

1）管理措施

（1）对作业人员能力进行评估，不具备高处作业条件的人员不得安排从事高处作业。从事高处作业的人员必须持有“登高架设作业资格证”。

（2）班前会上队干部和监督员必须对所有作业人员进行高处作业安全教育。

（3）作业人员的劳保护具必须符合安全要求，正确使用高处作业安全防护设施。

（4）优化作业工序，对梯子、栏杆按照“后拆先安”的原则来组织作业，拆卸时不得提前拆掉栏杆和梯子。安装时，要优先将梯子和栏杆安装到位。

（5）光照不明及雨雪等恶劣气候条件下，不得从事拆、搬、安高处作业。

（6）禁止人员在未固定的平台或作业通道上站立或行走。

2）工程措施

（1）栏杆未安装到位前，在可能发生跌落的区域临时加装警示隔离带。

（2）及时清理平台、通道油污或积水、积雪，防止人员跌倒摔下钻台。

（3）具备条件时，要及时使用安全带。

（4）平台摆放的物件不得离平台边沿太近，至少保持 0.5m 以上的安全距离，防止物件从平台掉落。

2. 降低高处作业风险的具体管控措施

（1）优化作业工序，将高处的作业放在低位进行，减少高处作业频次。

（2）使用生命线，解决拆装时作业人员安全带尾绳无合适固定点问题。

（3）推广使用双尾绳安全带，用以解决作业人员在高处移动时，安全带尾绳不能实时悬挂固定问题。

（4）借助自动升降平台或高空作业车，提高部分高处作业安全性。

（5）配备载人绞车和提篮，方便高处作业设备悬吊系统拆装、保养。

（6）高处设置安全防坠落装置，防止人员攀爬坠落风险。

（7）梯子、防护栏杆、生命线、速差自控器、铺台、盖板、过桥踏板等必须遵循“先安后拆”原则。

（8）作业前，必须检查安全帽佩戴情况，按要求正确佩戴安全帽。

（9）提前设置临时生命线，方便安全带尾绳固定。

（10）拆安期间，必须对临边危险区域采取隔离、警示措施。

（11）临边、高处作业必须使用安全带。

（12）配备简易梯子，方便人员上下车辆马槽。

3. 拆、搬、安期间高处作业管控清单

为具体管理拆、搬、安期间的高处作业，对这一期间的主要高处作业进行梳理，结合实际明确每项作业管控措施，表 2–20 为某钻井公司拆、搬、安期间的高处作业管控清单。

表 2–20 拆、搬、安期间高处作业管控清单

序号	作业内容	管控措施
1	取挂吊炮台（人字梁）绳套	1. 使用引绳摘挂绳套，将作业放在低位进行。 2. 高处作业时使用安全带
2	拆安井架	1. 高处作业使用双尾绳安全带和井架生命线。 2. 禁止高处抛物。 3. 危险区域禁止站人。 4. 禁止在槽钢上直立行走，尽量采用骑跨方式

续表

序号	作业内容	管控措施
3	拆安井架底座	1. 高处作业使用双尾绳安全带。 2. 禁止高处抛物。 3. 危险区域禁止站人
4	取挂吊大支架绳套	1. 高处作业使用安全带和防坠落装置。 2. 使用引绳摘挂绳套，将作业放在低位进行
5	取挂吊起井架大绳	1. 高处作业使用双尾绳安全带。 2. 禁止高处抛物。 3. 危险区域禁止站人
6	拆装钻台铺台	1. 专人指挥，干部旁站监督。 2. 作业人员禁止站在未固定的铺台上。 3. 禁止钻台下站人。 4. 使用双根绳套吊挂铺台
7	拆装柴油机排气管	1. 排气管吊挂平稳。 2. 人员骑跨在机体中央配合
8	拆装生产水罐上罐	1. 生产水罐高罐焊限位装置。 2. 高罐安装速差自控器。 3. 取挂绳套放低身体重心
9	抽穿大绳	1. 天车配合人员使用安全带。 2. 钻台作业人员与临边保持安全距离。 3. 危险区域禁止站人。 4. 手工具系好安全尾绳
10	上下车马槽	1. 配备简易梯子，方便人员上下。 2. 车辆移动时，禁止人员站在马槽边沿。 3. 禁止人员从马槽上跳下
11	拆安水龙带	1. 使用安全带。 2. 工具拴安全绳。 3. 危险区域禁止站人
12	拆安 B 型吊钳吊绳	1. 在井架立起前进行，并固定牢靠。 2. 避免在高处进行
13	拆装井架 U 型固定	1. 使用安全带。 2. 禁止高处抛物。 3. 危险区域禁止站人。 4. 工具安装保险绳

续表

序号	作业内容	管控措施
14	拆安顶驱滑轨	1. 使用安全带。 2. 借助高处吊篮配合作业。 3. 危险区域禁止站人
15	拆装偏房支架	1. 临边作业使用安全带。 2. 借助引绳或钩子摘挂绳套
16	拆装转角梯	1. 双吊车配合作业。 2. 转角平台固定牢靠。 3. 危险区域禁止站人
17	大绳从人字梁上下	1. 使用引绳引导大绳上下，将作业放到低位进行。 2. 危险区域禁止站人
18	拆装封井器挡雨伞	1. 安全带系挂可靠，并使用速差自控器。 2. 整体吊装。 3. 危险区域禁止站人
19	调整人字架导向轮位置	1. 使用引绳配合，将作业放到低位进行。 2. 危险区域禁止站人
20	吊放高架水罐	1. 使用引绳配合，禁止人员站在高处作业。 2. 底罐加装定位装置
21	拆装液气分离器绷绳	1. 在分离器放倒时进行。 2. 禁止人员爬上罐顶作业
22	摘挂高处绳套	1. 使用引绳或钩子配合，将作业放到低位进行。 2. 禁止爬上高处摘挂

（三）消除坠落危害管理要求

（1）在作业项目的设计和计划阶段，应评估工作场所和作业过程高处坠落的可能性，选择安全可靠的工程技术措施和作业方式，避免高处作业。

（2）项目设计人员应能识别坠落危害，熟悉坠落预防技术及坠落防护装备的结构和使用。安全专业人员应在项目规划早期阶段，推荐合适的坠落防护措施和装备。

（3）设计时应考虑预留坠落防护装备接口，或减少、消除攀爬临时梯子的风险，作业平台上应设立永久性楼梯和护栏等。

（4）主体构件上的附件、辅助设施及坠落防护装备等应在地面上进行安装。

（四）预防坠落管理要求

（1）如果不能完全消除坠落危害，应通过改善工作场所的作业环境来预防坠落。如安装楼梯、护栏、屏障、行程限制系统和逃生装置等。

（2）应避免临边作业，尽可能在地面预制好装设缆绳、护栏等设施的固定点，并尽可能在地面上进行组装。如必须进行临边作业时，应采取可靠的防护措施，各类洞口与深度在2m以上的敞口、边缘等处应设盖板或围栏，并设置安全标志，夜间还要挂灯警示。

（3）施工作业场所有可能坠落的物件，应一律先行撤除或加以固定；传递物件应使用专用工具，不应抛掷；高处作业使用的工具、材料、零件等应当装入工具袋，上下时手中不应持物，工具在使用时应系安全绳，不用时放入工具袋中。拆卸的物件、物料应及时清理，不得任意乱置或向下丢弃；易滑动、易滚动的工具、材料堆放在脚手架上时，应当采取防坠落措施，高处作业中所用的物料，应堆放平稳，不妨碍通行和装卸，作业中的走道、通道板和登高用具，应随时清扫干净。

（4）应预先评估，在合适的位置预制挂点、救生索等坠落防护装备的固定点。

（5）宜采用脚手架、操作平台和升降机等作为安全作业平台。

（6）作业人员不应在不牢固、未固定、无防护设施的结构件及管道上作业或者通行，不应在操作平台、孔洞边缘、通道或者安全网及材料支撑下方内区域休息。

（7）梯子使用前应检查结构是否牢固。踏步间距不应大于0.3m，人字梯应有坚固的铰链和限制跨度的拉链，不应踏在梯子顶端工作。用直梯时，脚距梯子顶端不应少于四步，用人字梯时不应少于两步。直梯高度超过6m时，中间应设支撑加固。

（8）在平滑面上使用梯子时，应采取端部套、绑防滑胶皮等措施。直梯应放置稳定，与地面夹角以60°～70°为宜。在容易偏滑的构件上使用直梯时，梯子上端应用绳绑在上方牢固构件上。不应在吊架上架设梯子。

（9）作业期间，应当对操作平台、防坠落设施等进行检查，发现有松动、变形、损坏或者脱落等情况时，应当立即修理完善，重新验收合格后方可使用。

（10）因作业需要，须临时拆除或者变动作业对象的安全防护设施时，应当经作业审批人员同意，并采取相应的防护措施，作业后及时恢复。拆除脚手架、防护棚时，应当设警戒区并派专人监护。

（五）坠落控制管理要求

（1）如不能完全消除和预防坠落，应评估工作场所和作业过程的坠落危害，选择使用坠落防护装备，如全身式安全带、安全绳、速差器、救生索、安全网等。

（2）坠落防护装备使用前，应对所有物件进行定期检查，做好检查记录，保存备查。

（3）速差器应直接连接到全身式安全带D形环上，一次只限一人使用，严禁与缓冲绳和安全绳串联使用。

（4）在屋顶、脚手架、贮罐、塔、容器、人孔等处作业时，宜使用速差器；在攀登垂直固定梯子、移动式梯子及升降平台等设施时，宜使用速差器。上、下井架时，应使用云梯攀升保护器或速差器。

（5）救生索应在专业人员的指导下安装和使用。水平救生索可以充当机动固定点，能够在水平移动的同时提供防坠落保护。垂直救生索从顶部独立的挂点上延伸出来，使用期间应保持垂直状态。安全绳应通过抓绳器装置固定到垂直救生索上，垂直救生索只应一个人使用。

（6）安全带使用前应进行检查，有一项不合格不应使用。使用要求如下：

① 应系挂在施工作业处上方的牢固构件上，不应系挂在有尖锐棱角的部位。

② 安全带应高挂低用，不宜采用低于肩部的系挂方式。

③ 安全带系挂点下方应有足够的净空。如净空不足可短系使用，不应用绳子捆在腰部代替安全带。

（六）其他管理要求

（1）作业人员应正确佩戴安全带和安全帽，衣着灵便，不应穿带钉、易滑的鞋。

（2）不应两人以上在同一架梯子上工作，不应带人移动梯子。作业人员应沿着通道、梯子上下，不应沿着绳索、立杆或栏杆攀爬。

（3）作业活动范围应与危险电压带电体保持安全距离。夜间高处作业应有充足的照明。

（4）作业点下方应设安全警戒区，应有明显警示标志，并设专人监护。

（5）不应在同一垂直立体空间作业，如需分层进行作业，中间应有隔离措施。

（6）外用电梯、罐笼应有可靠的安全装置，非载人电梯、罐笼严禁乘人。

（7）作业场地有冰、雪、霜、水、油等易滑物时，应先清除或做好防护后再作业。

（8）对进行高处作业的高耸建筑物，应事先设置避雷设施。

二、高处作业升级管理要求

高处作业升级管理应制订高处作业升级管控清单，针对高处作业关键管控作业活动，明确升级管控事项、管理责任和管控措施，实施升级防范、升级审批、升级监督、升级检查、升级处理。

升级防范是指在应急准备、现场盯防指挥、干部带班、安全防护设施配置、风险识别评估、值班值守等方面进行管控措施升级，主要采取提高盯防人员级别、暂缓施工、调整方案、提升设备装置级别或强化监测监控手段等措施。

升级审批是指对危险作业进行作业许可升级审批。危险作业由属地管理人员核查后，按照作业风险程度提升签批、延期、取消和关闭等权限。升级后审批人员不能到危险作业现场核验的，应采取视频验证，并留存相关音视频材料，通过电子文档形式传递作业许可，不得代审代签。

升级监督是指对大型作业、关键环节、重点部位、要害装置等强化监督的措施，具体通过增加监督人员数量或提高监督等级、加密督查频次、加强环境监测手段等措施，实施作业现场监管。

升级检查是指通过加强自查自检、提升检查级别、加大覆盖范围、加密检查频次或改进检查方式等措施，提升对重点场所检查力度。检查必须要有问题通报、有整改督促、有效果验证。检查发现严重问题、较大隐患应立即采取果断措施。

升级处理是指对特殊敏感时段发生的事故事件、重大险情、严重违章、较大隐患等进行升级调查，并对失职人员加大处罚力度的措施。升级处理可采取违章记分、停岗培训、责令停工整改、暂缓晋职晋级或取消先进资格等方式。

（一）一般高处作业升级管理

如存在以下一种或者一种以上可引起坠落的危险因素，则在原等级基础上上升一级管理，最高为Ⅳ级。

（1）阵风风力五级（风速 8.0m/s）以上。

（2）平均气温等于或低于 5℃的作业环境。

（3）接触冷水温度等于或低于 12℃的作业。

（4）作业场地有冰、雪、霜、油、水等易滑物。

（5）作业场所光线不足或者能见度差。

（6）作业活动范围与危险电压带电体的距离小于表 1-1 的规定。

（7）摆动，立足处不是平面或者只有很小的平面，即任一边小于 500mm 的矩形平面、直径小于500mm的圆形平面或者具有类似尺寸的其他形状的平面，致使作业者无法维持正常姿势。

（8）存在有毒气体或者空气中含氧量低于19.5%（体积分数）的作业环境。

（9）可能会引起各种灾害事故的作业环境和抢救突然发生的各种灾害事故。

（二）特殊敏感时段升级管理

（1）特殊敏感时段包括以下时段：

① 党和国家举行重大会议、庆典等活动期间，国家举办重大国际会议、国际赛事、国际交流展览等重要活动期间。党和国家领导人在当地调研视察期间。

② 春节、国庆节等国家法定节假日期间。

③ 石油石化行业工作会议、领导干部会议期间。

④ 企业重组改制期间，企业事故调查和反思整改期间。

⑤ 所在区域发生聚集性疫情或自然灾害期间。

⑥ 石油石化行业通知明确要求的特殊敏感时段。

（2）特殊敏感时段应实施以下升级措施：

① 升级风险识别评估。高处作业时，对于新员工、新队伍、新设备、新工艺、新配合单位等新增风险落实升级风险防范措施。对于人员不熟练或者工艺、设备、场地有变化的作业应开展工作前安全分析。

② 升级高处防控。特殊敏感时段必须升级高处作业安全检查，明确高处作业重点部位和责任人，明确检查频次和检查项目，突出对高处吊装、高处动火、高处用电等措施落实，严格控制高处叠加作业。

③ 升级监督检查。各级安全主管部门、直线部门应按照升级范围加强对高处作业关键装置、安全防护装置、应急设施的检查，严格巡查、复查和高处关键作业的旁站监督。

④ 升级承包商监管。企业应在风险评估的基础上，针对不同承包商作业采取升级监督、升级风险作业前的检查确认和措施交底、加强承包商员工入场前培训和风险告知、强化作业过程管控等针对性措施。对于不能正确理解执行安全措施的承包商坚决叫停。

⑤ 升级应急准备。加强高处作业风险预警和风险排查，加强应急准备和值班值守，按照应急信息工作相关规定报送应急信息。

三、特殊情况下的高处作业管理要求

（一）在坡度大于 45° 的陡坡上作业

坡度大于 45°的陡坡上作业为 I 级高处作业，应执行高处作业管理要求。

（二）交叉作业

（1）同一作业区域应减少、控制多工种、多层次交叉作业，最大限度避免交叉作业。

（2）交叉作业相关单位应签订交叉作业协议，明确各自安全管理职责和应当采取的安全措施，指定专人统一协调管理，作业前要组织开展交叉作业风险辨识，采取可靠的保护措施，并保持作业之间信息畅通，确保作业安全。

（3）交叉作业时，下层作业位置应处于上层作业的坠落半径之外，高空作业坠落半径应按表 1-3 确定。安全防护棚和警戒隔离区范围的设置应视上层作业高度确定，并应大于坠落半径。

（4）在可能坠落范围半径内，不应进行上下交叉作业，如确需进行交叉作业，宜采取“错时错位硬隔离”的管理和技术措施，中间应当设置安全防护层或者安全网，坠落高度超过 24m 的交叉作业，应设双层防护。当尚未设置安全隔离措施时，应设置警戒隔离区，人员严禁进入隔离区。

（三）海上高处作业

（1）高处及舷（岛）外作业人员身体应满足基本条件要求，穿戴好个人劳动防护用品、工作救生衣，采取坠落防护措施，并办理高处（舷外）作业许可证。

（2）作业地点应当配备足够数量的救生浮索和救生圈。

（3）舷（岛）外作业期间，应当派遣守护船或者救助艇驶近作业区域进行起锚待命守护，守护船艇应当处于作业区域下游就近海域。

（4）在风速超过 15m/s 等恶劣气象条件下，禁止进行高处及舷（岛）外作业。

（四）深基坑作业

（1）深基坑的安全作业应符合 JGJ 311—2013《建筑深基坑工程施工安全技术规范》的规定。

（2）基坑边坡坡度应根据土层性质、开挖深度、坡顶荷载确定。

（3）基坑工程应在四周设置高度大于 150mm 的防水围挡，并应设置防护栏杆，并涂刷红白相间的警示标色，夜间应设红色警示灯。

（4）基坑周边 1m 范围内不得堆放施工材料。

（5）基坑内应设置作业人员上下通道，数量不宜少于 2 个，上下通道应畅通。

（6）基坑施工应设置专用载人设备或斜道等设施。采用斜道时，应加设间距不大于 400mm 的防滑条等防滑措施。作业人员严禁沿坑壁、支撑或乘运土工具上下。

（五）高处叠加作业

高处叠加作业指在高处进行动火、吊装、用电等作业及受限空间、有毒有害场所进行的高处作业。

1. 高处动火作业

高处动火作业时，应当采取防火隔离措施；Ⅳ级高处作业和在高处实施的一级及以上动火作业应当编制作业方案。作业方案包括但不限于：

（1）作业概况（内容、部位、时间）。

（2）组织机构与职责。

（3）作业风险及防控措施。

（4）作业程序。

（5）应急处置措施。

（6）相关附件。

（7）审批记录。

2. 有毒有害场所高处作业

在邻近排放有毒有害气体、易燃易爆、粉尘的放空管线或者烟囱等场所进行作业时，应当预先与作业区域所在单位取得联系，对作业点进行检测，并采取有效的安全防护措施，作业人员应当配备隔绝式呼吸防护装备、过滤式防毒面具或者口罩等。

3. 高处用电作业

（1）带电高处作业应符合 GB/T 13869—2017《用电安全导则》的有关要求，高处作业涉及临时用电时应符合 JGJ 46—2005《施工现场临时用电安全技术规范》的有关要求。

（2）在采取地（零）电位或等（同）电位作业方式进行带电高处作业时，应使用绝缘工具或穿均压服。

（3）高处作业区域周边与外电架空线路安全防护距离应符合表 2-21 的规定。

表 2-21 作业区域周边与外电架空线路安全防护距离

带电体的电压等级，kV	≤10	220 及以下	500 及以下
安全防护距离，m	7.0	10.0	15.0

4. 高处吊装作业

（1）吊装作业应设置警示区，并设监护人，起重机工作时，起重臂旋转半径范围内严禁站人或通行。

（2）吊装作业时，吊装指挥或者作业人员不应站在被吊装物上，吊装物上不得放置材料、工具等。

（3）吊装构件、管段、材料等吊物，人员与吊物应保持距离，应采用溜绳等辅助措施。

（4）基础高度在 2m 及以上的设备就位时，作业平台应设置防护栏杆或者采取其他防坠落措施。

（5）吊物就位后固定前，吊车不得松钩，解吊装索具作业人员应采取防坠落措施。

5. 受限空间高处作业

（1）作业前应进行专项教育培训。

（2）作业前应对受限空间进行安全隔离，并根据受限空间盛装（过）的物料特性，对受限空间进行清洗或置换。并对受限空间按照规定进行气体采样分析，分析合格后方可进入。

（3）作业前应搭设作业平台，并设置安全逃生通道。

（4）在受限空间外应设有专人监护，作业期间监护人员不应离开，保持受限空间内外通信畅通。

（5）作业时每个作业面应配备便携式气体报警仪，作业人员应轮换作业。

（6）作业前后应清点作业人员和作业工器具。

四、临边作业

（一）临边作业管理及防护要求

（1）施工现场所有临边应设置安全防护栏杆，防护栏杆应与主体结构同步施工。建筑施工并应采用密目式安全立网或工具式栏板封闭。

（2）防护栏杆宜采用脚手架钢管搭设，上栏杆离作业层高度 1.2m，中栏杆离作业层高度 600mm，并在栏杆下边设置高度不低于 180m 的挡脚板或封挂密目式安全立网，挡脚板应与立柱牢固连接。

（3）防护栏杆立柱的固定应符合下列要求：

① 栏杆离基坑边口的距离不应小于 500mm，可采用“Λ”形支撑架或采用钢管打入地面 500～700m 深：当基坑周边采用钢板桩时，钢管可打在钢板桩外侧。

② 当在混凝土楼面、屋面固定时，可采用预埋件与钢管焊接、连墙件与钢管连接或采用金属膨胀螺栓与钢管底座固定。

③ 当在钢结构楼面、屋面固定时，可采用直接与钢管焊牢。

（4）塔、框架楼梯口、梯段边和周边永久性栏杆应随工程主体结构同步安装。

（5）屋面、拱顶罐罐顶等顶部带斜面的缝（构）筑物设备的临边防护应符合下列要求：

① 坡度大于 25°的临边处，防护栏相高度不应低于 1.5m，并悬挂密目式安全立网，屋面、罐顶宜搭设踏步式防滑通道。

② 使用外脚手架施工时，外侧的上层栏杆应高出檐口 1.2m；未搭设外脚手架时，应在檐口等临边下方设置水平安全网或在工作面上方架设水平生命绳。

（6）施工井架的临边防护应符合下列要求：

① 施工升降机的笼门联锁装置应安全可靠，不得在笼门封闭不严情况下起降。

② 井架、施工用电梯等与建（构）筑物连接通道的两侧、应设防护栏杆。

③ 双笼井架通道中间应隔离封闭。

（7）各种垂直运输平台应装设有联锁装置的安全门，通道口走道板应沿行走方向横铺、满铺并固定牢靠，两侧应设置符合要求的防护栏杆和挡脚板，并用密目式安全立网封闭。

（8）建（构）筑物人员出的通道处、施工电梯和井架周边均应搭设安全通道，安全通道顶部应采用双层脚手板搭设，安全通道长度不应小于高处落物坠落半径的要求：安全通道侧边应设置隔离栏杆。

（9）临边处不得堆放材料和杂物；应及时清理高处作业面材料，防止吹落。

（二）孔洞防护要求

（1）平台、楼板及外墙的洞口应设置牢固的盖板、防护栏杆、安全网或其他防坠落的防护设施，确保对洞口的封闭，且固定牢固。孔洞防护设施应符合下列要求：

① 小于 500mm 的洞应用牢固的盖板封闭，盖板应防止挪动移位，盖板可采用脚手板、钢板或钢格板。

② 0.5～1.5m 的洞口应设置以脚手架钢管扣接而成的网格，网格间距不得大于 250mm，并在其上满铺脚手板。

③ 大于 1.5m 的洞口四周应设脚手架钢管防护栏杆，封挂密目式安全立网或在栏杆下边设置高度不低于 180mm 的挡脚板，防护栏杆立柱距离洞口边不得小于 200mm，栏杆应悬挂安全标志，并在洞内张拉安全平网。

（2）高处作业人员应站在牢固的结构或平台上进行作业，在瓦楞板等轻质型材上方作业时，应铺设牢固的脚手板，并加以固定。

（3）电梯井口应设固定的高度不低于 1.5m 的防护栏杆，立杆间距不应大于 200mm，护栏应悬挂安全标志，电梯井内应每隔两层并最多隔 10m 设一道平网，平网与墙体或柱间距不应大于 150mm。

（4）钢管桩、钻孔桩、人工挖孔桩等桩孔上口，杯形、条形基础上口、阀门井、电气仪表盘柜位置预留洞口及存在坠落危险的设备人孔等处，均应设置防护设施。

（5）基坑出入口及转角处、挖孔桩区域、通道口等，除设置安全防护设施与安全标志外，夜间还应设红色警示灯。

（6）孔洞防护设施如有临时性拆移，需经施工负责人核准，工作完毕后应及时恢复防护设施。

五、攀登与悬空作业

（一）攀登作业

（1）登高作业应借助施工通道、梯子及其他攀登设施和用具。

（2）攀登作业设施和用具应牢固可靠；当采用梯子攀爬作用时，踏面荷载不应大于 1.1kN；当梯面上有特殊作业时，应按实际情况进行专项设计。

（3）同一梯子上不得两人同时作业，严禁带人移动梯子；作业人员不得站在梯子顶端，用靠梯时，脚距梯子顶端不得少于四步，用人字梯时不得少于二步；使用时应放置稳定，并有专人扶持，在通道处使用梯子作业时，应有专人监护或设置围栏；脚手架操作层上严禁架设梯子作业。

（4）使用单梯时梯面应与水平面成75°夹角，踏步不得缺失，梯格间距宜为300mm，不得垫高使用。

（5）踏棍（板）折梯（单面梯）张开到工作位置时前梯段倾角应不大于73°，后部倾角应不大于80°；支架梯、双面梯张开到工作位置时，梯框倾角应不大于77°，并应有整体的金属撑杆或可靠的锁定装置。

（6）钢结构安装时，应使用梯子或其他登高设施攀登作业。坠落高度超过2m时，应设置操作平台。

（7）深基坑施工应设置扶梯、入坑踏步及专用载人设备或斜道等设施。采用斜道时，应加设间距不大于400mm的防滑条等防滑措施。作业人员严禁沿坑壁、支撑或乘运土工具上下。

（二）悬空作业

（1）悬空作业的立足处的设置应牢固，并应配置登高和防坠落装置和设施。

（2）构件吊装和管道安装时的悬空作业应符合下列规定：

① 钢结构吊装，构件宜在地面组装，安全设施应一并设置。

② 吊装梁、柱等大型构件前，应在构件上预先设置登高通道、操作立足点等安全设施。

③ 在高空吊装构件时，应站在作业平台上操作。

④ 施工层应搭设水平通道，水平通道两侧应设置防护栏杆；当利用钢梁作为水平通道时，应在钢梁一侧设置连续的安全绳，安全绳宜采用钢丝绳。

⑤ 钢结构、管道等安装施工的安全防护宜采用工具化、定型化设施。

（3）严禁在未固定、无防护设施的构件及管道上进行作业或通行。

（4）高处作业不得使用座板式单人吊具，不得使用自制吊篮；使用移动式操作平台移动时，操作平台上不得站人。

（5）当利用吊车梁等构件作为水平通道时，临空面的一侧应设置连续的栏杆等防护措施。当安全绳为钢索时，钢索的一端应采用花篮螺栓收紧；当安全绳为钢丝绳时，钢丝绳的自然下垂度不应大于绳长的1/20，并不应大于100mm。

（6）模板支撑体系搭设和拆卸的悬空作业，应符合下列规定：

① 模板支撑的搭设和拆卸应按规定程序进行，不得在上下同一垂直面上同时装拆模板。

② 在坠落基准面 2m 及以上高处搭设与拆除柱模板及悬挑结构的模板时，应设置操作平台。

③ 在进行高处拆模作业时应配置登高用具或搭设支架。

（7）绑扎钢筋和预应力张拉的悬空作业应符合下列规定：

① 绑扎立柱和墙体钢筋，不得沿钢筋骨架攀登或站在骨架上作业。

② 在坠落基准面 2m 及以上高处绑扎柱钢筋和进行预应力张拉时，应搭设操作平台。

（8）混凝土浇筑与结构施工的悬空作业应符合下列规定：

① 浇筑高度 2m 及以上的混凝土结构构件时，应设置脚手架或操作平台。

② 悬挑的混凝土梁和檐、外墙和边柱等结构施工时，应搭设脚手架或操作平台。

（9）屋面作业时应符合下列规定：

① 在坡度大于 25°的屋面上作业，当无外脚手架时，应在屋檐边设置不低于 1.5m 高的防护栏杆，并应采用密目式安全立网全封闭。

② 在轻质型材等屋面上作业，应搭设临时走道板，不得在轻质型材上行走；安装轻质型材板前，应采取在梁下支设安全平网或搭设脚手架等安全防护措施。

（10）外墙作业时应有防坠落措施，操作人员在无安全防护措施时，不得站立在樘子、阳台栏板上作业。

参考文献

[1]《中国石油天然气集团有限公司作业许可安全管理办法》（质安〔2022〕22 号）.

[2]《中国石油天然气集团有限公司海洋石油安全生产与环境保护管理办法》（中油质安〔2019〕202 号）.

[3]《中国石油集团油田技术服务有限公司特殊敏感时段安全环保升级管理办法》（技服安委〔2022〕1 号）.

[4] 国家安全生产监督管理总局 . 便携式木梯安全要求：GB 7059—2007［S］. 北京：中国标准出版社，2007.

[5] 国家安全生产监督管理总局 . 便携式金属梯安全要求：GB 12142—2007［S］. 北京：中国标准出版社，2007.

[6] 中华人民共和国应急管理部 . 危险化学品企业特殊作业安全规范：GB 30871—2022［S］. 北京：中国标准出版社，2022.

[7] 中华人民共和国住房和城乡建设部 . 建筑施工高处作业安全技术规范：JGJ 80−2016［S］. 北京：中国建筑工业出版社，2016.

[8] 中华人民共和国工业和信息化部 . 石油化工工程高处作业技术规范：SH/T 3567—2018［S］. 北京：中国石化出版社，2018.

[9] 黑龙江省应急管理厅 . 高处作业风险辨识与防范导则：DB23/T 3285—2022［S］.

第三章　高处作业安全防护技术

第一节　高处作业设备

一、高空作业车

高空作业车是指底盘为定型道路车辆，并由车辆驾驶员操纵其移动的移动式升降工作平台（图 3–1）。

移动式升降工作平台是指用来运送人员、工具和材料到指定位置进行工作的设备，至少由带控制器的工作平台、伸展结构和底盘组成。

图 3–1　高空作业车

（一）高空作业车适用范围

高空作业车的使用范围非常广泛，主要涵盖建筑施工、设备安装与维护、电力线路维护、园林绿化、道路交通、广告与拍摄等领域。

（二）高空作业车分类

高空作业车按伸展结构的型式可分为伸缩臂式、折叠臂式、混合臂式和垂直升降式四类，如图 3–2 所示。

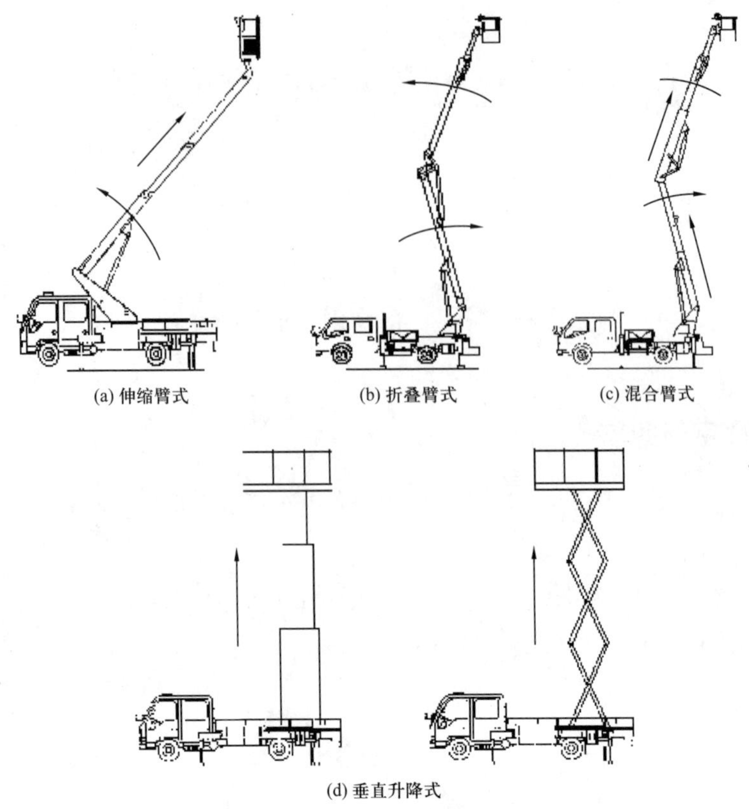
(a) 伸缩臂式 (b) 折叠臂式 (c) 混合臂式

(d) 垂直升降式

图 3-2 高空作业车分类

（三）高空作业车特点

（1）多功能性和高效性：高空作业车通常配备有伸缩臂和平台，使作业人员能够轻松到达高空进行作业。

（2）安全性高：高空作业车配备了多种安全保护系统，如高度限制器、倾斜平衡器和载荷限制器。

（3）适应性强：能够根据不同的场地和作业需求进行调整和修改，具有较强的适应性。

（4）操作简单：直臂式高空作业车的控制面板设计合理，操作简单、方便，经过一定的培训，操作人员可以快速熟悉操作方法。

（5）作业范围广：具有很大的作业范围，能够满足高空作业的多种需求。

（四）高空作业车安全注意事项

（1）高空作业车操作人员应经过专业培训且评估合格，熟练掌握高空作业车操作规程，了解高空作业车的结构和性能，操作熟练。

（2）操作人员应对高空作业车进行启动前安全检查，重点检查速度、平稳性、动作限制的功能控制，链条和钢丝绳机构，应急和安全装置，液压油、机油和冷却液，紧固件、销、轴、回转支承连接螺栓和锁紧装置，电气系统，工作平台，上下臂是否落位且不得悬空，取力操纵杆是否已使取力齿轮与汽车变速箱脱离等。

（3）高空作业车工作地点海拔不应超过 1000m，工作场所地面应坚实平整，作业过程中不应下陷。作业车的调平机构应保证工作平台在任一工作位置均处于水平状态，工作平台底面与水平面的夹角应不大于 5°；工作平台水平调整时，平台内不应有操作人员及装载物；在角度大于 3°的倾斜道路和不坚固、不平坦的地面上及移动车辆上，不应提升悬臂及使用。

（4）需要在斜坡上作业，应将车头对准坡顶方向停放。不应在有火灾、爆炸危险的区域、腐蚀性的环境工作。风速超过 10.8m/s 及以上大风、闪电或浓雾、强降雨导致作业环境视线不良时，应禁止操作，并将悬臂收拢放平，采取固定措施将车辆固定。高空作业车应与高压电线、悬崖和沟渠保持足够的安全距离。

（5）作业人员在工作平台作业时应规范佩戴全身式安全带，安全带尾绳不得拴挂在操作平台上，应拴挂在操作平台上方固定的构件上或专用安全绳上；不应攀爬悬臂、平台栏杆及在作业平台上嬉戏打闹，作业时不得将身体重心探出工作平台底板外，禁止从工作平台上或者往工作平台扔物品。

（6）作业平台上人员和施工设备的总重量不应超过平台的最大安全承载负荷，施工作业时平台上的人员不应超过两人，作业平台超载时不应操作。

（7）具有车轴伸缩功能的高空作业车，应在两个车轴都延伸至最大宽度时，方可升起或延伸悬臂，作业过程中若使用底盘轮胎作为支点时，应对底盘的悬架系统进行锁定，并应具有防爆胎倾翻措施。

（8）在倾斜路面行车时，应收回悬臂，保持合适高度，作业平台要与斜面保持一致方向。行车时不应做悬臂动作。

（9）作业前应对作业区域进行隔离警示。最大作业高度一般不应大于 20m，大于或等于 20m 的高空作业车应备有上下联系的通信设备。

（10）不应使用高空作业车工作平台接送人员上下、运输物品、起吊重物，不应在工作平台内垫物或架设梯子以增加高度，不应在升降、伸缩、回转操作时推拉任何无关物件。

（11）高空作业车平台起升、下降时动作要平稳、准确，平台的起升、下降速度应不大于 0.4m/s，带有回转机构的高空作业车，回转时的速度应保证平台最外边缘的水平线速度不大于 0.7m/s 且最大回转速度不大于 2r/min。操纵高空作业车时应注意观察周围环境，轻摆操纵手柄缓慢启动运作，不应迅速地摆动手柄，周围有障碍物未排除前不得操作。

（12）升降台行驶前，应将工作台降低至最低位置，切断工作台上升的动力，升降台转场行驶时，工作台上不得有人或载荷。对于在起升状态下能行走的剪叉式平台，其行走速度不应大于 0.4s，降至起始高度时，其行走速度不应大于 0.7m/s。作业车在行驶状态下，支腿收放机构应确保各支腿可靠地固定在作业车上。

（13）不应擅自改变、损坏及使用可能影响高空作业车安全性和稳定性的部件，不应在发动机运转时加燃料、冷却液、电瓶液和液压油。

（14）不应短接或堵塞高空作业车的安全装置，安全装置故障未排除前不应操作。

（15）不应在焊接时将高空作业车用作地线。

表 3-1 为高空作业车检查表。

表 3-1　高空作业车检查表

序号	部位名称	检查项目
1	电气部分	检查各报警灯和指示灯是否正常使用
		启动发电机查看各报警灯是否正常熄灭，指示灯是否正常运转
		检查电解液是否足量，低于最低刻度线应进行补充
		检查蓄电瓶输出是否接线牢靠，接线桩是否存在锈蚀等
2	机械部分	检查发动机各部件固定是否牢靠
		检查皮带松紧是否适宜，松弛应及时进行调整
		检查轮胎是否完好，是否存在龟裂、明显损伤，气压是否符合要求，气压不足及时进行充压
		检查动力转向机油是否存在变质，低于最低刻度及时补充
		检查风挡玻璃清洗液是否足量，不足时及时进行补充
		检查机油液量，是否存在变质，低于最低刻度或者变质情况，及时进行补充或者更换
		检查发动机等各结合面是否存在漏油、漏水的情况

续表

序号	部位名称	检查项目
2	机械部分	平台栏杆齐全，是否存在栏杆扣合页缺失、栏杆底部插入量不足或者栏杆锈蚀等
3	清洁部分	驾驶室内部整洁，杂物不影响驾驶员视线，操作把手未放置杂物
		作业车表面清洁，相关操作规程和警示标识清晰，无遮盖
		发动机等部位无油污和灰尘
4	安全装置	检查伸展机构，由单独的钢丝绳或链条实现传动时，断绳（链）安全保护装置是否完好
		检查调平支腿和伸展机构互锁装置是否完好；采用液压式支腿和伸展机构的，防止液压管路发生故障时回缩的安全保护装置是否完好
		检查臂架的动作限制安全系统是否完好
		检查臂架在伸展过程中，当任一支腿出现不受力情况时，声音报警或声、光报警是否完好
		检查车架倾斜指示装置及防止损坏的保护装置是否完好
		检查无支腿可行走作业的作业车，当达到倾斜极限时，工作平台声、光报警是否完好
		检查伸展机构的控制点急停开关是否正常
		检查应急辅助装置是否正常
		检查作业车出入爬梯是否完好
		检查作业车上各动作的终点位置的限位装置是否完好
		检查作业车载荷保护装置及声光报警是否完好

二、载人绞车及提篮

载人绞车（图 3–3）一般分为气动载人绞车、电动载人绞车，作业现场使用电动载人绞车较多，电动载人绞车具有安全、节能、高效、环保、自动化程度高、传动平稳、结构简单等特点。

提篮（图 3–4）指悬吊平台，是四周装有护栏，用于搭载作业人员、工具和材料进行高处作业的悬挂装置。

图 3-3 载人绞车

图 3-4 提篮

（一）气动载人绞车

气动载人绞车是以气动马达为动力，通过齿轮减速机构驱动卷筒，实现载人提升和重物牵引的绞车装置。

1. 启动前检查

（1）载人绞车各紧固部位应牢固可靠，活绳头固定牢固。

（2）排绳保护装置完好，排绳器排绳整齐，钢丝绳正确缠绕且第一层在滚筒上固定好，钢丝绳无打扭、断丝超标、严重压扁现象；吊钩固定牢靠，旋转自如，自锁装置完好。

（3）紧急停车按钮及各控制阀件动作灵敏，刹车灵敏可靠。控制管线接头无松动漏气现象，信号喇叭工作可靠。

（4）检查空气滤清器，马达润滑油池、油雾器润滑油充足。

（5）气源压力不低于 0.55MPa，气动马达运转应无异常声音。

（6）应急气源正常。

2. 设置

1）设置绞车上限位置

（1）取下限位开关箱上限位调整螺栓保护接头，露出限位调整螺栓（限位开关箱位于绞车右部，在绞车滚筒轴偏上的位置）。

（2）卸松中间的调整螺栓。

（3）启动绞车上提测试载荷，同时顺时针方向调节 2# 调整螺栓，直到绞车在最高限定位置自动停车为止。

（4）一旦通过调节 2# 调整螺栓调节好绞车的上限位置后，立即将中间调整螺栓上紧。

（5）按下绞车启动按钮重新设置主控阀，打开绞车，再一次进行上限位置测试。

（6）如果绞车上限位置偏低需要重新设置，则重新松开中心调整螺栓，逆时针旋转 2# 调整螺栓几圈，上提测试载荷，直到绞车在新设定的上限位置自动停下为止。上紧中间调整螺栓，按下绞车启动按钮，重新进行上限位置测试。

（7）如果绞车上限位置设定偏高的话，首先将绞车测试载荷下放，下放位置要低于将要设定的上限位置。然后松开中间调整螺栓，上提测试载荷，同时顺时针旋转 2# 调整螺栓几圈，直到绞车在重新设定的上限位置自动停下为止。上紧中间调整螺栓，按下绞车启动按钮，重新进行上限位置测试。

（8）设定完成后，装上限位开关箱上限位调整螺栓保护接头及密封圈。

2）设置绞车下限位置

（1）取下限位开关箱上限位调整螺栓保护接头，露出限位调整螺栓。

（2）卸松中间的调整螺栓。

（3）下放测试载荷，同时顺时针旋转 1# 调整螺栓，直到绞车在下限位置自动停下为止。

（4）一旦通过调节 1# 调整螺栓设定好下限位置，立即上紧中间调整螺栓。

（5）按下载人绞车启动按钮，重新启动主控阀，进行下限位置测试。

（6）如果绞车下限位置偏高，则卸松中间调整螺栓，顺时针旋转 1# 调整螺栓几圈，下放测试载荷直到绞车在重新设定的下限位置自动停止为止。上紧中间调整螺栓，按下绞车启动按钮，重新进行下限位置测试。

（7）如果设定的下限位置偏低，则首先上提测试载荷，上提位置要高于将要设定的下限位置。松开中间调整螺栓，下放测试载荷，同时逆时针旋转 1# 调整螺栓，直到绞车在重新设定的下限位置自动停止为止。上紧中间调整螺栓，按下绞车启动按钮，重新进行下限位置测试。

（8）设定完成后，装好限位开关箱上限位调整螺栓保护接头及密封圈。

3. 使用

（1）载人绞车操作人员应经过培训，且为井架工岗位以上。

（2）在每次使用载人绞车之前，首先进行无负荷测试，确保气动马达运转正常，且刹车不抱刹车鼓。

（3）载人绞车作业时上提、下放速度不大于 18m/min。

（4）载人绞车严禁超载或带故障使用。

（5）停机时手柄回复到中位，并及时切断气源。

（6）在遇到紧急情况时，按下紧急停车按钮，气源停止供气，同时在控制阀件的作用下，刹带抱死刹车鼓，实现紧急刹车制动。

4. 注意事项

（1）操作时集中精力，平稳操作，严禁猛提、猛放、猛刹。

（2）当使用紧急停车按钮、调节载人绞车上下限位的位置后，必须使用启动按钮才可以使载人绞车重新工作。

（3）刹带钢圈断裂后必须更换，严禁焊接使用。刹车带磨损严重应更换刹车带。

（4）在气源输入压力小于 0.55MPa 时不得使用载人绞车，低气源压力会使绞车（如果配备自动刹车的话）刹车参与工作，从而使刹车鼓的温度升高，造成刹车不良。

（5）载人绞车使用机油来防止过热或过度的磨损，避免火花的产生，因此必须经常检查润滑油量。

（6）油雾器油量应充足，利于绞车的润滑。为保证输入气体清洁、干燥，在不影响气体压力的情况下，在输入气管线上，应加装冷凝过滤设备。

（7）开启后，应先空转 1～2min，并检验刹车机构是否可靠，有无异常声音。

（8）绞车在运转过程中，如有异常声音，应立即停车检查。

（9）绞车停车应切断气源，防止马达运转造成事故。

（10）应急动力源输入口与应急动力源连接，原则上应急动力源应为氮气，其氮气瓶中氮气压力应该在 0.5～0.7MPa，当出现异常情况，正常气源动力无法输出时，使用应急氮气气源动力。

表 3-2 为气动载人绞车检查表。

表 3-2 气动载人绞车检查表

序号	部位名称	检查项目
1	外观及安装状况	1. 气动马达运转应无异常声音
		2. 排绳器排绳要整齐，确保钢丝绳被正确地缠绕且第一层一定在滚筒上固定好
		3. 吊绳无打扭、断丝超标、严重压扁现象若有，应及时更换
2	润滑系统	1. 各润滑油嘴加注润滑脂
		2. 检查空气滤清器、马达润滑油池、油雾器润滑油，如发现润滑油不够时应加入适量的润滑油
3	供给系统	1. 检查各控制阀件的动作的灵敏度，在气源输入压力小于 5.5bar（5.5 个压力）时禁止使用
		2. 检查各控制管线接头有无松动漏气现象
4	操控系统	1. 各紧固部位应牢固可靠
		2. 信号喇叭工作可靠

（二）电动载人绞车

载人载物电动绞车以变频电控系统（变频器）驱动防爆交流变频制动电机，通过行星减速机带动卷筒，缠绕 / 放出钢丝绳，实现重物提升 / 下放。

1. 结构组成

电动载人绞车结构组成如图 3-5 所示。

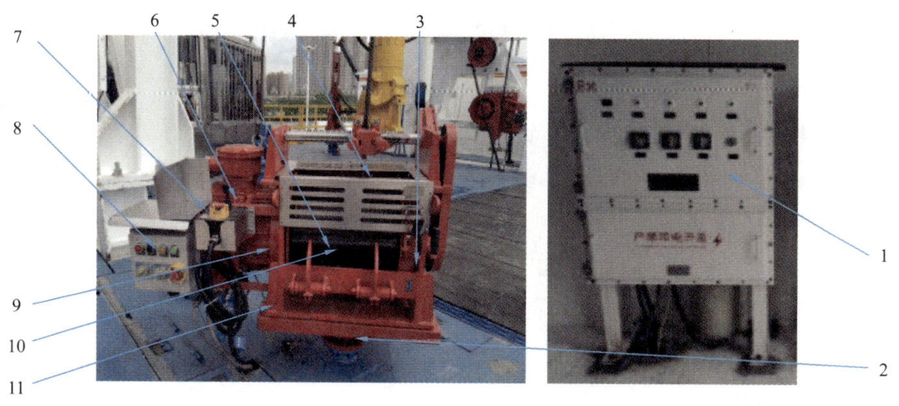

1—电控系统；2—安装支架；3—手动带式刹车；4—自动排绳器；5—卷筒；6—电机(含盘刹)；7—操作盒(手柄)；8—控制箱；9—减速机；10—压绳器；11—绞车架

图 3-5 电动载人绞车结构组成示意图

2. 安装

1）绞车本体的安装

（1）先安装绞车支架。绞车支架与钻机底座用 M16×75，8.8 级以上强度级别的螺栓连接。为使钢丝绳在滚筒上缠绕良好，安装支架时应使支架（滚筒）与钢丝绳导向轮基本对齐。这样做是为了避免钢丝绳偏斜。

（2）把绞车吊装到位，用 M20×90，8.8 级以上强度级别的螺栓连接绞车本体与安装支架。电动绞车分左右，吊装前注意区分，以便一次安装到位。

（3）接地：安装绞车电机外壳与钻台面底座的接地线，确保接地良好。

（4）润滑：使用前及使用过程中，应在排绳器齿轮箱、链轮链条、棘轮轴、丝杠轴、月牙销滑块及排绳器离合器处涂抹适量的二号锂基润滑脂（黄油），电机润滑。

（5）加油：使用前，应检查行星减速箱内是否加注足够的润滑油（L-CKC 220 工业闭式齿轮油，中负荷，约 4L）。

（6）滚筒中心对齐二层台导向滑轮，避免钢丝绳偏斜。

图 3-6 为电动载人绞车安装角度示意图。

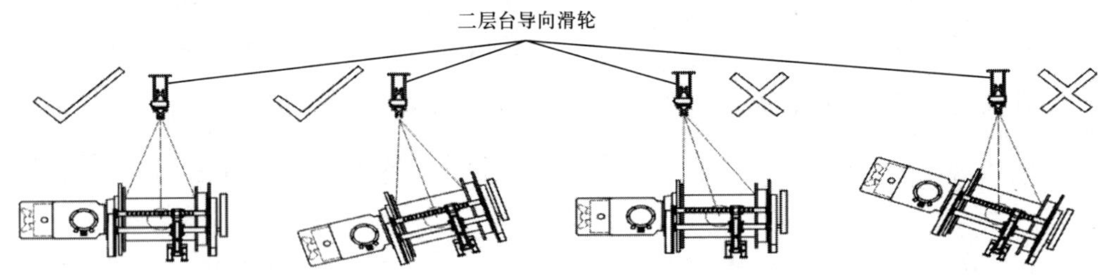

图 3-6　电动载人绞车安装角度示意图

2）电控系统的安装（图 3-7）

（1）电控系统的动力柜安装在钻机偏房内，确保系统接地良好。

（2）分别安装铺设左 / 右绞车电控系统至绞车本体之间的电缆（动力电缆、控制电缆、编码器电缆）。

3. 调试

首次使用或停用一段时间后启用，应先调试，调试应在滚筒缠绳前进行，调试合格后，方可缠绳。

（1）井电、电控箱电源开关合闸。

（2）控制箱面板上的“启动 / 停止 / 载人”功能选择旋钮处于“启动”位置。

图 3-7 电动载人绞车电控系统安装示意图

（3）使控制箱、控制盒的“急停”旋钮处于松开状态，此时系统启动待命，控制箱上的“变频运行”灯亮。

（4）轻推 / 拉手柄，绞车启动运转。检查：主电机转向是否正确，传动是否平稳，电机制动器是否正确（手柄离开中位，制动器松开；手柄回中位，制动器抱闸）。

（5）使控制箱上的“启动 / 停止 / 载人”功能旋钮处于“载人”位置。操作控制箱上的“提升 / 下放”旋钮，可控制绞车正 / 反转，检查确认绞车运转功能正常。

4. 缠绳

（1）去除月牙销（此时排绳器可自由推动），转动绞车使绳窝处于合适的位置。

（2）钢丝绳穿过带绳轮及压绳轮孔，固定在绳窝处，压板压紧。

（3）缓慢转动绞车，边转边使用撬杠、铜手锤、木棒等工具使钢丝绳在卷筒体上整齐缠绕。注意，不得过度敲击钢丝绳，应垫木料或使用铜榔头，以防损伤钢丝绳。

（4）一直缠绕到钢丝绳另一侧的吊钩刚好处于钻台面的位置时，停止缠绳，手动转动排绳器，使其与钢丝绳对齐。

（5）装入月牙销，运转绞车，观看排绳器走向与钢丝绳缠绳方向是否一致。

注：如方向不一致，把月牙销转向。

（6）在钢丝绳另一侧安装配重链条、旋转吊钩、卸扣等。

注意：选择合适的吊具，检查吊具已正确安装，防脱落措施可靠。

（7）需要时可脱开排绳器离合。

5. 使用

1）使用前检查

（1）检查确认各部的连接螺栓（或其他紧固件）应齐全且充分紧固，所有护罩应紧固。

（2）检查确认减速箱已加注足够、合适的润滑油。

（3）检查确认齿轮箱、链条、丝杠轴、棘轮轴、月牙销等润滑点已加注润滑脂。

（4）检查确认排绳器离合器扳至“合”的状态。

（5）检查确认排绳器与钢丝绳已对齐，钢丝绳、配重链条、旋转吊钩、卸扣已正确安装。

（6）检查确认全部电缆已正确连接，如发现电缆、插件有污损，需进行更换。

（7）检查确认主电机、风机、控制箱可靠接地（接地电阻≤4Ω）。

（8）检查确认电控系统正常，控制箱各开关处于正确的位置（电源开关闭合，功能选择处于“启动”位置）。

（9）检查确认绞车电机转向正确（与操作手柄提升 / 下放一致）。

（10）检查确认电机制动器动作正常。

2）操作

绞车具有“载人”与“载物”两种功能（图 3-8）。在绞车控制箱上设置“载

图 3-8　载人、启动（载物）两种功能示意图

物 / 停止 / 载人”功能选择旋钮。“载物”模式，可用控制盒上的手柄控制绞车调速（0～35m/min）载物运行；“载人”模式，可用控制箱上的“提升 / 停止 / 下放”旋钮控制绞车匀速载人运行。

（1）载物操作：

① 控制箱上的“载人 / 停止 / 启动”功能选择旋钮处于“启动”模式。

② 提起（手操盒）手柄的锁帽，后拉或前推手柄，便可操作绞车提升或下放。手柄推动幅度的大小可控制绞车速度。

③ 手柄回中位，电动绞车自动减速停止，绞车刹车。

（2）载人操作：

① 控制箱上的“载人 / 停止 / 启动”功能选择旋钮切换到“载人”模式。

② 旋转控制箱“提升 / 停止 / 下放”旋钮，便可操作绞车载人提升或下放。

注：载人操作须两人进行，一人操作，一人监护。任何时刻不得离开操作岗位。

（3）紧急停止：

① 紧急情况按下控制箱或操作盒上任一“急停”按钮均可实现系统急停、盘刹刹车，确保安全（图 3-9）。

② 如人员离开操作位置、长时间不使用绞车，应拍下“急停”按钮。

③ 特殊情况可使用手动带式刹车进行应急刹车。

注：电动绞车不同于普通电动葫芦，无论何种启动方式，在提升 / 下放时都有一定的（加 / 减速）缓冲时间，且速度载荷越大，缓冲时间越长，操作时需考虑提前量。

图 3-9 双重急停保护功能示意图

（4）紧急释放操作：

紧急释放操作用于绞车供电中断的情况下人 / 物的紧急释放。

① 操作前设置警戒线，重物下放不得站人，无关人员保持距离。

② 检查带式刹车功能正常，关闭主电源，拍下急停。

③ 人员甲按下手动刹车手柄，并保持刹车。

④ 人员乙用六方扳手顺时针缓慢旋转盘刹释放螺栓，盘刹稍微打开后保持扳手位置及人员位置。

⑤ 盘刹打开后，人员甲缓慢释放手动刹车，直到人 / 物开始下降，用手动刹车控制人的下放速度。

⑥ 如出现人 / 物下放速度过快等情况，人员乙应快速逆时针旋转盘刹释放螺栓，盘刹刹车。

⑦ 人 / 物安全着陆后，逆时针旋转盘刹释放螺栓到原位，恢复系统。

6. 维护保养

表 3-3 为电动载人绞车一般维护保养项目表。

表 3-3　电动载人绞车一般维护保养项目表

序号	维护保养内容	周期
1	检查电机、减速机、轴承的温升情况（温升≤45℃，不超过 85℃）	每班
2	检查所有设备（电机、减速机、电控）运转平稳，无异响	每班
3	检查减速机是否漏油	每班
4	定期向齿轮箱、链条、丝杠、月牙销棘轮轴等传动部位加润滑脂	每班
5	检查带式刹车功能是否正常，必要时更换刹车带，调节刹车螺杆，不得有油污	每班
6	检查电机制动器刹车功能是否正常	每班
7	检查排绳器工作是否正常，必要时重新调整排绳器	每班
8	电控系统是否正常（变频器、指示灯、开关等）	每周
9	检查所有的连接件的螺钉螺母，松动时，要予以紧固、复原	每周
10	检查绞车接地线是否牢固可靠（接地电阻≤4Ω）	每周
11	检查电机制动器气隙是否合适（0.6～1.0mm，最大不超过 1.2mm）	每季
12	清理制动器内的粉末，检查电机刹车盘的磨损状况，必要时予以更换	每季
13	电机轴承每运行 3000h 加注 25～45g 锂基润滑脂	3000h

1）减速机维护保养

（1）减速机在使用前和工作中应检查油位是否正常。

（2）加注齿轮润滑油名称：L-CKC 220 工业闭式齿轮油（中负荷）。

（3）加油：加油至油位口溢油为止（8～9L），更换油制度如下：

——加油前，应把旧油放干净。为保证清除干净污物，可从加油口吹压缩空气。

——次使用，运行 50h（2h）后应更换润滑油，保持这种频率 2～3 次。

——再运行 200h 后更换润滑油，以后每间隔 500h 更换润滑油。

——在工作环境恶劣、温度高、粉尘大的工作场合下应每隔半个月对润滑油进行一次检查，发现润滑油有污物立即更换润滑油，以保持润滑油清洁，延长减速机的使用寿命。

——换油时要等待减速机冷却下来无燃烧危险为止，但仍应保持温热，因为完全冷却后，油的黏度增大，放油困难。

2）电机盘刹维护保养

盘刹的正确使用及维护涉及安全，维护要点如下：

（1）维护盘刹前应确保绞车空载，放下重物，按下急停，切断电源。

（2）每三个月必须检查盘刹间隙是否合适，检查刹车盘是否正常，清理刹车粉末等污物。

（3）务必确保盘刹间隙在 0.6～1.0mm 之间，最大不超过 1.2mm，且间隙均匀。

（4）检查刹车盘厚度，当其厚度低于 18.5mm 时，需更换刹车盘。

（5）如发现刹车动作异常、刹车距离明显过长等，应立即检查盘刹，排除故障。

7. 常见故障排除

表 3-4 为电动载人绞车故障排除对照表。

表 3-4　电动载人绞车故障排除对照表

故障现象	可能的故障原因	排除方法
减速器温升超标（≥85℃）	A. 油量不足	补充润滑油至油位孔
	B. 油品不合适	L-CKC 220 冬季
	C. 润滑油变质	清洗、换油
	D. 旋转零部件卡阻滞涩	找出根源对症解决

续表

故障现象	可能的故障原因	排除方法
轴承温升超标（≥85℃）	润滑脂不足	加注润滑脂
	旋转零部件卡阻滞涩	找出根源对症解决
	轴承部件损坏	更换轴承
噪声超标、异常声响	A. 链条太松	按“链条的调整”所述操作
	B. 轴承损坏	更换轴承
	C. 连接件或紧固件松动	找出根源对症解决
	D. 系统共振	改变操作转速，避开共振区
	E. 异常声响：异物进入机内或机内的零件脱落造成碰撞	找出根源对症解决，此类隐患须彻底排除
断电后重物自动下滑	制动器刹车盘上有油污	将刹车盘上的油污拭擦干净
	制动器气隙过大	调整气隙至 0.6～0.8mm，不超过 1.2mm
	刹车盘磨损严重	更换刹车盘
排绳器不运动或排绳不整齐	月牙销磨损	更换月牙销，丝杠及滑块打 / 涂抹黄油
	离合器松脱	挂合离合器
	初始缠绳不好（间隙、较松等）	重新缠绕，确保初始缠绳良好
	对钢丝绳位置不合适	请在吊钩处于钻台面位置时对齐钢丝绳
	空载时出绳效果不好而乱绳	钢丝绳装配重链及吊钩，压紧钢丝绳滑轮
刹车延迟	制动器气隙过大	调整气隙至 0.6～0.8mm，不超过 1.2mm
	电控系统故障	检查并修复故障
变频器故障	过载、过速、过压等	按下“故障复位”按钮，系统复位
绞车无法启动	电源故障	供电
	急停旋钮未松开	松开急停旋钮（电控房、控制箱、手操盒 3 处）
	电控系统故障	修复电控系统

8. 注意事项

1）操作注意事项

（1）严禁超载。载物时≤50kN；载人时≤5kN，配置吊篮时乘坐人员≤2 人。

（2）载人模式下可用于载物，载物模式下不得用于载人。

（3）载人时应 1 人操作，1 人监视并站在带式刹车附近以应付特殊情况。

（4）载人时操作人员不得离开岗位，应时刻监视吊篮 / 人员情况。

（5）绞车在提升 / 下放时有一定（加 / 减速）缓冲时间，且速度载荷越大，缓冲时间越长，操作时需考虑提前量。

（6）操作手柄时严禁猛拉猛拽。严禁从提升状态快速推到下放状态，或者从下放状态快速推到提升状态，应该在中间位置短暂停留（3s 左右）。

（7）所有人员操作时应注意盘刹动作是否正常（手柄离中位，听到“啪”一声轻响，说明盘刹正常打开，手柄回中位，听到“啪”一声轻响，说明盘刹正常抱闸），如有异常立即排查。

（8）在特殊情况下，按下控制箱或者手操盒上的“急停”旋钮，紧急停车。必要时可使用手动带式刹车进行制动。

（9）操作应平稳有序、避免频繁点动（过于频繁会导致刹车盘磨损过快、过热，甚至刹车片贴死电机导致绞车无法运转）。

2）基本要求

（1）合格人员：只有被授权的合格人员才能对电动绞车进行安装、操作、维护和拆卸。未被授权的人员应当远离。

（2）防护设备：参与安装、操作、维护和拆卸的工作人员都必须穿戴防护服、防护帽、防护鞋及其他的防护设备等。

（3）安全习惯：安装 / 操作 / 维护该设备时，好的、全面的安全习惯须随时遵守。如检查电控时需有人监护；吊装时应有专人指挥等。

3）安全措施

（1）安装作业：

——选用正确的螺栓装绞车（8.8 级以上强度螺栓）。正确连接电缆，严禁带电插拔。

——选用合适的吊装锁具，确认链条、卸扣、钢丝绳、吊钩等完好并在使用期限内。

（2）提升作业：

——提升和移动物体时，任何情况下人员都不允许位于被提升的物体下方。

（3）设备接地：

——任何时候应确保绞车电机、电控箱设备可靠接地（接地电阻≤4Ω）。

（4）维护作业：

——绞车要进行周期性的例行维护，否则可能会造成设备损坏或人身伤害事故。

——绞车运行时禁止进行维护。安装、维护时，须切断电源，绞车停机。

——电控系统维护和检修作业须两人以上。作业期间，应有专人看管电气开关（挂标识牌、锁住），使其始终处于断开状态。

——使用原厂生产的零部件。

（5）转动件防护：确保绞车前 / 后护罩、链条护罩已正确安装，固定牢固。

（三）提篮

提篮指悬吊平台，是四周装有护栏，用于搭载作业人员、工具和材料进行高处作业的悬挂装置。

1. 检查

（1）提篮护栏齐全完好，安全门插销完好。

（2）4 根钢丝绳完好，固定牢靠。

2. 防护要求

（1）提篮应有足够的强度和刚度。承受 2 倍的均布额定载重量时，不得出现焊缝裂纹、结构件破坏等现象。

（2）提篮四周应安装有固定的安全护栏，工作面的护栏高度不应低于 0.8m，其余部位则不应低于 1.1m，护栏应能承受 1kN 的水平集中载荷。

（3）提篮内工作宽度不应小于 0.4m，并应设置防滑底板，底板有效面积不小于 $0.25m^2$/ 人，底板排水孔直径最大为 10mm。

（4）提篮底部四周应设有高度不小于 0.15m 的挡板，挡板与底板间隙不大于 5mm。

3. 使用

（1）提篮使用 4 根 1/2in[❶]（ϕ12.7mm）钢丝绳套作为吊绳，钢丝绳一端用卸扣分别固定于提篮上方四角，另一端用 1 只卸扣连接挂于载人绞车吊钩。

（2）提篮在工作中的纵向倾斜角度不应大于 8°。

（3）提篮上作业人员应配备独立于提篮的安全绳及安全带。安全绳及安全带挂钩必须挂入载人绞车吊钩。

---

❶ 1in=25.4mm。

（4）提篮严禁超载或带故障使用。

（5）利用提篮进行电焊作业时，严禁用提篮和载人绞车钢丝绳作电焊接线回路，提篮内严禁放置氧气瓶、乙炔瓶等易燃易爆品。

表 3–5 为电动载人绞车检查表。

表 3–5　电动载人绞车检查表

序号	部位名称	检查项目
1	连接	检查确认各部的连接螺栓（或其他紧固件）应齐全且充分紧固，所有护罩应紧固
2	润滑	检查确认齿轮箱、链条、丝杠轴、棘轮轴、月牙销等润滑点已加注润滑脂
		检查确认减速箱已加注足够、合适的润滑油
3	排绳	检查确认排绳器离合器扳至“合”的状态
		检查确认排绳器与钢丝绳已对齐
		检查钢丝绳、配重链条、旋转吊钩、卸扣已正确安装
4	电缆	检查确认全部电缆已正确连接，如发现电缆、插件有污损，需进行更换
5	接地	检查确认主电机、风机、控制箱可靠接地（接地电阻≤4Ω）
6	电控系统	检查确认电控系统正常，控制箱各开关处于正确的位置（电源开关闭合，功能选择处于“启动”位置）
7	绞车	检查确认绞车电机转向正确（与操作手柄提升 / 下放一致）
		检查确认电机制动器动作正常

三、操作平台

操作平台是由钢管、型钢及其他等效性能材料等组装搭设制作的供施工现场高处作业和载物的平台，包括移动式、落地式、悬挑式等平台。

（一）一般规定

（1）操作平台应通过设计计算，并应编制专项方案，架体构造与材质应满足国家现行相关标准的规定。

（2）操作平台的架体结构应采用钢管、型钢及其他等效性能材料组装。平台面铺设的钢、木或竹胶合板等材质的脚手板必应符合材质和承载力要求，并应平整满铺及可靠固定。

（3）操作平台的临边应设置防护栏杆，单独设置的操作平台应设置供人上下、踏步间距不大于 400mm 的扶梯。

（4）应在操作平台明显位置设置标明允许负载值的限载牌及限定允许的作业人数，物料应及时转运，不得超重、超高堆放。

（5）操作平台使用中应每月不少于 1 次定期检查，应由专人进行常维护工作，及时消除安全隐患。

（二）移动式操作平台

移动式操作平台指带脚轮或导轨，可移动的脚手架操作平台。

移动式操作平台应符合下列规定：

（1）移动式操作平台面积不宜大于 $10m^2$，高度不宜大于 5m，高宽比不应大于 2：1，施工荷载不应大于 $1.5kN/m^2$。

（2）移动式操作平台的轮子与平台架体连接应牢固，立柱底端离地面不得大于 80mm，行走轮和导向轮应配有制动器或刹车闸等制动措施。

（3）移动式行走轮承载力不应小于 5kN，制动力矩不应小于 2.5N·m，移动式操作平台架体应保持垂直，不得弯曲变形，制动器除在移动情况外，均应保持制动状态。

（4）移动式操作平台移动时，操作平台上不得站人。

（三）落地式操作平台

落地式操作平台指从地面或楼面搭起、不能移动的操作平台，单纯进行施工作业的施工平台和可进行施工作业与承载物料的接料平台。

落地式操作平台应符合下列规定：

（1）操作平台高度不应大于 15m，高宽比不应大于 3：1。

（2）施工平台的施工荷载不应大于 $2.0kN/m^2$；当接料平台的施工荷载大于 $2.0kN/m^2$ 时，应进行专项设计。

（3）操作平台应与建筑物进行刚性连接或加设防倾措施，不得与脚手架连接。

（4）落地式操作平台一次搭设高度不应超过相邻连墙件以上两步。

（5）用脚手架搭设操作平台时，应符合脚手架规定要求。

（四）悬挑式操作平台

悬挑式操作平台指以悬挑形式搁置或固定在建筑物结构边沿的操作平台，斜拉式悬挑操作平台和支承式悬挑操作平台。

悬挑式操作平台应符合下列规定：

（1）操作平台的搁置点、拉结点、支撑点应设置在稳定的主体结构上，且应可靠连接。

（2）严禁将操作平台设置在临时设施上。

（3）操作平台的结构应稳定可靠，承载力应符合设计要求。

（4）悬挑式操作平台的悬挑长度不宜大于5m，均布荷载不应大于5.5kN/m^2，集中荷载不应大于15kN，悬挑梁应锚固固定。

（5）采用斜拉方式的悬挑式操作平台，平台两侧的连接吊环应与前后两道斜拉钢丝绳连接，每一道钢丝绳应能承载该侧所有荷载。

（6）采用支承方式的悬挑式操作平台，应在钢平台下方设置不少于两道斜撑，斜撑的一端应支承在钢平台主结构钢梁下，另一端应支承在建筑物主体结构。

（7）采用悬臂梁式的操作平台，应采用型钢制作悬挑梁或悬挑桁架，不得使用钢管，其节点应采用螺栓或焊接的刚性节点。当平台板上的主梁采用与主体结构预埋件焊接时，预埋件、焊缝均应经设计计算，建筑主体结构应同时满足强度要求。

（8）悬挑式操作平台应设置4个吊环，吊运时应使用卡环，不得使吊钩直接钩挂吊环。吊环应按通用吊环或起重吊环设计，并应满足强度要求。

（9）悬挑式操作平台安装时，钢丝绳应采用专用的钢丝绳夹连接，钢丝绳夹数量应与钢丝绳直径相匹配，且不得少于4个；建筑物锐角、利口周围系钢丝绳处应加衬软垫物。

（10）悬挑式操作平台的外侧应略高于内侧，外侧应安装防护栏杆并应设置防护挡板全封闭。

（11）人员不得在悬挑式操作平台吊运、安装时上下。

四、高处作业吊篮

高处作业吊篮（图3-10）是指悬挂装置架设于建筑物或构筑物上，起升机构通过钢丝绳驱动平台沿立面上下运行的一种非常设悬挂接近设备。吊篮通常由悬挂平台和工作前再现场组装的悬挂装置组成。在工作完成后，吊篮被拆卸从现场撤离，并可在其他地方重新安装和使用。

（一）吊篮适用范围

吊篮广泛应用于高层建筑的外墙施工，也用于建筑物的外部维护保养、外墙清洗、电缆架设、喷漆涂料等，以及大型罐体、桥梁、大坝、烟囱的检查和维修施工等特殊工程。

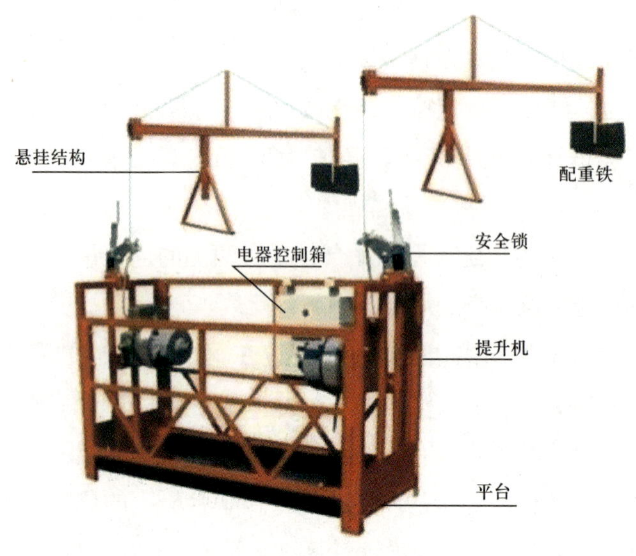

图 3-10　高空作业吊篮

（二）吊篮分类

吊篮按驱动方式分为手动、气动和电动三类。

（三）吊篮特点

（1）适用范围广泛。吊篮适用于多种场合，如建筑外墙保洁、装修、维修，以及桥梁、大型机械设备、烟囱等高空设施的维修。

（2）安全性高。吊篮采用先进的设计和制造技术，具有强大的承载能力和抗风性能。配备有多重安全设施，如安全扣、安全网和避雷装置，确保施工人员的安全。

（3）稳定性好。吊篮的升降装置通常采用液压或电动方式，提供可靠的升降功能。此外，吊篮还配备稳定装置和调整系统，可根据建筑物的高度和形状进行调整，保证平稳运行。

（4）操作简便。吊篮操作系统简单易懂，工作人员经过简单培训即可掌握操作技能。部分吊篮还配备远程遥控装置，提高工作效率。

（5）节约人工成本。吊篮操作方便，减少工人爬升楼梯或使用脚手架的风险，节省劳动力成本。

（6）易于维护。吊篮的维护相对简单，定期检查钢丝绳、安全带等关键部件，确保使用安全。

（7）环保型设备。结构简单、低噪声、无污染，属于环保型设备。

（四）吊篮结构组成及要求

1. 平台

（1）平台尺寸应满足所搭载的操作者人数和其携带工具与物料的需要（图 3-11）。在不计控制箱的影响时，平台内部宽度应不小于 500mm。每个人员的工作面积应不小于 $0.25m^2$。

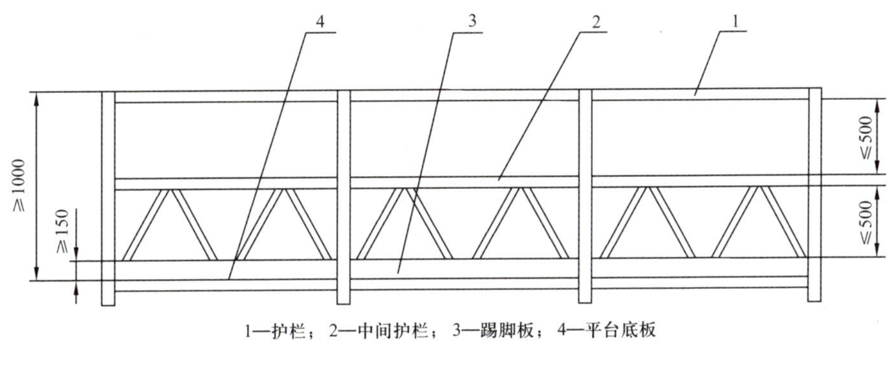

图 3-11　吊篮平台

（2）平台底板应为坚固、防滑表面（如格形板或网纹板），并固定可靠。底板上的任何开孔应设计成能防止直径为 15mm 的球体通过，并有足够的排水措施。

（3）平台四周应安装护栏、中间护栏和踢脚板。护栏高度应不小于 1000mm，测量值为护栏上部至平台底板表面的距离。中间护栏与护栏和踢脚板间的距离应不大于 500mm。如平台外部有包板时，则不需要中间护栏。

（4）踢脚板应高于平台底板表面 150mm。如平台包板则不需要踢脚板。

（5）平台各承载材料应采用防锈蚀处理。

（6）应在平台明显部位永久醒目地注明额定载重量和允许乘载的人数及其他注意事项。

（7）平台上如需要（或特定场合）可设置超载检测装置，当工作载荷超过额定载荷 25% 时，能制止平台上升运动。

（8）平台上不应有可能引起伤害的锐边、尖角或凸出物。

（9）当有外部物体可能落到平台上产生危险且危及人身安全时，应安装防护顶板或采取其他保护措施。

（10）应根据平台内的人员数配备独立的坠落防护安全绳。与每根坠落防护安全绳相系的人数不应超过两人。坠落防护安全绳应符合 GB 24543—2009《坠落防护　安全绳》的规定。

2. 起升机构

吊篮的起升机构一般由驱动绳轮、钢丝绳、滑轮或导向轮和安全部件组成。

3. 悬挂系统

悬挂机构的所有部件均可重复安装与使用。部件不应有可能引起伤害的尖角、锐边或凸出部分。固定销和紧固卡等小型元件应永久性地连接在一起。

4. 电气系统

（1）电气系统与元器件应符合 GB/T 5226.1—2019《机械电气安全　机械电气设备　第 1 部分：通用技术条件》的规定。

（2）当使用导电滑轨时，电源端应有过电流保护装置和 30mA 的漏电保护装置。自导轨、滑轨取电时，采用双连接型双重保护。

（3）主电路相间绝缘电阻应不小于 0.5MΩ，电气线路绝缘电阻应不小于 2MΩ。

（4）电机外壳及所有电气设备的金属外壳、金属护套都应可靠接地，接地电阻应不大于 4Ω。

（5）所有电气设备保护应符合 GB/T 4208—2017《外壳防护等级（IP 代码）》的规定。对露天放置的设备，保护等级应不低于 IP54。

（6）应采取防止随行电缆碰撞建筑物的措施，电缆应设保险钩以防止电缆过度张力引起电缆、插头、插座的损坏。

5. 控制系统

（1）吊篮控制箱上的按钮、开关等操作元件应坚固可靠，这些按钮或开关装置应是自动复位式的，控制按钮的最小直径 10mm。控制箱上除操作元件外，还应设置一个切断总电源的开关，此开关应是非自动复位式的。操作盘上的按钮应有效防止雨水进入。

（2）操作的动作与方向应以文字或符号清晰表示在控制箱上或其附近面板上。

（3）在平台上各动作的控制应按逻辑顺序排列。

（4）应提供停止吊篮控制系统运行的急停按钮，此按钮为红色并有明显的“急停”标记，不能自动复位。急停按钮按下后停止吊篮的所有动作。

（5）平台的上升和下降控制按钮应位于平台内。

（6）双层平台的主控制器应位于上层，在下层可安装副控制器。且各控制器均可操作平台上升与下降。

（7）电气控制箱的控制按钮外露部分由绝缘材料制成，应能承受 50Hz 正弦波形、1250V 电压、1min 的耐压实验。

（8）电气控制箱应上锁以防止未授权操作。

（9）急停装置的设计与安装应符合 GB/T 16754—2021《机械安全　急停功能　设计原则》的规定，并应安装于每个操作者的控制位置及其他可能需要紧急停止的位置。在任何时刻所有急停装置的操作应随时有效，并与正在使用的特定控制无关。

（10）在吊篮每次投入使用之前，应由合格人员进行检查，确保电气和控制系统所有安全功能为正常状态。

（五）吊篮的安装、拆卸通用管理要求

（1）吊篮安装、拆卸单位应符合下列要求：

① 吊篮的安装、拆卸单位应具备政府或产品归口行业协会颁发的吊篮安装、拆卸相应的资质证书，在资质许可范围内从事吊篮的安装、拆卸业务。

② 吊篮安装、拆卸单位除应具有资质评审规定的专业技术人员外，还应有与承担工程相适应的专业作业人员。主要负责人、项目负责人、专职安全生产管理人员应持有安全生产考核合格证书。吊篮安装、拆卸的作业人员应具有特种作业人员的资格证书。

③ 吊篮安装、拆卸单位应与使用单位在吊篮安装前签订吊篮安全协议，明确双方的安全生产责任。安装、拆卸单位和使用单位为同一单位时，应向建设单位、总包单位或监理单位提供安全管理规章制度、安全管理保证措施及安全施工方案。

（2）吊篮安装、拆卸作业前，安装、拆卸单位应编制吊篮安装、拆卸的专项施工方案，由安装、拆卸单位技术负责人批准后，报送施工总承包单位或使用单位、监理单位审核，审核合格后方可进行吊篮的安装和拆卸工作。

（3）对于特殊的建筑结构和非标设计方案，吊篮安装、拆卸的专项施工方案需经过评审，评审合格并经过总承包单位或使用单位、监理单位审核后，可进行吊篮

的安装和拆卸工作。

（4）当安装、拆卸过程中专项施工方案发生变更时，应按程序重新对方案进行审批，未经审批不得继续进行安装、拆卸作业。

（5）吊篮安装、拆卸工程专项施工方案应根据使用说明书的要求、作业场地及周边环境的实际情况、吊篮使用要求等编制。专项施工方案应包括以下主要内容：

① 工程概况。

② 编制依据。

③ 作业人员组织和职责。

④ 吊篮安装位置平面布置图。

⑤ 吊篮技术参数、主要零部件外形尺寸和重量。

⑥ 特殊悬挂支架受力及抗倾覆计算分析和钢丝绳安全系数校核。

⑦ 安装、拆卸工具及仪器。

⑧ 安装、拆卸工艺程序与方法。

⑨ 安全装置的调试说明。

⑩ 重大危险源和安全技术措施。

⑪ 安全应急预案。

（六）吊篮安装安全要求

（1）用于架设吊篮标准悬挂支架的屋面承载能力应满足使用说明书的要求。

（2）特殊悬挂支架安装作业前，应对基础支撑结构进行承载验算。应确认所安装的吊篮特殊悬挂支架的基础、屋面结构承载能力、预埋件、锚固件等符合吊篮安装、拆卸工程专项施工方案的要求，吊篮安装前对基础进行验收，合格后方能安装。

（3）吊篮安装前安装单位应查看吊篮的周围环境及影响安装和使用的不安全因素；核实悬挂机构的安装位置及建筑物或构筑物的承载能力；有架空输电线场所，吊篮的任何部位与输电线的安全距离应不小于 10m。

（4）吊篮安装前，应对安全装置进行检查，确保其齐全、有效、可靠；安全锁在有效标定期内。

（5）安装作业前，应对用于安装悬挂支架的锚固件、后置埋件的承载能力进行检测，合格后方可进行安装。

（6）安装作业前，应对安装作业人员进行安全技术交底。

（7）吊篮的安装作业范围应设置警戒线或明显的警示标志。非作业人员不得进入警戒范围。

（8）进入现场的安装作业人员应佩戴安全防护用品，高处作业人员应系安全带，穿防滑鞋，安装吊篮的危险部位时应采取可靠的防护措施。

（9）当遇到雨天、雪天、雾天或工作处风速大于 8.3m/s 等恶劣天气时，应停止安装作业。夜间应停止安装作业。

（10）电气设备安装应按吊篮使用说明书的规定进行，安装用电应符合 JGJ 46《施工现场临时用电安全技术规范》的规定，吊篮电气系统应可靠接地，接地电阻应不大于 4Ω。

（11）安全大绳安装前应逐段严格检查有无损伤，将确定合格的安全大绳独立地固定在屋顶或固定构件可靠的固定点上，不得固定在吊篮的悬挂机构上，绳头固定应牢靠。在安全大绳与女儿墙或建筑结构的转角接触处应采取有效保护措施。

（12）高处作业吊篮安装后应组织人员进行检查验收。检查项目见表 3-6。

表 3-6　高处作业吊篮安装验收检查表

序号	检查部位	检查项目
1	标准悬挂支架	前梁的外伸长度应不大于产品使用说明书规定的上极限尺寸
2		配重数量或重量及标识，应符合产品使用说明书规定的配重，配重应有重量标志、码放整齐、安装牢固
3		前、后支架与支承面的接触应稳定牢固
4		悬挂机构横梁安装的水平度差应不大于横梁长度的 4%，严禁前低后高
5		加强钢丝绳的张紧度符合说明书要求
6		一台吊篮的两组悬挂机构之间的安装距离应不小于悬吊平台两吊点间距，其误差不大于 100mm
7		前后支架的组装高度与女儿墙高度相适应，不允许不安装前支架而将横梁直接担在女儿墙或其他支撑物上作为支点
8		主要结构件不得产生永久变形、腐蚀、磨损深度不得达到原构件厚度 10%
9		吊篮的任何部位与输电线的安全距离应不小于 10m
10		前梁安装高度超出标准悬挂支架的前梁高度，是否校核其前支架的压杆稳定性
11		前梁外伸长度超出标准悬挂支架上极限尺寸的非标悬挂支架，是否校核其强度、刚度和整体稳定性，并模拟单边承受悬吊平台自重、额定载重量及钢丝绳自重工况，是否实测其相对于空载工况的侧向变形增加值，其值不宜超过前梁外伸长度的 1/100

续表

序号	检查部位	检查项目
12	特殊悬挂支架	预埋件和锚固件的安全系数≥3
13		机械式锚固悬挂架的抗倾覆系数≥2
14		固定悬挂架与建筑结构的连接强度是否符合 GB/T 19155—2017《高处作业吊篮》规定的结构安全系数
15		安装墙钳支架的女儿墙应能承受单边悬挂悬吊平台时的悬吊平台自重、额定载重量及钢丝绳的自重
16		临时悬挂轨道安装应符合 JGJ/T 150—2018《擦窗机安装工程质量验收标准》中第 4 章和第 5 章的规定
17		主要结构件不得产生永久变形、腐蚀、磨损深度不得达到原构件厚度 10%
18		吊篮的任何部位与输电线的安全距离应不小于 10m
19	悬吊平台	悬吊平台对接长度不得超过吊篮使用说明书的规定，零部件应齐全、完整，不得少装、漏装
20		零部件应齐全、完整，不得少漏装
21		紧固件连接，螺栓应按要求加装垫圈，不得以小代大；所有紧固件应紧固到位
22		提升机和安全锁与悬吊平台的连接采用专用高强度螺栓，连接可靠
23		销轴端部应安装开口销或轴端挡板等止推装置，开口销开口角度均应大于 30°
24		主要结构件不得产生永久变形、腐蚀、磨损深度不得达到原构件厚度 10%
25	整机组装与调试	电控箱应牢固地安装在悬吊平台的护栏上。各部件之间的连接电缆线应排列规整并有效固定。对电源电缆线采取有效保护措施，使其端部固定或绑牢在悬吊平台护栏上，避免电源插头直接承受电缆悬垂重力。电源电缆线悬垂长度超过 100m 时，应采取有效的抗拉保护措施
26		钢丝绳规格、型号、特性符合使用说明书规定
27		钢丝绳绳端固定绳夹数量不少于 3 只，夹座扣在钢丝绳的工作段上，U 形螺栓扣在钢丝绳的尾段上，绳夹不得在钢丝绳上交替布置，绳夹间距为 6 倍绳径
28		工作钢丝绳与安全钢丝绳不得安装在悬挂机构横梁前端同一悬挂点上
29		安装在钢丝绳上端的上行程限位挡块应紧固可靠，其与钢丝绳悬挂点之间应保持不小于 0.5m 的安全距离
30		安全钢丝绳的下端应安装重锤，以使钢丝绳绷直。重锤底部至地面高度 100～200mm 为宜
31		钢丝绳穿头端部应经过烧焊处理
32		外观（断丝、磨损、局部缺陷）无局部损伤或缺陷

续表

序号	检查部位	检查项目
33	整机组装与调试	钢丝绳表面不允许明显存在附着物
34		安全大绳安装固定应牢固可靠，转角接触处采取有效保护措施
35	提升机	外观无裂纹、无明显变形
36		无漏油及明显渗油
37		提升机工作正常，无异常现象
38		提升机与吊架连接正确、可靠、螺栓合格
39	安全锁	外观无缺陷、无损伤
40		工作状况应动作灵敏可靠
41		锁绳角在规定范围内或快速抽绳应锁绳
42		安全锁与吊架连接正确、可靠、螺栓合格，无裂纹、变形、松动
43	电气系统	电缆线外观及固定情况，无破损、无明显变形
44		绝缘电阻≥2MΩ
45		接地电阻≤4Ω
46		元器件灵敏、可靠
47		行程限位装置正常、有效
48	运行试验	空载情况：将悬吊平台升至 1m，查相序、制动、悬挂应正常、有效
49		额定载重量情况： 1. 将悬吊平台升至 1m，查相序、制动、悬挂应正常、有效。 2. 将悬吊平台升至 2m，查手动滑降应正常、有效。 3. 悬吊平台升至顶部，查上行程限位装置应灵敏、可靠

（七）吊篮使用安全要求

1. 操作环境要求

操作环境要求如下：

（1）吊篮工作场所的环境温度应在 −20℃至 +40℃，环境相对湿度不大于 90%（25℃），工作处阵风风速不大于 8.3m/s（相当于 5 级风力）。

（2）在吊篮运行范围内，应与高压线或高压装置保持 10m 以上的安全距离，工作电压偏差不大于 ± 5% 额定电压。

（3）在吊篮作业下方，应设置警示线或安全护栏，必要时设置安全警戒人员。

2. 吊篮设备要求

吊篮设备要求如下：

（1）吊篮设备各部件完好无损，在规定使用期内或有效标定期内。

（2）设备维护保养及时、到位，整机处于良好技术状态。

（3）电气系统接地良好、绝缘可靠。

（4）平台出入门应能自动回到关闭和锁定位置，或可联锁以防止设备的运行，直至门被关闭并锁定。除正常操作外，出入门不能开启。

3. 吊篮操作人员要求

吊篮操作人员要求如下：

（1）吊篮操作人员应经过专业安全技术培训，经国家相关主管部门认定的培训机构考核合格后并持有特种作业资格证书方可上岗操作，无高血压、心脏病、恐高症等高处作业禁忌证。

（2）作业时应戴安全帽，正确使用安全带、自锁器和安全大绳，安全带应拴挂在安全大绳上，严禁将安全带拴挂在吊篮上。将安全带扣到安全大绳上时，应采用专用配套的自锁器或具有相同功能的单向自锁卡扣，自锁器不得反装。安全大绳上端固定应牢固可靠，使用时安全绳应基本保持垂直于地面，作业人员身后安全带余绳不得超过 1m。

（3）操作人员不应穿拖鞋或塑料底等易滑鞋进行作业。

（4）操作人员上机器操作前，应按日常检查项目对高处作业吊篮检查合格后，方可上机操作，使用中严格执行安全操作规程。高处作业吊篮日常检查项目见表 3-7。

表 3-7　高处作业吊篮日常检查表

序号	检查部位	检查项目
1	电气系统	各插头与插座是否松动
		保护接地和接零是否牢固
		电源电缆的固定是否可靠，有无损伤
		漏电保护开关是否灵敏有效
		各开关、限位器和操作按钮动作是否正常

续表

序号	检查部位	检查项目
2	悬挂机构	前后支架安装位置是否被移动
		配重块是否缺损、码放是否牢靠、是否固定
		紧固件和插接件是否齐全、牢靠
		加强钢丝绳有无损伤或松懈现象
3	钢丝绳	有无断丝、毛刺、扭伤、死弯、松散、起股等缺陷
		局部是否附着混凝土、涂料或黏结物或结冰现象
		接头绳夹是否松动、钢丝绳有无局部损伤
		上限位止挡和下端坠铁是否移位或松动
4	安全带及安全保险绳	安全带的自锁器安装方向是否正确
		安全保险绳有无断丝、断股或松散现象
		接头连接处及固定端是否牢固可靠
5	安全锁	动作是否灵敏可靠
		锁绳角是否在规定范围内或快速抽绳是否锁绳
		与吊架连接部位有无裂纹、变形、松动
6	提升机	运转是否正常、有无异响、异味或过热现象
		制动器有无打滑现象：摩擦片间隙是否符合说明书要求
		手动滑降是否灵敏有效
		润滑油有无渗、漏，油量是否充足
		与吊架连接部位有无裂纹、变形、松动
7	悬吊平台	有无弯扭或局部变形，焊缝有无裂纹
		紧固件和插接件是否完整
		底板、护板和栏杆是否牢靠

（5）使用双动力吊篮时操作人员不允许单独一人进行作业。

（6）操作人员应在地面进出悬吊平台，不得在空中攀缘窗口出入，严禁作业人员从一悬吊平台跨入另一悬吊平台。

4. 吊篮作业安全操作要求

吊篮作业安全操作要求如下：

（1）作业前应检查悬吊平台运行范围内有无障碍物，将悬吊平台升至离地 1m 处，检查制动器、安全锁和手动滑降装置、急停和上限位是否灵敏、有效。

（2）吊篮作业时应精神集中，不得做有碍操作安全的事情。吊篮平台升降速度应不大于 18m/min。

（3）不准将吊篮作为垂直运输设备使用，尽量使载荷均匀分布在悬吊平台上，避免偏载，严禁超载作业。

（4）当电源电压偏差超过 ± 5%，但未超过 10% 或环境温度超过 40℃或工作地点超过海拔 1000m 时，应降低载荷使用，载重量不宜超过额定载重量的 80%。

（5）禁止在悬吊平台内用梯子或其他装置取得较高的工作高度。禁用密目网或其他附加装置围挡悬吊平台。

（6）利用吊篮进行电焊作业时，严禁用吊篮作电焊接线回路，吊篮内严禁放置氧气瓶、乙炔瓶等易燃易爆品；吊篮内严禁放置电焊机。

（7）在运行过程中，悬吊平台发生明显倾斜时，应及时进行调平。

（8）严禁在悬吊平台内猛烈晃动或做“荡秋千”等危险动作。

（9）电动机起动频率不得大于 6 次 /min，连续不间断工作时间不得大于 30min。

（10）应经常检查电动机和提升机是否过热，当其温升超过 65K 时，应暂停使用提升机。

（11）严禁固定安全锁开启手柄，人为使安全锁失效。

（12）严禁在安全钢丝绳绷紧的情况下，硬性扳动安全锁的开锁手柄。

（13）悬吊平台向上运行时，严禁使用上行程限位开关停车。

（14）严禁在大雾、雷雨或冰雪等恶劣气候条件下进行作业。在作业中，突遇大风或雷电雨雪时，应立即将悬吊平台降至地面，切断电源，绑牢悬吊平台，有效遮盖提升机、安全锁和电控箱后，方准离开。

（15）运行中发现设备异常（如异响、异味、过热等），应立即停机检查。故障不排除不得开机作业。

（16）运行中提升机发生卡绳故障时，应立即停机排除。严禁反复按动升降按钮强行排险。发生故障，应由专业维修人员进行排除，不得使用未排除安全隐患的吊篮。

（17）在运行过程不得进行任何保养、调整和检修工作。

（18）吊篮作业完后应切断电源，锁好电控箱，检查各部位安全技术状况，对悬吊平台各部位进行卫生清理，妥善遮盖提升机、安全锁和电控箱，将悬吊平台停放平稳，必要时进行捆绑固定，填写记录。

5. 吊篮维护保养要求

吊篮维护保养要求如下：

（1）应定期对吊篮进行保养、维修。保养和维修后的吊篮，应检测确认各部件状态良好后，对吊篮进行额定载重量试验。

（2）随行电缆损坏或有明显擦伤时，应立即维护或更换。

（3）控制线路和各种电器元件、动力线路的接触器应保持干燥、无灰尘污染。

（4）钢丝绳不得折弯，不得沾有砂浆杂物等。

（5）应定期对安全锁进行维护检查，并按期标定。

（6）对磨损、锈蚀、破坏程度超过规定的部件，应及时进行维修或更换，并由专业技术人员检查验收。

（7）应将各种与吊篮检查、保养和维修相关的记录纳入安全技术档案，并在吊篮产权单位存档备查。

6. 吊篮拆卸安全要求

吊篮拆卸安全要求如下：

（1）吊篮拆卸时应按照专项施工方案，并在专业人员的指导下实施。

（2）吊篮拆卸应遵循“先装的部件后拆”的拆卸原则。

（3）拆除前应将吊篮悬吊平台落地，并将钢丝绳从提升机、安全锁中退出，先收到屋面，再切断总电源。

（4）拆卸吊篮的屋面部件时，应落实人员、物件防坠落安全防护措施。

（5）拆卸分解后的零部件不得放置在建筑物边缘，并采取防止坠落的措施。零散物品应放置在容器中。

（6）不得将吊篮的任何部件从高处抛下。

（7）在拆卸现场应设置警示标志或安全护栏。

7. 应急管理要求

应急管理要求如下：

（1）在吊篮操作之前，应有适当的应急救援措施。平台内仅有一人操作时，另一操作者（监护人员）应通过定时联络，关注平台操作者的状况与健康。

（2）当单人平台或悬吊座椅的操作者出现不适情况或平台出现机械或电气故障

时，监护人员应启动预定的应急救援方案，包括但不限于使用特殊远程控制或其他装置、与紧急服务单位联系、使用绳索接近技术、使用后备悬挂平台等措施。

（3）应根据平台内的人员数量配备独立的坠落防护安全绳，与每根坠落防护安全绳相系的人数不应超过两人。

五、脚手架

脚手架是指由杆件或结构单元、配件通过可靠连接而组成，能承受相应荷载，具有安全防护功能，为建筑施工提供作业条件的结构架体（图 3-12）。

图 3-12　脚手架

（一）脚手架适用范围

脚手架是一种在施工和维修工作中常用的设备，其适用范围非常广泛，适用于高层建筑施工和装修、交通路桥、石油石化、广告业、市政、矿山等领域。

（二）脚手架分类

脚手架包括作业脚手架和支撑脚手架。

1. 作业脚手架

作业脚手架是指由杆件或结构单元、配件通过可靠连接而组成，支承于地面、建筑物上或附着于工程结构上，为建筑施工提供作业平台和安全防护的脚手架；包括以各类不同杆件（构件）和节点形式构成的落地作业脚手架、悬挑脚手架、附着式升降脚手架等，简称作业架。采用密目安全网或钢丝网等材料将外侧立面全部遮挡封闭的作业脚手架又称为封闭式作业脚手架。

2. 支撑脚手架

支撑脚手架是指由杆件或结构单元、配件通过可靠连接而组成，支承于地面或结构，可承受各种荷载，具有安全保护功能，为建筑施工提供支撑和作业平台的脚手架；包括以各类不同杆件（构件）和节点形式构成的结构安装支撑脚手架、混凝土施工用模板支撑脚手架等，简称支撑架。架体外侧立面无遮挡封闭的支撑脚手架又称为敞开式支撑脚手架。

（三）脚手架特点

（1）灵活性和适应性。脚手架可以根据不同的建筑工程要求进行组装和拆卸，具有很强的适应性。

（2）可拆卸和可重复使用。脚手架的设计使得其搭建和拆卸非常方便，可以多次使用，节约成本。

（3）结构稳定。脚手架的结构采用钢管、连接器等材料搭建而成，能够承受一定的重量和振动。

（4）方便拆装。脚手架的拆装非常方便，不需要特殊工具也能快速完成，使得脚手架的搭建和拆卸非常高效。

（5）安全可靠。脚手架的构造和设计考虑到了安全因素，并经过专业检测和验收，使得其在建筑工程中安全可靠。

（四）脚手架基本规定

（1）脚手架性能应符合下列规定：

① 应满足承载力设计要求。

② 不应发生影响正常使用的变形。

③ 应满足使用要求，并应具有安全防护功能。

④ 附着或支承在工程结构上的脚手架，不应使所附着的工程结构或支承脚手架的工程结构受到损害。

（2）脚手架应根据使用功能和环境进行设计。

（3）脚手架搭设和拆除作业以前，应根据工程特点编制脚手架专项施工方案，并应经审批后实施。

（4）脚手架搭设和拆除作业前，应将脚手架专项施工方案向施工现场管理人员及作业人员进行安全技术交底。

（5）脚手架使用过程中，不应改变其结构体系。

（6）当脚手架专项施工方案需要修改时，修改后的方案应经审批后实施。

（五）脚手架材料与构配件要求

（1）脚手架宜采用直径48.3mm的直缝钢管，每根钢管长度不应大于6m，厚度不应小于3.24mm。其材料性能应符合现行国家标准GB 51210—2016《建筑施工脚手架安全技术统一标准》有关规定。

（2）脚手架管表面应平直光滑，不应有裂缝、硬弯、毛刺等缺陷。

（3）脚手架扣件应有质量证明文件，并应符合现行国家标准GB 51210—2016《建筑施工脚手架安全技术统一标准》的规定。扣件使用前应进行质量检查，不得使用有裂缝、变形及螺栓有滑丝的扣件。

（4）木脚手板不得有通透疖、扭曲变形、劈裂等影响安全使用的缺陷，不得使用含有带表皮的腐朽的木脚手架。

（5）冲压钢脚手板应涂有防锈漆，其材质应符合现行国家标准GB 51210—2016《建筑施工脚手架安全技术统一标准》的规定，不得有严重锈蚀、油污和裂纹。

（6）脚手板应使用镀锌铁丝双股绑扎，铁丝型号应不低于10号。

（六）脚手架构造要求

1. 一般规定

（1）脚手架的构造和组架工艺应能满足施工需求，并应保证架体牢固、稳定。

（2）脚手架杆件连接节点应满足其强度和转动刚度要求，应确保架体在使用期内安全，节点无松动。

（3）脚手架所用杆件、节点连接件、构配件等应能配套使用，并应能满足各种组架方法和构造要求。

（4）脚手架的竖向和水平剪刀撑应根据其种类、荷载、结构和构造设置，剪刀撑斜杆应与相临立杆连接牢固；可采用斜撑杆、交叉拉杆代替剪刀撑。门式钢管脚手架设置的纵向交叉拉杆可替代纵向剪刀撑。

（5）竹脚手架应只用于作业脚手架和落地满堂支撑脚手架，木脚手架可用于作业脚手架和支撑脚手架。竹、木脚手架的构造及节点连接技术要求应符合脚手架相关的国家现行标准的规定。

（6）脚手架作业层应采取安全防护措施，并应符合下列规定：

——作业脚手架、满堂支撑脚手架、附着式升降脚手架作业层应满铺脚手板，并应满足稳固可靠的要求。当作业层边缘与结构外表面的距离大于150mm时，应采取防护措施。

——采用挂钩连接的钢脚手板，应带有自锁装置且与作业层水平杆锁紧。

——木脚手板、竹串片脚手板、竹芭脚手板应有可靠的水平杆支承，并应绑扎稳固。

——脚手架作业层外边缘应设置防护栏杆和挡脚板。

——作业脚手架底层脚手板应采取封闭措施。

——沿所施工建筑物每3层或高度不大于10m处应设置一层水平防护。

——作业层外侧应采用安全网封闭。当采用密目安全网封闭时，密目安全网应满足阻燃要求。

——脚手板伸出横向水平杆以外的部分不应大于200mm。

（7）脚手架底部立杆应设置纵向和横向扫地杆，扫地杆应与相邻立杆连接稳固。

2. 作业脚手架构造要求

（1）作业脚手架的宽度不应小于0.8m，且不宜大于1.2m。作业层高度不应小于1.7m，且不宜大于2.0m。

（2）作业脚手架应按设计计算和构造要求设置连墙件，并应符合下列要求：

——连墙件应采用能承受压力和拉力的刚性构件，并应与工程结构和架体连接牢固。

——连墙点的水平间距不得超过3跨，竖向间距不得超过3步，连墙点之上架体的悬臂高度不应超过2步。

——在架体的转角处、开口型作业脚手架端部应增设连墙件，连墙件的垂直间距不应大于建筑物层高，且不应大于4.0m。

（3）在作业脚手架的纵向外侧立面上应设置竖向剪刀撑，并应符合下列要求：

——每道剪刀撑的宽度应为4～6跨，且不应小于6m，也不应大于9m；剪刀撑斜杆与水平面的倾角应在45°～60°。

——当搭设高度在24m以下时，应在架体两端、转角及中间每隔不超过15m

各设置一道剪刀撑，并应由底至顶连续设置；当搭设高度在 24m 及以上时，应在全外侧立面上由底至顶连续设置。

——悬挑脚手架、附着式升降脚手架应在全外侧立面上由底至顶连续设置。

（4）悬挑脚手架立杆底部应与悬挑支承结构可靠连接；应在立杆底部设置纵向扫地杆，并应间断设置水平剪刀撑或水平斜撑杆。

（5）当采用竖向斜撑杆、竖向交叉拉杆替代作业脚手架竖向剪刀撑时，应符合下列规定：

——在作业脚手架的端部、转角处应各设置一道。

——搭设高度在 24m 以下时，应每隔 5～7 跨设置一道；搭设高度在 24m 及以上时，应每隔 1～3 跨设置一道；相临竖向斜撑杆应朝向对称呈八字形设置（图 3–13）。

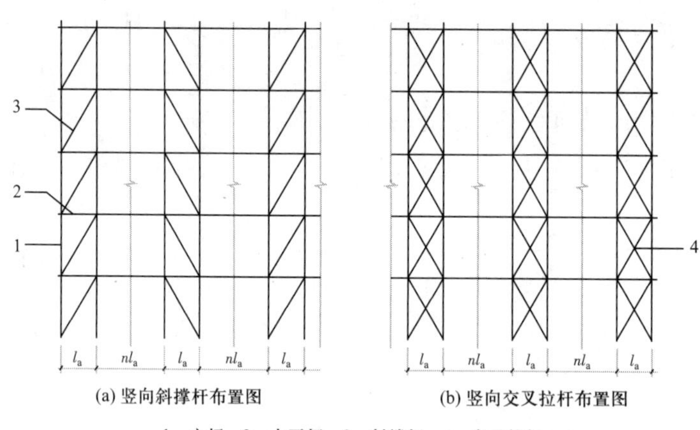

图 3–13　作业脚手架竖向斜撑杆布置示意图

——每道竖向斜撑杆、竖向交叉拉杆应在作业脚手架外侧相临纵向立杆间由底至顶按步连续设置。

（6）作业脚手架底部立杆上应设置纵向和横向扫地杆。

（7）悬挑脚手架立杆底部应与悬挑支承结构可靠连接；应在立杆底部设置纵向扫地杆，并应间断设置水平剪刀撑或水平斜撑杆。

（8）附着式升降脚手架应符合下列要求：

——竖向主框架、水平支承桁架应采用桁架或钢架结构，杆件应采用焊接或螺栓连接。

——应设有防倾、防坠、超载、失载、同步升降控制装置，各类装置应灵敏可靠。

——在竖向主框架所覆盖的每个楼层均应设置一道附墙支座；每道附墙支座应能承担该机位的全部荷载；在使用工况时，竖向主框架应与附墙支座固定。

——当采用电动升降设备时，电动升降设备连续升降距离应大于一个楼层高度，并应有制动和定位功能。

——防坠落装置与升降设备的附着固定应分别设置，不得固定在同一附着支座上。

（9）作业脚手架的作业层上应满铺脚手板，并应采取可靠的连接方式与水平杆固定。当作业层边缘与建筑物间隙大于150mm时，应采取防护措施，作业层外侧应设置栏杆和挡脚板。

3. 支撑脚手架构造要求

（1）支撑脚手架的立杆间距和步距应按设计计算确定，且间距不宜大于1.5m，步距不应大于2.0m。

（2）支撑脚手架独立架体高宽比不应大于3.0。

（3）当有既有建筑结构时，支撑脚手架应与既有建筑结构可靠连接，连接点至架体主节点的距离不宜大于300mm，应与水平杆同层设置，并应符合下列规定：

——连接点竖向间距不宜超过2步。

——连接点水平向间距不宜大于8m。

（4）支撑脚手架应设置竖向剪刀撑，并应符合下列规定：

——安全等级为Ⅱ级的支撑脚手架应在架体周边、内部纵向和横向每隔不大于9m设置一道。

——安全等级为Ⅰ级的支撑脚手架应在架体周边、内部纵向和横向每隔不大于6m设置一道。

——每道竖向剪刀撑的宽度宜为6～9m，剪刀撑斜杆与水平面的倾角应为45°～60°。

（5）当采用竖向斜撑杆、竖向交叉拉杆代替支撑脚手架竖向剪刀撑时，应符合下列规定：

——安全等级为Ⅱ级的支撑脚手架应在架体周边、内部纵向和横向每隔6～9m设置一道；安全等级为Ⅰ级的支撑脚手架应在架体周边、内部纵向和横向每隔4～6m设置一道。

每道竖向斜撑杆、竖向交叉拉杆可沿支撑脚手架纵向、横向每隔 2 跨在相临立杆间从底至顶连续设置（图 3-14），也可沿支撑脚手架竖向每隔 2 步距连续设置。斜撑杆可采用八字形对称布置（图 3-15）。

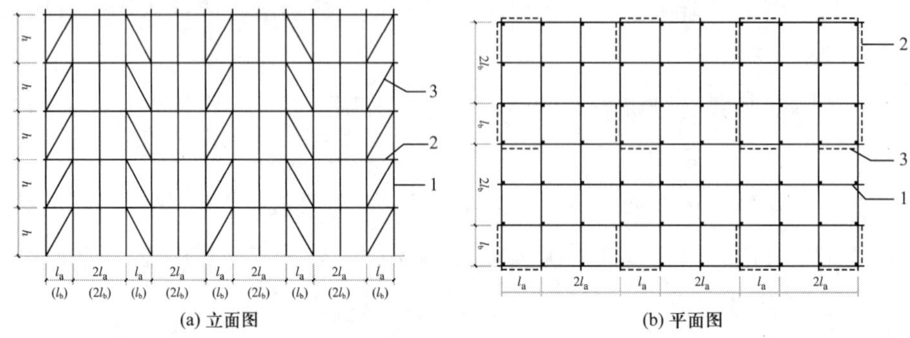

(a) 立面图　(b) 平面图

1—立杆；2—水平杆；3—斜撑杆

图 3-14　竖向斜撑杆布置示意图（一）

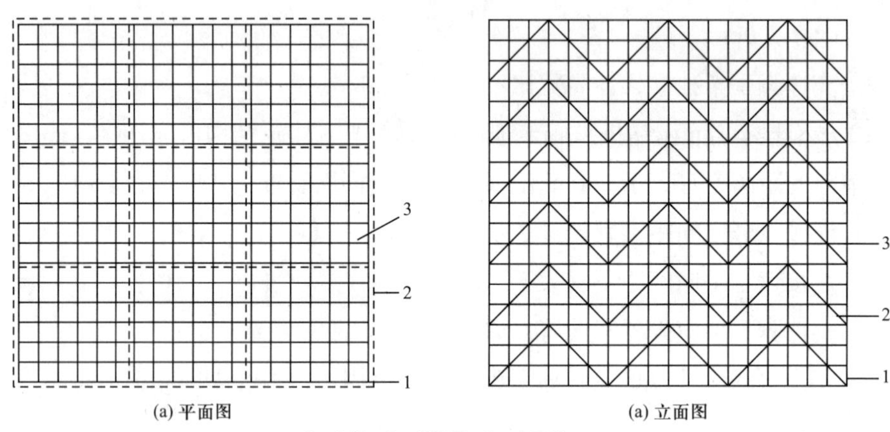

(a) 平面图　(a) 立面图

1—立杆；2—斜撑杆；3—水平杆

图 3-15　竖向斜撑杆布置示意图（二）

——被支撑荷载标准值大于 30kN/m 的支撑脚手架可采用塔型桁架矩阵式布置，塔型桁架的水平截面形状及布局，可根据荷载等因素选择（图 3-16）。

（6）支撑脚手架应设置水平剪刀撑，并应符合下列规定：

——安全等级为Ⅱ级的支撑脚手架宜在架顶处设置一道水平剪刀撑。

——安全等级为Ⅰ级的支撑脚手架应在架顶、竖向每隔不大于 8m 各设置一道水平剪刀撑。

——每道水平剪刀撑应连续设置，剪刀撑的宽度宜为 6～9m。

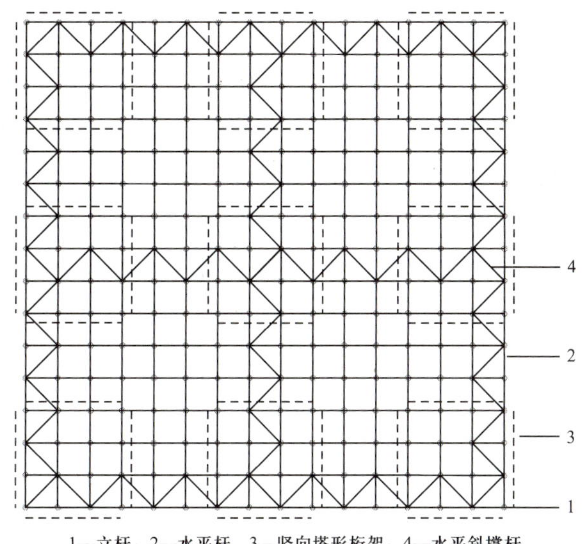

1—立杆；2—水平杆；3—竖向塔形桁架；4—水平斜撑杆

图 3-16 竖向塔形桁架、水平斜撑杆布置示意图

（7）当采用水平斜撑杆、水平交叉拉杆代替支撑脚手架每层的水平剪刀撑时，应符合下列规定（图 3-1-11）：

——安全等级为Ⅱ级的支撑脚手架应在架体水平面的周边、内部纵向和横向每隔不大于 12m 设置一道。

——安全等级为Ⅰ级的支撑脚手架宜在架体水平面的周边、内部纵向和横向每隔不大于 8m 设置一道。

——水平斜撑杆、水平交叉拉杆应在相临立杆间连续设置。

（8）支撑脚手架剪刀撑或斜撑杆、交叉拉杆的布置应均匀、对称。

（9）支撑脚手架的水平杆应按步距沿纵向和横向通长连续设置，且应与相邻立杆连接稳固。

（10）安全等级为Ⅰ级的支撑脚手架顶层两步距范围内架体的纵向和横向水平杆宜按减小步距加密设置。

（11）当支撑脚手架顶层水平杆承受荷载时，应经计算确定其杆端悬臂长度，并应小于 150mm。

（12）当支撑脚手架局部所承受的荷载较大，立杆需加密设置时，加密区的水平杆应向非加密区延伸不少于一跨；非加密区立杆的水平间距应与加密区立杆的水平间距互为倍数。

（13）支撑脚手架的可调底座和可调托座插入立杆的长度不应小于 150mm，其可调螺杆的外伸长度不宜大于 300mm。当可调托座调节螺杆的外伸长度较大时，宜在水平方向设有限位措施，其可调螺杆的外伸长度应按计算确定。

（14）当支撑脚手架同时满足下列条件时，可不设置竖向、水平剪刀撑：

——搭设高度小于 5m，架体高宽比小于 1.5。

——被支承结构自重面荷载不大于 5kN/m，线荷载不大于 8kN/m。

——杆件连接节点的转动刚度应符合 GB 51210—2016《建筑施工脚手架安全技术统一标准》要求。

——架体结构与既有建筑结构进行了可靠连接。

——立杆基础均匀，满足承载力要求。

（15）满堂支撑脚手架应在外侧立面、内部纵向和横向每隔 6～9m 由底至顶连续设置一道竖向剪刀撑，在顶层和竖向间隔不超过 8m 处设置一道水平剪刀撑，并应在底层立杆上设置纵向和横向扫地杆。

（16）可移动的满堂支撑脚手架搭设高度不应超过 12m，高宽比不应大于 1.5。应在外侧立面、内部纵向和横向间隔不大于 4m 由底至顶连续设置一道竖向剪刀撑。应在顶层、扫地杆设置层和竖向间隔不超过 2 步分别设置一道水平剪刀撑。并应在底层立杆上设置纵向和横向扫地杆。

（17）可移动的满堂支撑脚手架应有同步移动控制措施。

（七）脚手架搭设、拆除

1. 通用要求

（1）脚手架搭设和拆除作业前，应根据工程特点编制施工技术文件，并应经审批后组织实施。

（2）脚手架搭设和拆除作业时应按施工方案施工，向作业人员进行安全技术交底，作业现场应设置警戒区、警示牌并有专人监护，警戒区内不得有其他作业或人员进入。

（3）搭设、拆除脚手架应由专业架子工担任，并持证上岗；人员应戴安全帽、系安全带、穿防滑鞋。

（4）当在脚手架上架设临时施工用电线路时，应有绝缘措施，操作人员应穿绝缘防滑鞋；脚手架与架空输电线路之间应设有安全距离，并应设置接地、防雷设施。

（5）当在狭小空间或空气不流通空间进行搭设、使用和拆除脚手架作业时，应采取保证足够的氧气供应措施，并应防止有毒有害、易燃易爆物质积聚。

（6）六级及六级以上的大风和雾、雨、沙尘暴、雪天气时应停止脚手架搭设与拆除作业。

（7）搭设脚手架过程中脚手板、脚手杆未绑扎或拆除脚手架过程中已拆开绑扣时，不得中途停止作业。

2. 脚手架搭设要求

（1）脚手架的搭设场地应平整坚实，应满足承载力和变形要求；应设置排水措施，搭设场地不应积水，对于土质疏松、潮湿地下有空洞、管沟或埋设物的地面，应经过地基处理，冬期施工应采取防冻胀措施；支撑脚手架的工程结构和脚手架所附着的工程结构强度和变形应满足安全承载要求。

（2）脚手架与架空输电线路的安全距离、工地临时用电线路架设及脚手架接地、避雷设施等应按 GB/T 50484—2019《石油化工建设工程施工安全技术标准》第4章有关规定执行。

（3）脚手架应按顺序搭设，并应符合下列要求：

——落地作业脚手架、悬挑脚手架的搭设应与工程施工同步，一次搭设高度不应超过最上层连墙件 2 步，且自由高度不应大于 4m。

——支撑脚手架应逐排、逐层进行搭设。

——剪刀撑、斜撑杆等加固杆件应随架体同步搭设，不得滞后安装。

——构件组装类脚手架的搭设应自一端向另一端延伸，自下而上按步架设，并应逐层改变搭设方向。

——每搭设完一步架体后，应按规定校正立杆间距、步距、垂直度及水平杆的水平度。

（4）作业脚手架连墙件的安装必须符合下列规定：

——连墙件的安装应随作业脚手架搭设同步进行。

——当作业脚手架操作层高出相邻连墙件 2 个步距及以上时，在上层连墙件安装完毕前，应采取临时拉结措施。

（5）悬挑脚手架、附着式升降脚手架在搭设时，悬挑支承结构、附着支座的锚固应稳固可靠。

（6）脚手架的每根立杆底部应设置垫板，垫板宜采用长度不少于两跨、厚度不小于 50mm、宽度不小于 200mm 的木板，也可采用槽钢。

（7）脚手架应设置纵、横向扫地杆。纵向扫地杆应采用直角扣件固定在距底座上皮不大于200mm处的立杆上，横向扫地杆应采用直角扣件固定在紧靠纵向扫地杆下方的立杆上。当立杆基础不在同一高度上时，应将高处的纵向扫地杆向低处延伸两跨并与立杆固定，高低两处的扫地杆高度差不应大于1m，且上方立杆离边坡的距离不应小于500mm。

（8）脚手架的底步距不应大于2m。

（9）相邻立杆的对接扣件不应设置在同步或同跨内。

（10）立杆垂直度偏差不得大于架高的1/200。

（11）纵向水平杆应设置在立杆内侧，长度不小于三跨，宜采用对接扣件连接，相邻两根纵向水平杆的接头不宜设置在同步或同跨内，且接头在水平方向错开的距离不应小于500mm，各接头中心到最近主节点的距离不宜大于500mm；当采用搭接方式时，搭接长度不应小于1m，应等间距用三个旋转扣件固定，端部扣件距纵向水平杆杆端不应小于100mm。

（12）在每个主节点处应设置一根横向水平杆，用直角扣件与立杆相连。

（13）非主节点的横向水平杆根据支承脚手板的需要等间距设置，最大间距不应大于1m。

（14）双排脚手架立杆纵距不应大于2m，纵向水平杆步距宜为1.4～1.8m，操作层横向水平杆距不应大于1m。

（15）搭设高度超过24m的落地式扣件钢管脚手架，禁止使用单排脚手架；高度超过50m的脚手架，宜采用双管立杆、分段悬挑或分段卸荷的措施。

（16）作业层脚手板应铺满、铺稳、铺实，不得有活动板。作业层端部脚手板探出长度应为100～150mm，两端应用铁丝固定，绑扎产生的铁丝扣应砸平。

（17）使用脚手板时，纵向水平杆应用直角扣件固定在立杆上作为横向水平杆支座，横向水平杆两端应采用直角扣件固定在纵向水平杆上，纵、横水平杆端头伸出扣件盖板边缘应在100～200mm之间。

（18）作业层脚手板应设置在三根横向水平杆上，当脚手板长度小于2m时，可用两根横向水平杆支承，脚手板两端应用铁丝绑扎固定。脚手板可以对接或搭接铺设，当对接平铺时，接头处应设置两根横向水平杆，两块脚手板外伸长度的和不应大于300mm；当搭接铺设时，接头应在横向水平杆上，搭接长度不应小于200mm，伸出横向水平杆的长度不应小于100mm。

（19）各杆件端头伸出扣件盖板边缘的长度不应小于100mm。

（20）脚手架安全防护网和防护栏杆等防护设施应随架体搭设同步安装到位。

脚手架作业面应设立双护栏，第一道护栏应设置在距作业层纵向水平杆上表面0.5～0.6m高处，第二道护栏应设置在距作业层纵向水平杆上表面1.0～1.2m高处，作业层的端头应设双护栏封闭。防护栏内侧应安装180mm高挡脚板，与脚手架平台间的缝隙不能超过10mm。

（21）脚手架两端、转角处及每隔6～7根立杆应设置剪刀支撑或抛杆，剪刀支撑或抛杆与地面的夹角应在45°～60°，抛杆应与脚手架牢固连接，连接点应靠近主节点。

（22）脚手架竖向每隔4m、水平向每隔6m设置连墙件与建（构）筑物牢固相连。连接杆应从底层第一步纵向水平杆开始设置，连接点应靠近主节点，并应符合下列规定：

——当不能设置连墙件时，应搭设抛撑。

——连墙件不能水平设置时，与脚手架连接的一端应下斜连接。

（23）脚手架应设立上下通道。直梯通道横档之间的间距宜为300mm，最大不得超过400mm。直梯应从第一步起每隔6m搭设转角休息平台。

（24）脚手架高于12m时，宜搭设之字形斜道，且应采用脚手板满铺。斜道宽度不得小于1m，坡度不得大于1∶3，斜道防滑条的间距不得大于300mm，转角平台宽度不得小于斜道宽度。斜道和平台外侧应设置1.2m高的防护栏杆和180mm高的挡脚板。井字形独立脚手架，应将通道设立在脚手架横向水平杆侧。

（25）应对下列部位的作业脚手架采取可靠的构造加强措施：

——附着、支承于工程结构的连接处。

——平面布置的转角处。

——塔式起重机、施工升降机、物料平台等设施断开或开洞处。

——楼面高度大于连墙件设置竖向高度的部位。

——工程结构突出物影响架体正常布置处。

（26）临街作业脚手架的外侧立面、转角处应采取有效硬防护措施。

（27）脚手架可调底座和可调托撑调节螺杆插入脚手架立杆内的长度不应小于150mm，且调节螺杆伸出长度应经计算确定，并应符合下列规定：

——当插入的立杆钢管直径为42mm时，伸出长度不应大于200mm。

——当插入的立杆钢管直径为48.3mm及以上时，伸出长度不应大于500mm。

（28）可调底座和可调托撑螺杆插入脚手架立杆钢管内的间隙不应大于2.5mm。

（29）脚手架与架空输电线路的安全距离、工地临时用电线路架设及脚手架接地、防雷措施，应按现行行业标准 JGJ 46—2005 执行《施工现场临时用电安全技术规范》。

（30）模板支撑脚手架的安装与拆除作业应符合现行国家标准 GB 50666—2011《混凝土结构工程施工规范》的规定。

（31）作业脚手架外侧和支撑脚手架作业层栏杆应采用密目式安全网或其他措施全封闭防护。密目式安全网应为阻燃产品。

（32）作业脚手架临街的外侧立面、转角处应采取硬防护措施，硬防护的高度不应小于 1.2m，转角处硬防护的宽度应为作业脚手架宽度。

（33）附着式升降脚手架组装就位后，应按规定进行检验和升降调试，符合要求后方可投入使用。

（34）脚手架搭设完毕，应经检查验收合格后挂牌使用。

3. 特殊形式脚手架搭设要求

（1）水平移动脚手架：

——移动式脚手架只能用在平稳、坚固的地面。

——脚手架作业面平台的面积不应超过 $10m^2$，高度不得超过横向尺寸的三倍且不超过 5m，高宽比不应大于 3∶1。

——作业层平台四周应设置防护栏，防护栏符合规定；登高梯子应设置在窄边侧。

——水平移动脚手架宜采用活动轮子，轮子应能承受脚手架自重及动静载荷；轮子与脚手架立杆应连接牢固，就位后应锁定。

（2）挑式脚手架的斜撑杆与竖面的夹角不宜大于 30°，并应支撑在建（构）筑物的牢固部分，斜撑杆上端应与挑梁固定，挑梁的所有受力点均应绑双扣。

（3）悬挑式脚手架应符合下列规定：

——挑架挑梁应固定在建（构）筑物的牢固部位，悬挂点的间距不得超过 2m。

——悬挑架立杆两端伸出横杆的长度不得小于 200mm，立杆上下两端还应各加设一道扣件，横杆与剪刀撑应同时安装。

——所有悬挑架应设置供人员进出的通道。

——悬挑架应满铺脚手板，设置双防护栏杆和挡脚板。

（4）满堂脚手架剪刀撑的斜杆与地面夹角应在 45°～60°，斜杆应每步与立杆扣接，满堂支撑架顶部施工层载荷应通过可调托撑传递给立杆。当满堂支撑架小于四跨时，宜设置连墙件将架体与建筑结构刚性连接。

4. 脚手架拆除

（1）拆除脚手架前应对脚手架的状况进行检查确认，拆除前应首先清除脚手架上杂物。

（2）拆除脚手架应由上而下逐层进行，不应上下同时进行。

（3）同层杆件和构配件必须按先外后内的顺序拆除，剪刀撑、斜撑杆等加固杆件应在拆卸至该部位杆件时再拆除。

（4）作业脚手架连墙件应随架体逐层、同步拆除，不应先将连墙件整层或数层拆除后再拆架体。

（5）作业脚手架拆除作业过程中，当架体悬臂段高度超过 2 步时，应加设临时拉结。

（6）拆除斜拉杆及纵向水平杆时，应先拆除中间的连接扣件，再拆除两端的扣件。

（7）作业脚手架分段拆除时，应先对未拆除部分采取加固处理措施后再进行架体拆除。

（8）当脚手架拆至下部最后一根长立杆的高度时，应在适当位置搭设抛撑加固后，再拆除连墙件。

（9）拆下的脚手杆、脚手板、扣件等材料应向下传递或用绳索送下，严禁高空抛掷拆除后的脚手架材料与构配件。

（10）脚手架的拆除作业不得重锤击打、撬别。

（11）架体拆除作业应统一组织，并应设专人指挥，不得交叉作业。

（八）脚手架使用安全要求

（1）脚手架作业层上的荷载不得超过荷载设计值。

（2）雷雨天气、6 级及以上大风天气应停止架上作业，雨、雪、雾天气应停止脚手架的搭设和拆除作业，雨、雪、霜后上架作业应采取有效的防滑措施，雪天应清除积雪。

（3）严禁将支撑脚手架、缆风绳、混凝土输送泵管、卸料平台及大型设备的支承件等固定在作业脚手架上。严禁在作业脚手架上悬挂起重设备。

（4）作业脚手架同时满载作业的层数不应超过 2 层。

（5）支撑脚手架在浇筑混凝土、工程结构件安装等施加荷载的过程中，架体下严禁有人。

（6）在脚手架内进行电焊、气焊和其他动火作业时，应在动火申请批准后进行作业，并应采取设置接火斗、配置灭火器、移开易燃物等防火措施，同时应设专人监护。

（7）脚手架使用期间，严禁在脚手架立杆基础下方及附近实施挖掘作业。

（8）附着式升降脚手架在使用过程中不得拆除防倾、防坠、停层、荷载、同步升降控制装置。

（9）当附着式升降脚手架在升降作业时或外挂防护架在提升作业时，架体上严禁有人，架体下方不得进行交叉作业。

（10）移动式脚手架作业时宜与建（构）筑物连接牢固，并将滚动部分锁住；在移动时严禁载人，移动时架上不得留有人员及材料，并有防止倾倒的措施。

（11）使用过程中，不得对脚手架进行切割或施焊；未经批准，不得拆改脚手架。

（12）脚手架在使用过程中，应定期进行检查并形成记录，脚手架工作状态应符合下列规定：

① 主要受力杆件、剪刀撑等加固杆件和连墙件应无缺失、无松动，架体应无明显变形。

② 场地应无积水，立杆底端应无松动、无悬空。

③ 安全防护设施应齐全、有效，应无损坏缺失。

④ 附着式升降脚手架支座应稳固，防倾、防坠、停层、荷载、同步升降控制装置应处于良好工作状态，架体升降应正常平稳。

⑤ 悬挑脚手架的悬挑支承结构应稳固。

（13）当遇到下列情况之一时，应对脚手架进行检查并应形成记录，确认安全后方可继续使用：

① 承受偶然荷载后。

② 遇有 6 级及以上强风后。

③ 大雨及以上降水后。

④ 冻结的地基土解冻后。

⑤ 停用超过 1 个月。

⑥ 架体部分拆除。

⑦ 其他特殊情况。

（14）脚手架在使用过程中出现安全隐患时，应及时排除；当出现下列状态之一时，应立即撤离作业人员，并应及时组织检查处置：

① 杆件、连接件因超过材料强度破坏，或因连接节点产生滑移，或因过度变形而不适于继续承载。

② 脚手架部分结构失去平衡。

③ 脚手架结构杆件发生失稳。

④ 脚手架发生整体倾斜。

⑤ 地基部分失去继续承载的能力。

脚手架检查见表 3-8。

表 3-8 脚手架检查表

序号	作业步骤	检查项目
1	人员管理	从事脚手架施工的人员必须经过考试合格，持证上岗，严禁酒后上岗
		应制定专项施工方案
		搭设脚手架人员必须戴安全帽，系安全带，穿防滑鞋
2	脚手架搭设	钢管无裂缝、锈蚀、弯曲，扣件完整，无脆裂变形，无滑丝
		架体搭设必须按照施工方案搭设
		搭设的高度形状符合安全施工要求
		架子牢固稳定，不变形
		架杆搭设应横平竖直，搭接牢靠
		高度（15m）以上高处作业的脚手架应安装避雷设施
		钢管立杆、横杆接头应错开，不应在同一跨内或同一步内
		钢管脚手架立杆应垂直稳放于硬化地面上的木板垫板上
3	脚手架铺板	脚手板对接时，应架设双排小横杆，间距不大于 20cm
		脚手板铺设应平稳绑牢或钉牢
		脚手板应铺满，不得有空隙，探头板不能过长
4	脚手架连接	脚手架按照施工方案搭设连墙件，并使用刚性连接
		剪刀撑斜杆与地面的倾角宜在 45°～60°，剪刀撑跨度不能少于 4 根立杆，也不能大于 5 根立杆
5	栏杆及防护	脚手架严禁超负荷工作
		脚手架第二层和悬挑层必须采用木板等进行密封处理

续表

序号	作业步骤	检查项目
5	栏杆及防护	所有空洞、预留洞口必须封闭
		脚手架外侧设置密目式安全网
		所有临边必须按规定设置 1.2m 高的双栏杆和安全网或挡脚板
		施工层以下每隔 10m 用平网或其他措施进行封闭
		必须搭设施工人员上下的专用扶梯、马道
6	脚手架拆除	电源线不得直接捆绑在架杆上
		金属脚手架与 1 万伏高压线路水平距离保持 5m 以上或搭设隔离防护
		拆除脚手架前，必须将电器设备和其他设备拆除或保护
		脚手架拆除应统一指挥自上而下逐步进行
		材料扣件禁止向下抛掷，采用可靠的运输措施
		三级、特级（15m）高空作业脚手架拆除时必须有可靠的安全技术措施
		拆除脚手架时必须设置警戒线，施工区域内无关人员严禁逗留
		拆除脚手架时必须有专人监护

六、便携式梯子

便携式梯子即可以用人力而不借助机械搬运和安放的梯子。

（一）便携式梯子分类

便携式梯子包括单梯（直梯）、延伸梯、折梯（人字梯）等。

1. 单梯（直梯）

单梯（直梯）是指只有一个梯段构成长度不可调节的便携依靠式梯子，如图 3-17 所示。

2. 延伸梯

延伸梯是指由两节或三节梯段构成长度可以调节的便携依靠式梯子。每节梯框平行于另一节梯框，其长度可以通过一次升降一个梯级来改变。如图 3-18 所示。

3. 折梯（人字梯）

折梯（人字梯）是指由前后两部分绞接而成长度不可调节的便携自立式梯子。其结构可以是单侧（前面）攀登（如单面折梯），也可以是双侧攀登（如双面折梯、支架梯）。如图 3-19 所示。

图 3-17 直梯　　图 3-18 延伸梯　　图 3-19 折梯（人字梯）

（二）便携式刚梯要求

1. 一般要求

（1）便携式金属梯的额定载荷应不小于 90kg，并按额定载荷进行标识。

（2）梯子暴露的金属表面应避免有锐边、毛刺及其他结构缺陷。

（3）螺栓孔应精确冲孔或钻孔，孔加工后不应留有高度大于 0.8mm 的毛刺。螺纹应露出螺母之外至少 1.5 圈。所有螺母应为锁紧螺母或采用锁紧垫圈，或采用经确认与之等效的方式锁紧。

（4）铆钉孔应精确冲孔或钻孔，且孔加工后不应留有高度大于 0.8mm 的毛刺。所有铆钉应饱满、平滑，没有可见裂纹或开裂，与铆接件间接触不应转动，在铆钉头和铆接件表面之间或由铆钉连接的两个部件之间的间隙应不大于 0.13mm。

（5）所有焊接处应无咬边、裂纹及可见的表面气孔。

（6）相邻踏板（或踏棍）的中心间距应不大于 350mm。对于金属折梯，当采用限制无意踏入开口措施时或顶部踏板（或踏棍）踩踏表面向内延伸，并与顶帽的前下边缘垂线相交时，顶部踏板（或踏棍）可位于顶帽之下 450mm。

（7）踏板（或踏棍）与梯框应采用刚性连接，连接强度满足要求。半圆形踏棍或平面踏棍与梯框的连接方式应使其上表面在梯子成正常工作位置时保持水平。

（8）踏板（或踏棍）的上表面应加工成凹凸波纹形、锯齿形、压花的防滑表面或采用防滑材料涂层。

（9）金属配件和紧固件应尽可能选用耐腐蚀材料制造，否则应采用防腐蚀处理。

2. 延伸梯和单梯结构要求

（1）单梯长度不应大于 9m，两节或三节梯段组成的延伸梯子总长度不应大于 18m。

（2）单梯或延伸第任何梯段两梯框间的内侧净宽度应不小于 280mm。长度大于 3m 的单梯两梯框间内侧净宽度应随长度每增加 0.6m 而加宽 6mm。

（3）延伸梯完全伸长时，每个梯段与相邻梯段的搭接长度不应小于表 3–9 规定的数值。

表 3–9　多节梯的最小搭接量

标称长度 L，m	最小搭接量，m	
	两节梯	两节以上
$L\leqslant9.5$	0.85	0.83
$9.5<L\leqslant11.0$	1.15	1.13
$11.0<L\leqslant14.5$	1.45	1.43
$14.5<L\leqslant18.0$	1.75	1.73

（4）延伸梯应装有强制限位器以实现规定的搭接量，不应仅靠滑轮定位来限制搭接量。

（5）当采用导向装置实现梯段联锁时，其沿梯框的长度不应小于 32mm。

（6）单梯和延伸梯梯框底部应装有防滑梯脚，或有相应等效的防滑措施。梯脚加强件应能让防滑件自由转动，当梯子在预定使用中倾斜时，防滑件能重新正确对正地面。

（7）单梯和延伸梯应装有端帽，以防护锐边、毛刺。

（8）延伸梯用于滑轮的绳索直径不小于 8mm，具有至少为 2490N 的极限拉力。

3. 折梯结构要求

（1）踏板折梯或支架梯的最大长度不应大于 6m。

（2）折梯在顶部踏板（或踏棍）处两梯框间的最小内侧净宽度应不小于 280mm，梯框与踏板（或踏棍）的水平夹角应不大于 87°。

（3）踏板的前后深度应不小于 80mm，踏棍前后深度应大于 20mm。

（4）踏板折梯（单面梯）张开到工作位置时前梯段倾角应不大于 73°，后部倾角应不大于 80°。支架梯、双面梯张开到工作位置时，梯框倾角应不大于 77°。

（5）当折梯在工作位置时踏板（或踏棍）应相互平行且水平（允差在 3m 以内）。踏板（或踏棍）与梯框用紧固件连接时，应有至少一个紧固件穿透每侧梯框的前部，一个紧固件穿透该梯框后部。底部踏板（或踏棍）应有斜撑加强件或与之等效的加强件。

（6）梯顶的固定至少应有两个紧固件穿透每侧前梯框。后梯腿紧固到梯顶的方式应能让铰链转动灵活。

（7）桶架的固定应使其在折梯折叠时向上折起。当梯长为 2.4m 或更短时，桶架结构应使其在梯子折叠前先折叠，或者在梯子与桶架同时折叠，折叠时桶架臂不应支出到面向使用者的梯框之外。

（8）梯脚应采用防滑材料制造。防滑表面垂直投影面积不应小于梯框下端截面的投影面积。当采用紧固件固定前部梯脚时，应至少采用两个紧固件，固定后部梯脚应至少采用一个紧固件。

（9）折梯应有与梯子为一体的金属撑杆（或锁定装置），使梯子的前部和后部保持在张开位置。撑杆距底部支撑面的高度应不大于 2m。当采用两组撑杆时，高度限制仅适用于较低的一组。

（三）便携式木梯要求

1. 一般要求

（1）单梯梯框应选择相应强度等级的木材制作，梯子的踏板（或踏棍）和木折梯后部支撑横杆应选择强度等级不低于 TB17 的木材制作；折梯梯框及折梯后部支撑边框应选择强度等级不低于 TC11A 的木材制作；其余木构件，应选择强度等级不低于 TC11B 的木材制作。不应使用低密度木材，梯子使用时承受弯曲或扭转载荷的构件不应使用应压木。木材应干燥良好，含水率不大于 15%。

（2）长度 3m 以下的折梯梯框及除踏板（或踏棍）以外的其他构件，木纹斜度不应大于 1∶10；木单梯和长度 3m 以上的折梯梯框及除踏板（或踏棍）以外的其他构件，木纹斜度不应大于 1∶12。踏板（或踏棍）的木纹斜度不应大于 1∶15。

（3）梯框的窄面不应有节子，宽面上允许有实心或不透的、直径小于 13mm 的节子，节子外缘距梯框边缘应大于 13mm，两相邻节子外缘距离不应小于 0.9m。踏板窄面上不应有节子，踏板宽面上节子的直径不应大于 6mm，踏棍上不应有直径大于 3mm 的节子。

（4）构件上的树脂囊和夹皮的尺寸应符合宽不大于 3mm、长不大于 50mm、深不大 10mm 的要求，两相邻缺陷外缘距离不应小于 0.9m。

（5）干燥细裂纹长不应大于 150mm，深不应大于 10mm。梯框和踏板（或踏棍）连接的受剪切面及其附近不应有裂缝，其他部位的裂缝长不应大于 50mm。

（6）梯框和踏板（或踏棍）上均不应含有髓心。

（7）木材应加工平整，去除棱角和毛刺，所有的棱边均应磨成圆角。梯子暴露的金属表面应避免有锐边、毛刺及其他结构缺陷。

（8）便携式木梯的额定载荷应不小于 90kg，并按额定载荷进行标识。

（9）紧固用的铆钉应钉入或置于金属配件或垫圈之上，垫圈应为标准的铆钉垫圈。当钉入木材时，应采用大扁圆头或类似形式钉头的铆钉。为安装紧固件在构件上的钻孔内径与紧固件外径之差不应大于 0.8mm。

（10）紧固用的钉子应为钢制，或采用经试验证明具有同等强度的材料制作的紧固件。

（11）对于折梯，当采用限制无意踏入开口措施时或顶部踏板踩踏表面向内延伸，并与顶帽的前下边缘垂线相交时，顶部踏板可位于顶帽之下 450mm。

（12）踏棍应水平设置，各踏棍应相互平行且间隔相等，相邻踏板（或踏棍）的中心间距不应大于 350mm。安装踏棍时，钻孔宜穿透梯框，当采用盲孔时，孔深至少应能容纳 25mm 长的榫头。在采用通孔时，踏棍端面应至少与梯框外表面平齐。所有的孔应位于梯框宽面的中心线上，尺寸应能供踏棍紧密安装，踏棍的榫肩与梯框应靠紧，榫头用直径 2m 的钉子固定，钉子的最小长度应足以穿透榫的直径且进人梯框至少 3mm，或采用经确认为等效的方式固定，以防止踏棍转动。

（13）使用圆形以外的其他截面（如椭圆、矩形等）的踏棍，要求在两端用钉子固定，且与同样长度的圆形踏棍有相等的强度和承重能力。

（14）当使用梯脚和其他防滑装置时，应以螺钉、钉子或经确认具有等效的结构将其固定于梯框上。梯脚固定件应能使防滑件自由转动，以便当梯子在预定使用中倾斜时，防滑件能重新对正地面。扣紧安装的橡胶靴式梯脚可不必采用其他连接措施。

2. 单梯结构要求

（1）单梯长度不应大于 9m，两节或三节梯段组成的延伸梯子总长度不应大于 18m。

（2）长度 3m 及以下的梯子，两梯框间的内侧净宽度不应小于 280mm。长度大于 3m 的单梯梯框间最小净宽度应随着长度每增加 0.6m 而加宽 6mm。

（3）圆踏棍直径应符合以下要求：

——两梯框间踏棍长小于 610mm 时，直径不应小于 28mm。

——两梯框间踏棍长为 610～710mm 时，直径不应小于 30mm。

——两梯框间踏棍长大于 710mm 时，直径不应小于 32mm。

（4）踏棍的榫头直径不应小于 22mm。

（5）两梯框间的踏棍长度大于 710mm 时，应采用直径 4mm 以上钢筋或经确认与之等效的支撑件进行加强。

（6）当采用钢丝、钢筋或钢板固定在梯框上对整个梯子进行加强后成为导电体，应在梯框上进行标识。

（7）可在梯子顶端或靠近顶端处安装挂钩，以增加安全性。当使用挂钩时，挂钩应用螺栓、铆钉固定于梯框上，其尺寸应能承受相应的额定载荷。

3. 折梯结构要求

（1）折梯最大长度不应大于 6m。

（2）折梯在顶部踏板（或踏棍）处两梯框间的最小净宽度不应小于 280mm。梯框与踏板（或踏棍）的水平夹角不应大于 87°。

（3）踏板折梯（单面梯）张开到工作位置时前梯段倾角不应大于 73°，后部倾角不应大于 80°。

（4）双面折梯张开到工作位置时，两梯段的倾角均不应大于 77°。

（5）最小厚度的梯框允许切割 3mm ± 0.8mm 深的踏板安装槽。当需切割更深的槽时，梯框厚度也应相应增大。

（6）最小厚度的踏板允许在其顶部表面上刻出深不大于 1.5mm，宽不大于 3mm 的防滑纹及在踏板下面切割宽不大于 7mm，深不大于 7mm 的钢筋固定槽。当需切割更大的槽时，踏板厚度应相应增大。

（7）踏板应装入梯框上的安装槽中，应在每一端至少用 2 个直径不小于 2mm、长度不小于 50mm 的钉子将踏板固定到梯框上，或采用其他与之等效的方法固定，以防止踏板前后移动。使用钉子固定时，钉子距梯框边缘不应小于 10mm。

（8）对额定载荷 110kg 及以上折梯，长度小于 760mm 的踏板应用直径不小于 4mm 的钢筋加强，长度为 760mm 及以上的踏板应采用直径不小于 4.5mm 的钢筋加强。使用钢筋时，在梯框外侧应使用垫圈，垫圈应为直径不小于 25mm，厚度不小于 1mm 的金属板。

（9）所有级别梯子的底部踏板，均应在每一端带有金属角撑，角撑应用铆钉固定在踏板和梯框上，或采用经确认与之等效的其他方式固定。对额定载荷 100kg 以上的折梯，长度 680mm 及以上的踏板，应在每一端带有金属角撑，角撑应用铆钉固定在踏板和梯框上，或采用经确认与之等效的其他方式固定。

（10）踏板折梯的后部支撑及折梯后部两边框间应采用水平横杆连接，横杆间距不应大于 350mm。圆形截面横杆直径不应小于 30mm，榫头直径不应小于 22mm，榫头长度不应小于 15mm。矩形截面横杆尺寸不应小于 20mm × 65mm。采用其他形式截面的横杆应确保其具有与圆形横杆相同的强度与承载能力。横杆与后边框的连接方式，应确保其不能转动。

（11）对长度 1.2m 以上的折梯每隔 1.2m 均应采用金属角撑固定横杆与后边框，1.2m 的梯子仅需在底部横杆处采用角撑。

（12）折梯顶帽应牢固地固定在梯框顶部或后边框上，或固定于两者之上，应保证后边框在连接点能自由摆动且不过分摇动和磨损。

（13）在额定载荷 100kg 以上的踏板折梯上，当采用金属架作为梯子后边框顶部铰链时，应至少用 3 个直径 5mm 或 2 个直径 6.5mm 的铆钉固定，或采用经确认与之等效的连接件，将金属架连接到折梯的前梯框上。

（14）折梯应有整体的金属撑杆或锁定装置，以使梯子前后部分可靠地保持在张开位置。撑杆距底部支撑面高度应不大于 2m。当采用两组撑杆时，高度限制适用于较低的一组。

（15）桶架应使其在梯子折叠时能向上折起。当梯长为 2.4m 或更短时，桶架结构使其在梯子折叠前折叠，或者在梯子折叠时，桶架也折叠。桶架臂不应支出到面向使用者的梯框之外。

（16）双面攀登的折梯应符合额定载荷 110kg 以上的踏板折梯的最低要求。双面攀登折梯的前后两个部分，均应符合踏板折梯前梯段的所有要求。

（四）梯子的检查

（1）使用单位对新购的梯子在投入使用前应进行检查，使用期内应定期检查并贴上检查合格标识。同时，梯子每次使用前应进行检查，以确保其始终处于良好状态。

（2）使用梯子前，应确保工作安全负荷不超过其最大允许载荷。

（3）有故障的梯子应停止使用，贴上“禁止使用”标签，并及时修理。

（4）当梯子发生严重弯曲、变形或破坏等不可修复的情况时，应及时报废。对报废后的梯子应进行破坏处理，以确保其不能再被使用。

（五）梯子使用安全要求

（1）所有人员在使用梯子前都应接受培训指导，不应使用现场临时制作的梯子，严禁有眩晕症或因服用药物等可能影响身体平衡的人员使用梯子。

（2）梯子的选用：

① 延伸梯、单梯及踏板折梯只允许单人单侧使用。支架梯、双面梯允许单人双侧（前后面）分别使用。

② 应根据预定使用中的最大工作载荷选择适当额定载荷的梯子，并确保梯子在使用中不会过载。

③ 在工作现场对梯子的工作长度产生限制，若延伸梯或单梯较长不能在倾角75°架设时，为了防止梯子底部的滑移，应选择较短的梯子。

④ 应根据预定使用中的最大工作高度选择适当尺寸的折梯，最大工作高度为最高站立平面高与使用者的身高之和。

⑤ 除专门设计用于电气线路使用的梯子外，金属梯不应在可能与带电线路接触场合使用。在强静电场区域应使用专门设计的静电接地（或消除）的金属梯，以防止使用者受到电击。

（3）梯子架设与调整：

① 延伸梯和单梯应与水平面倾斜 75°架设。

② 梯子底部应放置在牢固的水平支撑表面上。在冰、雪或光滑的表面上使用时应有适当防止滑移措施。

③ 延伸梯和单梯顶部放置时应使两梯框同时与支撑面靠紧。当梯子顶部支撑是柱、灯杆、建筑墙角或靠在树上作业时，可采用单梯框支撑附件进行固定。

④ 梯子不应放置在不稳定基础上以获得附加高度。不应在吊架上架设梯子。

⑤ 当使用梯子进入高处平面（层顶或平台）时，梯子应延伸到进入平面上方1m，在上方平面进入或离开梯子时，应确保梯子与上方平面可靠固定。

⑥ 延伸梯应架设成使其顶段（延伸梯段）在底段之上，踏棍锁啮合到位。在延伸梯段曾作为单梯使用过的情况下，架设时应确认在使用前梯段正确装配，锁定装置啮合到位。延伸梯由使用者在梯子底部支撑面上进行调整长度，不应从梯子顶部（或在锁定装置之上）调整梯子的长度。

⑦ 架设折梯时应确保梯子完全张开，撑杆锁定，各梯脚均与稳固的水平支撑表面相接触。

（4）梯子使用：

① 折梯不应作为单梯（直梯）使用或在合拢状态使用。单梯不应用来攀登到支撑点以上。

② 使用者应在靠近踏板（或踏棍）中部攀登或工作。组合梯作折梯使用时，不应从其后梯段攀登。使用折梯时上部留有不少于2步空挡，使用便携式直梯时上部留有不少于4步空挡。

③ 使用者不应踏在或站立在高于梯子标明的最高站立平面以上的踏板（或踏棍）上。使用者不应踏在或站立在以下位置：

——折梯顶帽和折梯或支架梯顶部踏板（或踏棍），或梯子的桶架上。

——单面折梯后部横档上。

④ 便携梯子不允许侧向承载，使用者应保持身体靠近梯子工作，应避免过度用力、身体重心偏离等，以防止身体或梯子失去平衡而导致坠落。

⑤ 当上下梯子时，使用者应面向梯子并始终保持与梯子三点接触（双手和双脚四点中的三点）状态，一步一级。使用者不应从侧面攀上梯子，不应从一部梯子攀到另一部梯子，不应从晃动平面攀上梯子。

⑥ 当延伸梯延伸长度不够时，使用者应下到地面重新调整梯子。使用者在梯子上时，不应有推、拉梯子的动作。

⑦ 当梯子靠近电气线路使用时，使用者应采取可靠的安全措施防止使用者与任何带电、未绝缘的电路或导体可能的接触，避免电击触电。在使用者头部上方有带电线路的场合使用梯子时，操作者应与带电线路保持安全距离。

⑧ 梯子不应被用作支撑物、滑道，杠托、拉杆或中央立柱，跳板，平台，脚手架板，材料起吊器或任何其他非预定的用途、梯子不应架设在脚手架之上以获得附

加的高度。

⑨ 使用者在上方平面进入或离开梯子时要避免动作过猛引起梯子侧向倾倒或梯脚滑移。

⑩ 梯子不应同时由一人以上攀登，使用时应有人监护。当有人在梯子上时，严禁移动梯子进行重新定位。

⑪ 使用梯子时，人员处在坠落基准面 2m（含 2m）以上时，应采取防坠落措施。

⑫ 人员在梯子上作业需使用工具时，可用跨肩工具包携带或用提升设备及绳索来上下搬运，以确保双手始终可以自由攀爬。

（六）安全使用梯子的原则

1. 上下梯子的行为原则

（1）始终面对梯子。

（2）脚的位置是重点，将重心通过脚来转移到横竿上，每次只移动一只脚，并只位移一个横档。

（3）下梯子中最重要的行为原则是慢，先看后下。

2. 不让身体重心外移原则

（1）注意身体的平衡。

（2）过度地向外延展肢体来完成一项动作，会引起身体失衡导致坠落。

（3）如果有需要伸出身体来完成一项作业，应该首先考虑重心问题。

3. 登梯遵循“三点接触”原则

（1）始终保持双手可以自由地用于攀爬。

（2）使用跨肩工具包来携带必要的工具或使用提升设备及绳索来上下搬运工具或设备。

（3）双手把握梯子的横竿上下梯子比把握二侧的扶竿更安全。

（4）双手交替把握横竿来配合脚步的移动。

（5）如果不能保持双手同时自由地用于上下梯子，应该保持双手单脚或双脚单手的着力原则。

4. 放置梯子遵循“四点接触”原则

（1）梯子两个扶手的顶端都牢牢地依靠在坚实的墙体上。

（2）两条梯腿稳固地支撑在坚硬，水平、干燥的基础上（不能放在箱子或木块上）。

（3）有可能的话固定梯子支点并由人保护。

（4）确认所有移动工具的电线或绳索都应设置在梯子的内侧，以防绊倒。

（5）使用时要有监护人。

5. 四直一横的安全角度原则

斜梯要符合 4 : 1 的安全角度要求，确保其稳固。即梯子底部到墙或顶部支撑面的水平距离等于梯子有效工作长度的 1/4。

（七）梯子的存放和搬运

（1）存放梯子时，应将其横放并固定，避免倾倒砸伤人员。

（2）梯子存放处应干燥、通风好，并避免高温和腐蚀。

（3）存放的梯子上严禁堆放其他物料。

（4）运输梯子时，应进行适当的支撑和固定，以防摩擦和震动带来的损伤。延伸梯应收缩固定后再搬运，人字梯应在合拢后搬运。

表 3-10 为便携式梯子检查表。

表 3-10　便携式梯子检查表

序号	检查项目
1	梯子的功能满足并适合该项工作
2	梯身无破损、断裂、腐蚀、变形、裂缝
3	无缺少踏棍、踏板防滑条损坏等情况，踏棍或踏板上无泥土、机油或油脂附着物
4	梯子设置检查合格标识
5	梯子设置限位器，状态良好，安全可靠
6	拉杆、铆钉、撑杆、螺母、螺栓和底脚完好无损坏
7	拉伸绳索和滑轮完好，灵活可靠
8	固定在所有直梯、延伸梯和 2.4m 及以上人字梯上的绑绳完好，无破损

第二节 高处坠落防护设施

一、生命线

（一）定义

高处作业水平生命线，即坠落防护生命线，是以两个或多个挂点固定且任意两挂点间连线的水平角度不大于15°的，由钢丝绳、纤维绳、织带等柔性导轨或不锈钢、铝合金等刚性导轨构成的用于连接坠落防护装备与附着物（墙、地面、脚手架等固定设施）的装置。图3−20为水平生命线使用示意图。

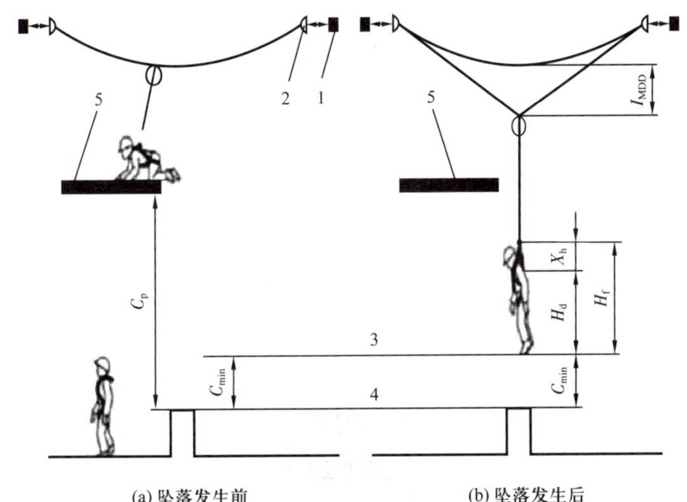

1—末端挂点；2—末端挂点连接件；3—最低坠落位置；4—最高障碍物；5—平台；
C_p—作业面最小安全高度；C_{min}—最小安全距离：1m；H_d—工人站立情况下D环与平台间距离；
H_f—坠落完成后D环与人员最低点间距离；I_{MDD}—导轨形变距离；X_h 安全带伸长距离
注：当工人身高1.8m时，H_d可设为1.5m

图3−20 水平生命线使用示意图

水平生命线系统是由水平生命线装置及配套使用的其他坠落防护装备所组成的系统。

（二）使用范围

水平生命线装置（图3−21）是为防止发生高处坠落，且体重及负重之和不大于100kg的作业人员所使用的保护装置。作业人员可在作业区域用连接装置悬挂于生命线滑索上，并可在其保护下持续长距离作业，是用来防止高处作业的意外发生，保护作业者防止高空坠落的风险。

（三）分类

按所用导轨的不同，分为柔性水平生命线装置和刚性水平生命线装置（图 3-21）。

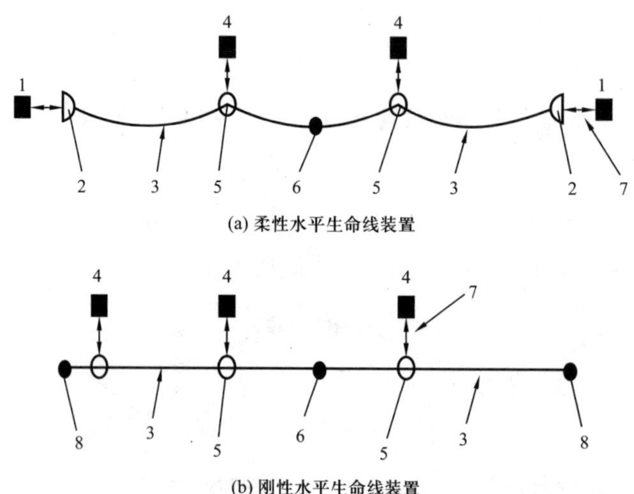

1—末端挂点；2—末端挂点连接件；3—导轨；4—中部挂点；5—中部挂点连接件；
6—移动连接装置；7—水平生命线缓冲装置；8—导轨末端

图 3-21　水平生命线装置

（四）注意事项

生命线的设置应符合 GB 38454—2019《坠落防护　水平生命线装置》、GB 24543—2009《坠落防护　安全绳》、GB/T 23469—2009《坠落防护连接器标准》等相应的标准规范要求。

1. 生命线材料标准

——要求符合相关国际和国家的标准规范，如美国国家标准学会（American National Standard Institute，ANSI）标准或国际标准化协会（International Organization for Standardization，ISO）标准等。

——生命线全部采用直径不低于 12mm 的镀锌钢丝绳，应无断丝、断股、灼伤、受腐蚀、严重变形等缺陷。

——生命线卡扣无损伤。

——生命线的逃生通道：脚手架材料应符合 GB 51210—2016《建筑施工脚手架安全技术统一标准》的规定。

2. 生命线搭设

——从事生命线搭设和拆除工作的人员，必须持有地方政府或专责机构颁发的有效登高作业证（登高架设作业证或高处安装、维护、拆除作业证）。

——搭设十字撑，应将一根斜杆扣在主柱上，另一根则扣在小横杆的伸出部分。斜杆两端的扣件与立杆节点的距离不小于 20cm。

——搭设及拆除期间，生命线需挂红牌，禁止使用。

——生命线与钢梁锐边接触的部分应放软垫，以防损坏生命线。

——生命线拉设在临空面立柱内侧，不得拉设在外侧。

——生命线最大跨距 12m，超过 12m 时需增加一根立杆固定生命线；生命线先用拉钩拉紧，再用两个钢丝绳绳扣将生命线固定，而且生命线高出管廊至少为 1.2m。

——生命线最大垂弧不大于 100mm。

——端头固定时至少 3 个绳扣，开口方向对着活绳（主要受力的钢丝绳），绳卡间距为 6 倍钢丝绳直径，绳头露出长度为钢丝绳 3 倍直径。

——生命线设置高度在作业面最低点不应低于 1.2m（人的腰部）。

——每条生命线的连续拉设长度不得超过 100m；如果超过 100m，必须设置刚性节点，以防生命线下垂。

——搭设施工人员在施工时没有合适的系挂点时，应采取增加吊带和速差式防坠落装置来挂好安全带。在电缆桥架作业时，如果现场条件限制安全带不能高挂低用，则现场施工必须使用吊带，然后再将安全带挂在吊带上；根据现场情况，吊带可挂靠在钢梁或钢管上，而且吊带所能承受的瞬间冲量不得小于 3t，以起到生命线的作用，保障施工人员的生命安全。

——在拉设生命线之前，每隔 40m 搭设一个独立脚手架作为逃生通道，如遇特殊情况可适当放宽，但两个逃生通道的间距不能超过 42m。而且在电缆桥架爬坡处必须搭立独立脚手架，以便工人施工和逃生之用。

——拆除生命线时，必须使用安全带，先拆立杆，后拆生命线。

3. 生命线验收

检查必须由专业人员进行，验收后，至少每七天检查一次；凡遇可能影响到结构完整性的恶劣天气变化后，在使用前进行检查；凡作了可能影响到结构完整性的重大改动后，在使用前检查。验收见表 3-11，检查项目见表 3-12。

表 3-11　生命线验收表

生命线名称		搭设单位	
验收单位		验收时间	
验收项目	验收情况		验收人
标签是否有效			
逃生通道是否合格			
平台、爬梯的设置			
钢丝绳材质情况			
逃生通道基础及支撑点			
逃生通道与建筑物的拉接			
生命线的松紧			
生命线的间距			
生命线端头包扎和牢固			
生命线搭接牢固性及搭接长度			
生命线的荷载			
验收结论： 验收人：			

表 3-12　生命线检查表

序号	检查项目
1	钢丝绳直径≥12mm，无断丝、断股、灼伤、受腐蚀、严重变形等缺陷，绳卡无损伤，松紧调节合适
2	最大跨距为 12m，超过 12m 增加一个立杆或者锚点固定生命线，高度为高出着地面 1.2m
3	生命线拉设在临空面立柱内侧，不得拉设在外侧
4	生命线与钢梁锐边接触的部分应放衬垫，以防损坏生命线
5	生命线钢丝绳绳头固定至少 3 个绳卡，开口方向对着活绳（主要受力的钢丝绳），绳卡间距为 6 倍钢丝绳直径，绳头露出长度为 3 倍钢丝绳直径
6	生命线最大垂弧不大于 100mm

续表

序号	检查项目
7	每条生命线的连续拉设长度不得超过 100m；如果超过 100m，必须设置刚性节点，以防生命线下垂
8	生命线必须和安全带一起配合使用，安全带高挂低用
9	安装时两头必须固定牢靠，安装规范便于安装和拆卸
10	人员使用生命线在高处作业时，下方人员必须远离

二、安全网

（一）定义及分类

安全网是用来防止人、物坠落，或用来避免、减轻坠落及物击伤害的网具。

安全网一般由网体、边绳、系绳等组成。

安全网按功能分为安全平网（P）、安全立网（L）及密目式安全立网（ML）。

安全平网（图 3-22）安装平面不垂直于水平面，简称为平网；安全立网（图 3-23）安装平面垂直于水平面简称为立网；密目式安全立网（图 3-24）是网眼孔径不大于 12mm，垂直于水平面安装，用于阻挡人员、视线、自然风、飞溅及失控小物体的网，简称为密目网。

图 3-22 安全平网

图 3-23 安全立网

图 3-24　密目式安全立网

（二）安全网技术要求

（1）安全网多采用阻燃、耐候锦纶、维纶、涤纶、高密度聚乙烯等制成。亦可采用棉、麻、棕等植物材料作原料，但是强度应符合规范要求。丙纶由于性能不稳定，禁止使用。同一张安全网上所有的网绳，都应采用同一材料。

（2）单张平（立）网质量不宜超过 15kg。

（3）平（立）网上所用的网绳、边绳、系绳、筋绳均应由不小于 3 股单绳制成。绳头部分应经过编花、撩烫等处理，不应散开。平（立）网上的所有节点应固定。

（4）平（立）网网目形状应为菱形或方形，其网目边长不应大于 80mm，边绳与网体应牢固连接并锁紧，系绳沿网体边缘均匀分布，长度不小于 0.8m，相邻系绳间距不应大于 0.75m；当筋绳加长用作系绳时，其系绳部分必须加长，且与边绳系紧后，再折回边绳系紧，至少形成双根。

（5）安全平网网体纵、横向应设有筋绳，筋绳分布应均匀，相邻筋绳的间距不应小于 0.3m。

（6）密目网宽度应介于 1.2～2m，长度最低不应小于 2m，网眼孔径不大于 12mm，各边缘部位的开眼环扣应牢固可靠，开眼环扣孔径不应小于 8mm。

（7）密目网缝线不应有跳针、漏缝，缝边应均匀，网体不得有断纱，破洞、变形及有碍使用的编织缺陷。

（三）安全网的安装要求

（1）下列施工场所应搭设安全网，具体要求应在施工方案中细化：

① 高层建筑外立面应搭设安全立网。

② 下方无防护脚手架的钢格板、轻质型材铺设作业前，框架下方应搭设安全平网。

③ 系统管廊底层没有设置满堂脚手架防护时应搭设安全平网。

④ 悬挑式脚手架的下方应搭设安全平网。

⑤ 短边边长大于或等于 1.5m 的洞口应搭设安全平网。

⑥ 存在坠落到防护栏杆外面风险的高处临边作业应搭设安全平网。

⑦ 物料提升机架体外侧使用立网防护，提升机司机一侧采用安全立网，其余三侧采用密目式安全网防护严密；框架结构楼层临边，如果没有外墙脚手架或挑架，所设置的扶手栏杆上应张挂密目式安全网；楼层内厅扶手栏杆张挂密目式安全网；临街工程防砸棚周边张挂密目式安全网。

⑧ 其他经安全评估需要搭设安全网的场所。

（2）安全网的安装工作应由专业人士进行。安装安全网时，每根系绳都应与构架系结，四周边绳（边缘）应与支架贴紧，系结应符合打结方便、连结牢固，工作中受力不散脱的原则。

（3）安全网的安装位置应尽可能远离高压线缆、塔吊及其他移动机械，并远离焊接作业、喷灯、烟囱、锅炉、热力管道等热源。

（4）安全网的安装平面应易于到达，便于安全网的检查、清理、维修、更换及对坠落者进行救援。

（5）立网、密目网的安装平面应垂直于水平面，严禁作为平网使用。

（6）平网的设置应符合下列要求：

① 平网外挑网宽不应小于 3m，网面应外高里低，高差宜为 500～600mm，网面不宜绷得过紧。

② 随层平网宜靠近工作平面处安装，与工作平面垂直距离不应大于 5m。

③ 首层平网最低点距地面（或下方物体上表面）的距离应大于 3m，不同作业高度时，首层平网最小网宽和平网距离地面高度应符合表 3-13 的规定。

④ 固定平网内边沿、外边沿的横杆应采用搭接方式连接，搭接长度不小于 1m，使用 2 个以上旋转扣件扣牢。

表 3-13　首层平网网宽及离地要求

作业高度 h_w，m	$h_w \leqslant 5$	$5 < h_w \leqslant 15$	$15 < h_w \leqslant 30$	$h_w > 30$
最小网宽，m	3	4	5	6
平网距离地面高度，m	3	4		5

⑤ 支撑斜杆的设置间距应符合施工技术方案的设计要求，当无设计要求时，不应大于 3m；支撑斜杆的下端应设置牢固的固定措施，可在斜杆上设置钢丝绳，控制斜杆的角度和网面的松弛度。

⑥ 平网的边绳应与支撑杆锁紧，每根系绳和筋绳都应与支撑杆系结，不得直接系结在钢梁等带棱角的物体上。

⑦ 平网内口与工程结构主体间隙不得大于 100mm，平网与内边沿、外边沿的横杆的绑扎间距不得大于 750mm；网与网之间应搭接牢固，不得有间隙。

⑧ 安装平网时，网面不宜绷得过紧或过松，其初始下垂不应超过短边长度的 10%；安装好的平网，网面与下方物体表面的最小距离不应小于其短边长度。

⑨ 根据可能发生坠落的高度，平网的拦接宽度不应小于 GB/T 3608—2008《高处作业分级》附录 A 中规定的可能坠落范围半径。

（7）密目网、立网设置应符合下列要求：

① 密目网或立网应设置在脚手架外侧立杆上做封闭保护，立网高度不得小于 1.2m。

② 密目网应顺金属开眼环扣逐个与脚手架架体绑扎牢固，密目网上的每个环扣都应穿入符合规定的纤维绳，允许使用性能不低于标准规定的其他绳索（如钢丝绳或金属线）代替。

③ 立网在网与网的水平方向上应采用搭接方式，搭接处用符合规定的纤维绳连续锁紧，并用系绳与邻近纵向水平杆系结。

（8）强风地区脚手架架体封闭防护可采用铁丝网，铁丝网应与脚手架架体绑扎牢固。

（9）安装好的安全网应经专人检查、验收合格后，方可使用。

（四）安全网的使用

（1）立网或密目网拴挂好后，人员不应倚靠在网上或将物品堆积靠压立网或密目网。

（2）平网不应用作堆放物品的场所，也不应作为人员通道，作业人员不应在平网上站立或行走。

（3）不应将安全网在粗糙或有锐边（角）的表面拖拉。

（4）焊接作业应尽量远离安全网，应避免焊接火花落入网中。

（5）应及时清理安全网上的落物，当安全网受到较大冲击后应及时更换。

（6）平网下方的安全区域内不应堆放物品，平网上方有人工作时，人员、车辆、机械不应进入此区域。

（7）使用中的安全网，应有专人每周进行一次检查（表 3-14），并对检查情况进行记录，如发现下列问题，应立即对安全网进行更换：

① 平网、立网超过产品说明书规定的使用期限。

② 平网如发生人员坠落或质量大于 50kg 的物体坠落。

③ 网体、网绳及支撑框架有严重变形或损伤。

④ 网上有杂物且对安全网造成损伤。

⑤ 安全网发生严重霉变。

⑥ 网上有破洞或绳断裂现象。

表 3-14 安全网检查表

序号	检查项目
1	安全网的质量是否符合要求，新网是否有出厂合格证，旧网是否经试验合格后使用（100kg 钢球、或 120kg 圆柱形沙包，平网为 7m、立网为 2m、A 级密目网为 1.8m、B 级密目网为 1.2m 冲击实验）
2	建筑施工首层外侧是否架设安全网
3	是否随施工高度上升安全网
4	上、下对孔是否架设安全网防护
5	平网是否应里低外高（50cm）
6	系绳和筋绳与支撑杆系结是否牢固
7	网内是否有杂物未清理
8	支杆有无断裂、弯曲，其连接部位有无松脱现象
9	网内缘与墙面间隙是否小于 10cm
10	网与下方物体表面距离是否大于 3m
11	立网架设是否牢固，底边系结是否牢固

续表

序号	检查项目
12	网身是否存在严重变形和磨损
13	所有绑拉的绳是否固定牢靠，有无严重磨损或变形
14	使用时是否避免焊接火星落在网里
15	周围是否有严重的酸碱烟雾
16	安全网是否有跟踪使用记录

（8）在被保护区域的作业结束后方可拆除安全网，拆除应自上而下进行。

（9）安全网使用期限应符合下列要求：

① 安全平网、安全立网使用期限小于或等于 3 年。

② 密目式安全网使用期限小于或等于 2 年。

（五）安全网储存

对于不使用的安全网，应由专人保管、储存，储存要求如下：

（1）通风、避免阳光直射。

（2）储存于干燥环境。

（3）不应在热源附近储存。

（4）避免接触腐蚀性物质或化学品，如酸、染色剂、有机溶剂、汽油等。

（六）安全网定期检验要求

（1）平网、立网自购买之日起 2 年内应从同一批次中随机抽取 2 张按 GB 5725—2009《安全网》要求进行抗冲击性能测试及静态力学性能测试，如不合格，则停止使用该批次安全网。此后每年进行一次抽检。

（2）密目网应每年从同一批次中随机抽取 2 张按 GB 5725—2009《安全网》要求进行抗冲击性能测试及阻燃性能测试，如不合格，则停止使用该批次安全网。

三、锚固装置

（一）定义

锚固杆、锚固点、锚固架统称为锚固装置（图 3-25），生命线也是一种锚固装置，在这里介绍的是无法设置生命线或其他安全原因，只能固定设置锚固杆（点、架）的装置，作业人员在固定的作业范围内作业，配合安全带或速差防坠器和安全带一起使用，起到防坠落作用的一种安全装置。

图 3-25 锚固装置

（二）使用范围

无法架设护栏、生命线或者其他安全防护设备设施，为确保安全操作设置锚固装置，比如钻井未设置护栏的井口、钻井泵、柴油机、钻机绞车等。

（三）注意事项

（1）必须使用符合国家标准的锚固装置，严禁使用自制或者不符合规范要求的。

（2）安装锚固装置时必须固定牢靠，每次使用前必须认真检查，发现问题必须立即停用。

（3）临边作业，如果安全带尾绳长度不够，可将差速防坠器和安全带串联使用，确保差速防坠器安全可靠。

（4）现场使用的锚固装置必须要经过现场安全管理人员及上级安全部门验证、许可后方可使用。

四、其他安全防护设施（防护栏杆）

防护栏杆可分为固定式工业防护栏杆、建筑防护栏杆。

（一）固定式工业防护栏杆

固定式工业防护栏杆（图 3-26）指永久性安装在梯子、平台、通道、升降口及其他敞开边缘防止人员坠落的框架结构。由扶手（顶部栏杆）、中间栏杆（横杆）、立柱（支柱）、踢脚板（档板）组成。

1. 栏杆防护要求

（1）距下方相邻地板或地面 1.2m 及以上的平台、通道或工作面的所有敞开边缘应设置防护栏杆。

（2）在平台、通道或工作面上可能使用工具、机器部件或物品场合，应在所有敞开边缘设置带踢脚板的防护栏杆。

（3）在酸洗或电镀、脱脂等危险设备上方或附近的平台、通道或工作面的敞开边缘，均应设置带踢脚板的防护栏杆。

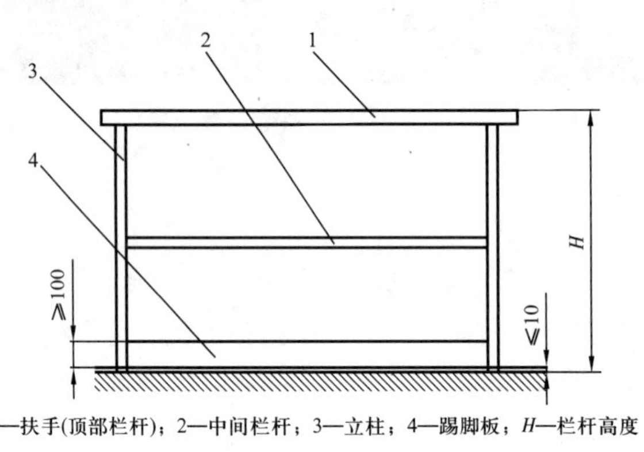

1—扶手(顶部栏杆)；2—中间栏杆；3—立柱；4—踢脚板；*H*—栏杆高度

图 3-26　防护栏杆示意图

2. 栏杆材料

防护栏杆采用钢材的力学性能应不低于 Q235-B，并具有碳含量合格保证。

3. 防护栏杆设计载荷

（1）防护栏杆安装后顶部栏杆应能承受水平方向和垂直向下方向不小于 890N 集中载荷和不小于 700N/m 均布载荷。在相邻立柱间的最大挠曲变形应不大于跨度的 1/250。水平和垂直载荷及集中和均布载荷均不叠加。

（2）中间栏杆应能承受在中点圆周上施加的不小于 700N 水平集中载荷，最大挠曲变形不大于 75mm。

（3）端部或末端立柱应能承受在立柱顶部施加的任何方向上 890N 的集中载荷。

4. 防护栏杆结构要求

1）结构形式

——防护栏杆应采用包括扶手（顶部栏杆），中间栏杆和立柱的结构形式或采用其他等效的结构。

——防护栏杆各构件的布置应确保中间栏杆（横杆）与上下构件间形成的空隙间距不大于 500mm。构件设置方式应阻止攀爬。

2）栏杆高度

——当平台、通道及作业场所距基准面高度小于 2m 时，防护栏杆高度应不低于 900mm。

——在距基准面高度大于或等于 2m 并小于 20m 的平台、通道及作业场所的防护栏杆高度应不低于 1050mm。

——在距基准面高度不小于 20m 的平台、通道及作业场所的防护栏杆高度应不低于 1200mm。

3）扶手

——扶手的设计应允许手能连续滑动。扶手末端应以曲折端结束，可转向支撑墙，或转向中间栏杆，或转向立柱，或布置成避免扶手末端突出结构。

——扶手宜采用钢管，外径应不小于 30mm，不大于 50mm。采用非圆形截面的扶手，截面外接圆直径应不大于 57mm，圆角半径不小于 3mm。

——扶手后应有不小于 75mm 的净空间，以便于手握。

4）中间栏杆

——在扶手和踢脚板之间，应至少设置一道中间栏杆。

——中间栏杆宜采用不小于 25mm × 4mm 扁钢或直径 16mm 的圆钢。中间栏杆与上、下方构件的空隙间距应不大于 500mm。

5）立柱

——防护栏杆端部应设置立柱或确保与建筑物或其他固定结构牢固连接，立柱间距应不大于 1000mm。

——立柱不应在踢脚板上安装，除非踢脚板为承载的构件。

——立柱宜采用不小于 50mm × 50mm × 4mm 角钢或外径 30～50mm 钢管。

6）踢脚板

——踢脚板顶部在平台地面之上高度应不小于 100mm，其底部距地面应不大于 10mm。踢脚板宜采用不小于 100mm × 2mm 的钢板制造。

——在室内的平台、通道或地面，如果没有排水或排除有害液体要求，踢脚板下端可不留空隙。

（二）建筑防护栏杆

建筑防护栏杆（图 3-27）是为了保障施工人员的生命安全、更安全地进行施工而设置的工地保护措施，是建筑施工过程中必不可少的防护设施。一般由立柱、横管、竖管、连接件等部分组成。

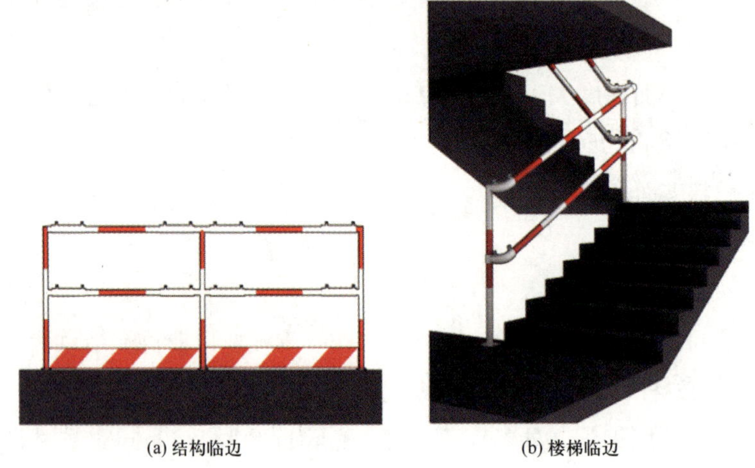

(a) 结构临边　　(b) 楼梯临边

图 3-27　护栏

1. 建筑防护栏杆设计一般规定

建筑防护栏杆设计一般规定如下：

（1）建筑防护栏杆应进行结构设计。

（2）建筑防护栏杆应满足承载力、刚度、稳定性的要求。

（3）建筑防护栏杆各部位的构造应避免对人体产生危害，且应便于清洁、维护、更换。

（4）建筑防护栏杆宜采用装配式，宜减少施工现场的焊接接头。

（5）金属构件的厚度应符合下列规定：

——不锈钢管立柱的壁厚不应小于2.0mm，不锈钢单板立柱的厚度不应小于8.0mm，不锈钢双板立柱的厚度不应小于6.0mm，不锈钢管扶手的壁度不应小于1.5mm。

——镀锌钢管立柱的壁厚不应小于3.0mm，镀锌钢单板立柱的厚度不应小于8.0mm，镀锌钢双板立柱的厚度不应小于6.0mm，镀锌钢管扶手的壁厚不应小于2.0mm。

——铝合金管立柱的壁厚不应小于3.0mm，铝合金单板立柱的厚度不应小于10.0mm，铝合金双板立柱的厚度不应小于8.0mm，铝合金管扶手的壁厚不应小于2.0mm。

2. 使用范围

建筑防护栏杆作为施工过程中的一种临时性隔离防护措施，因其结构简单、组合灵活、安装方便，应用十分广泛。

（1）基坑周边，尚未安装栏杆或栏板的阳台、料台与挑平台周边，雨棚与挑檐边，无外脚手架的屋面与楼层周边等处，应设置防护栏杆。

（2）在楼梯口及梯段边，安装临时护栏。顶层楼梯口随工程结构进度安装正式防护栏杆。

（3）施工用脚手架与建筑物通道的两侧边，安设防护栏杆。地面通道上部设安全防护棚。

（4）垂直运输接料平台，除两侧设防护栏杆外，平台口设置安全门或活动防护栏杆。

（5）板与墙的洞口，设置牢固的盖板、防护栏杆、安全网或其他防坠落的防护措施。

（6）电梯井口安设防护栏杆或固定栅门，电梯井内每隔两层并最多隔10m设一道安全网。

（7）因施工临时切割而形成的孔洞上口、基础上口、未回填的坑槽等处，应设置稳固的防护栏杆。

3. 注意事项

（1）楼面、屋面等处的孔洞短边尺寸大于25mm时，应采取防护措施。

（2）楼面、屋面等处的孔洞较大时可采用盖板或钢防护网等，盖板承受外力不小于1.1kN/m^2，边长大于1500mm的洞口，四周应设防护栏杆及张挂安全平网。

（3）在建筑工程中预留洞口等孔洞的防护应符合现行国家标准的规定。

（4）电梯井管道口应设置不低于1.5m的防护栏杆或栅门，防护栏或栅门宜定型化、工具式。

（5）井道内每隔两层或10m应设置一道安全平网，网内无杂物并支持牢固。

（6）施工临边防护栏杆的规定和制作要求：

——立柱采用40mm×40mm方管，防护栏外框采用30mm×30mm方管，中间采用钢板网，钢丝直径或截面不小于2mm，底座采用4颗ϕ12mm膨胀螺栓与地面牢固固定。

——防护栏杆立杆高度1200mm，每档标准长度为1900mm，底部设200mm高红白或黑黄相间挡脚板。

第三节　高处坠落防护装备

一、安全帽

安全帽是对人体头部受到坠落物及其他特定因素引起的伤害起防护作用的帽，由帽壳、帽衬、下颏带、附件组成。

（一）分类及材质

（1）安全帽按性能分为普通型（P）和特殊型（T）。普通型安全帽是用于一般作业场所，具备基本防护性能的安全帽产品；特殊型安全帽是除具备基本防护性能外，还具备一项或多项特殊性能的安全帽产品，适用于与其性能相应的特殊作业场所。

其中T类中又分为七种性能标记：

——“Z”表示具备阻燃性能。

——“LD”表示具备侧向刚性性能。

——“−30℃”表示耐低温。

——“+150℃”表示耐极高温。

——“J”表示具备电绝缘性能；“JG”测试电压为2200V，“JE”测试电压为20000V。

——“A”表示具备防静电性能。

——“MM”表示具备耐熔融金属飞溅性能。

（2）高处作业安全帽属于普通型安全帽（P）。它由帽壳、帽衬、下颌带、后箍等组成，如图 3-28 所示。其帽壳材质一般为玻璃钢、聚碳酸酯塑料、ABS 塑料、超高分子聚乙烯塑料或改性聚丙烯塑料。

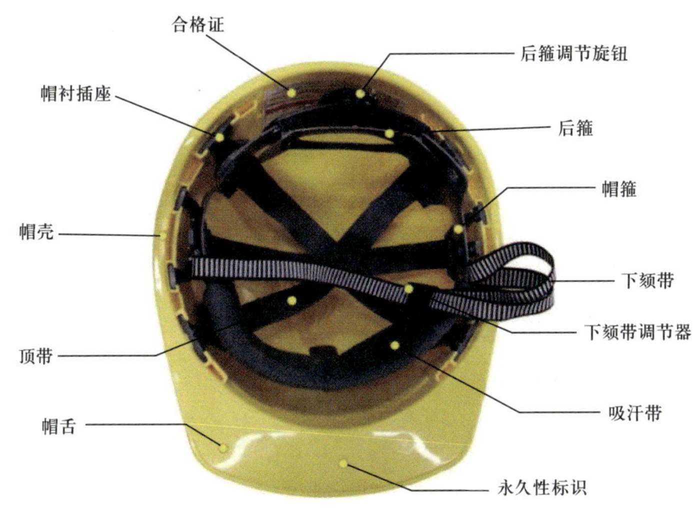

图 3-28 安全帽结构示意图

（二）安全帽的使用

安全帽的佩戴要符合标准，使用要符合规定。如果佩戴和使用不正确，就起不到充分的防护作用。一般应注意下列事项：

（1）戴安全帽前应将帽后调节系统按自己头型调整到适合的尺寸位置。缓冲衬垫的松紧出厂时已调节好。人的头顶和帽体内顶部的空间垂直距离一般在 25～50mm，至少不要小于 32mm 为好。这样才能保证当遭受到冲击时，帽体有足够的空间可供缓冲，平时也有利于头和帽体间的通风透气。

（2）不要把安全帽歪戴，也不要把帽沿戴在脑后方。否则，会降低安全帽对于冲击的防护作用。

（3）安全帽的下颌带必须扣在颌下，并系牢，松紧要适度。保证佩戴时安全帽不至于被大风吹掉，或者是被其他障碍物碰掉，或者由于头的前后摆动及不慎跌倒，使安全帽脱落，导致安全事故发生。

（4）使用时不要为了透气而在帽壳上随意开孔，因为这样将会使帽体的强度降低，帽壁与内衬的佩戴距离足可达到透气散热的作用。

（5）安全帽在使用过程中，会逐渐损坏，所以要定期检查，检查有没有龟裂、下凹、裂痕和磨损等情况，发现异常现象要立即更换，不准再继续使用。任何受过重击、有裂痕的安全帽，不论有无损坏现象，均应报废。

（6）严禁使用只有下颌带与帽壳连接的安全帽，也就是帽内无缓冲层的安全帽。

（7）新领的安全帽，首先检查是否有允许生产的证明、安全标志证明及产品合格证，再看是否破损、薄厚不均，缓冲层及调整带和弹性带是否齐全有效。不符合规定要求的立即调换。

（8）安全帽应保持整洁，不能接触火源，不要任意涂刷油漆，不准当凳子坐于身下。

（三）安全帽报废标准

出现以下情况之一，安全帽应做报废处理：

（1）受到过严重冲击的。

（2）变形或破损的。

（3）从出厂日期算起已经使用或储存 30 个月以上的。

安全帽检查表见表 3-15。

表 3-15 安全帽检查表

序号	检查部位	检查项目
1	合格证	安全帽有合格证，佩戴场所与合格证上适用场所一致
2	外观	帽壳无凹陷、裂纹、破损，无打孔、钻钉，未出现锋利、尖锐物体刻划，在安全帽上未拆卸或添加附件
3	部件	1. 各部件的安装应牢固，无松脱、滑落现象
		2. 内衬（缓冲垫）与外壳距离保持在 20～50mm，以保证遭受冲击时帽顶有足够空间进行缓冲
		3. 下颚带应使用宽度不小于 10mm 的织带或直径不小于 5mm 的绳
4	生产日期	按照 GB 2811—2019《头部防护　安全帽》制造，未到帽子的报废期

二、安全带

在高处作业、攀登及悬吊作业中固定作业人员位置、防止作业人员发生坠落或发生坠落后将作业人员安全悬挂的个体坠落防护装备的系统。

（一）安全带的分类

（1）安全带按作业类别分为区域限制用安全带、围杆作业用安全带、坠落悬挂用安全带。

① 区域限制用安全带（图 3-29）是通过限制作业人员的活动范围，避免其到达可能发生坠落区域的个体坠落防护系统。区域限制安全带主要的作用是防止作业人员发生坠落，适用于临边作业的场景。

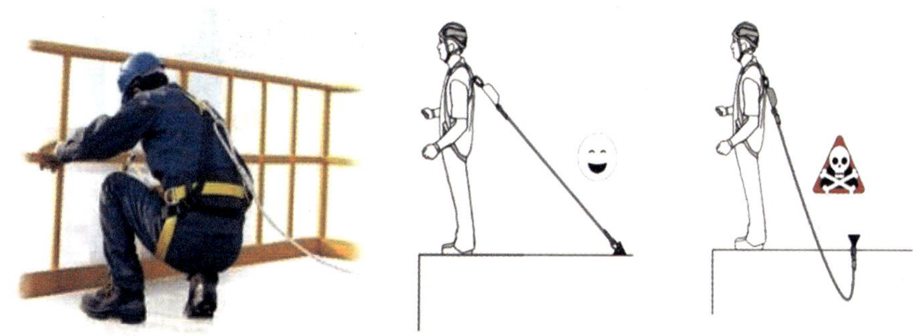

图 3-29　区域限制用安全带示意图

② 围杆作业用安全带（图 3-30）是通过围绕在固定构造物上的绳或带将人体绑定在固定构造附近，防止人员滑落，使作业人员的双手可以进行其他操作的个体坠落防护系统。适用于杆塔作业及当在作业过程中需要提供作业人员部分或全部身体支撑，使作业人员双手可以从事其他工作的作业。

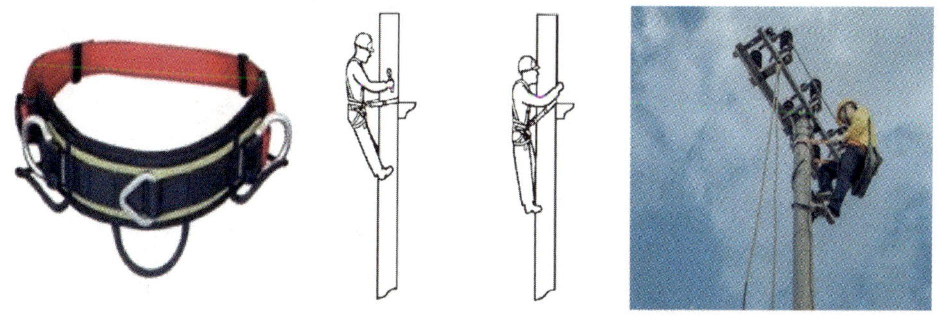

图 3-30　围杆作业用安全带示意图

③ 坠落悬挂用安全带（图 3-31）是当作业人员发生坠落时，通过制动作用将作业人员安全悬挂的个体坠落防护系统。适用于在距坠落高度基准面 2m 及 2m 以上，有发生坠落危险的场所作业，对个人进行坠落防护时的情况。

图 3-31 坠落悬挂用安全带示意图

（2）安全带按系带结构形式可分为全身式安全带、半身式安全带、单腰带式安全带。

① 全身式安全带（图 3-32）也称为五点式安全带，即安全带包裹全身，与人体有 5 个接触点（或接触部位），即与两腿、腰部和两个肩膀接触的系带，坠落时将大部分的坠落冲击力传递到骨盆和大腿区域，不易造成身体损伤，系好安全带后无身体滑脱风险。配备了腰、胸、背多个悬挂点，可适用于区域限制、围杆作业、坠落悬挂等各类作业。坠落悬挂用高空作业必须使用全身式安全带。

② 半身式安全带（图 3-33）也称为三点式安全带，是指只紧固上半身的一种安全带，与人体有 3 个接触点（或接触部位），即与腰部和两个肩膀接触的系带。其优点是轻便、穿戴容易、活动性好价格便宜、实用性高，缺点是安全性较低，严禁用于坠落悬挂用高空作业，一旦坠落，很容易压迫人员腹部、勒住脖子，造成冲

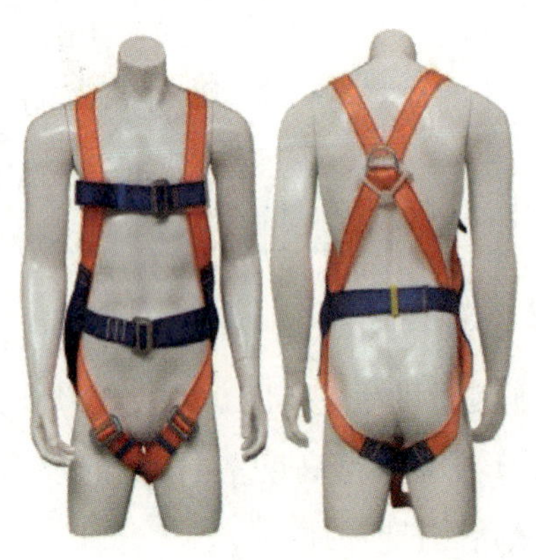

图 3-32 全身式安全带示意图

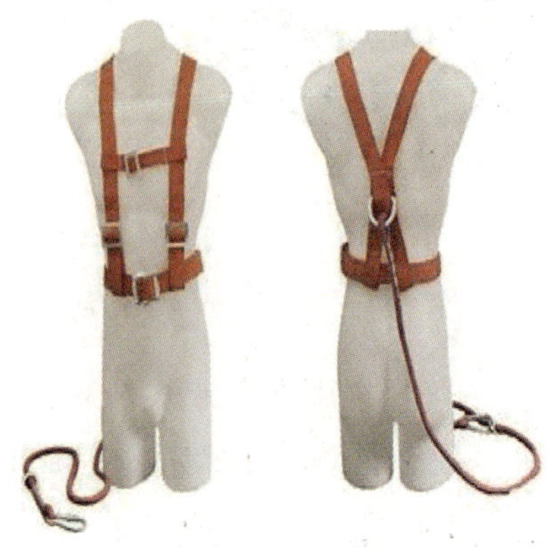

图 3-33 半身式安全带示意图

击和损伤，严重时安全带从人员身上脱落，人员高处坠落。其适用范围是围杆作业和区域限制。

③ 单腰带式安全带（图 3-34）是在腰部系挂的一种安全带，可适应用于区域限制、围杆作业。

（3）安全带按照挂钩数量不同，分为单挂钩安全带（图 3-35）和双挂钩安全带（图 3-36）。

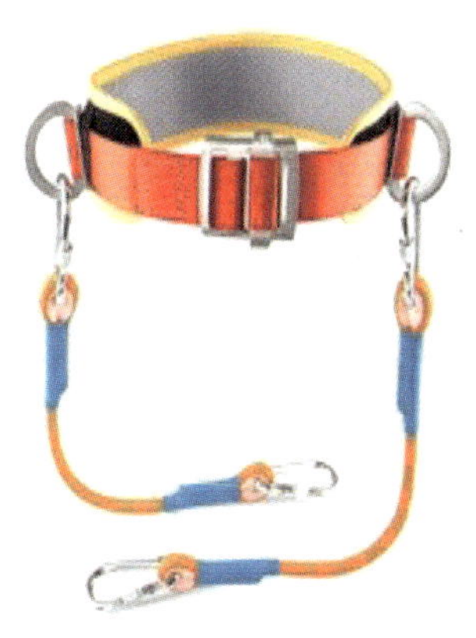

图 3-34　单腰带式安全带示意图

图 3-35　单挂钩安全带示意图

（二）安全带标志

安全带标志如图 3-37 所示。

图 3-36　双挂钩安全带示意图

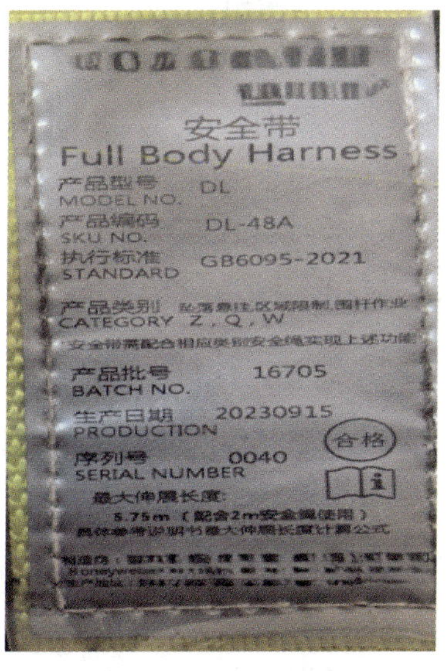

图 3-37　安全带标志

（1）安全带作业类别如下：

W——围杆作业安全带。

Q——区域限制安全带。

Z——坠落悬挂安全带。

（2）安全带附加性能如下：

E——防静电功能。

F——阻燃功能。

R——救援功能。

C——耐化学品功能。

（三）安全带技术要求

1. 安全带总体结构

（1）安全带中使用的零部件应圆滑，不应有锋利边缘，与织带接触的部分应采用圆角过渡。

（2）安全带中使用的动物皮革不应有接缝。

（3）安全带中的织带应为整根，同一织带两连接点之间不应接缝。

（4）安全带同工作服设计为一体时不应封闭在衬里内。

（5）安全带中的主带扎紧扣应可靠，不应意外开启，不应对织带造成损伤。

（6）安全带中的腰带应与护腰带同时使用。

（7）安全带中所使用的缝纫线不应同被缝纫材料起化学反应，颜色应与被缝纫材料有明显区别。

（8）安全带中使用的金属环类零件不应使用焊接件，不应留有开口。

（9）安全带中与系带连接的安全绳在设计结构中不应出现打结。

（10）安全带中的安全绳在与连接器连接时应增加支架或垫层。

2. 安全带中零部件的要求

（1）安全带中所使用的系带满足安全带总体结构要求外，还应符合下列要求：

——系带样式应为单腰带式、半身式及全身式系带。半身式系带在单腰带基础上至少增加 2 条肩带。全身式系带在半身式系带的基础上至少包含 2 条绕过大腿的腿带和位于臀部的骨盆带。

——系带腋下、大腿内侧不应有金属零部件，不应有任何零部件压迫喉部、外生殖器。

——主带宽度应大于或等于 40mm，辅带宽度应大于或等于 20mm。

——护腰带整体硬挺度应大于或等于腰带的硬挺度，宽度应大于或等于 80mm，长度应大于或等于 600mm，接触腰的一面应有柔软、吸汗、透气的材料。

——织带折头及织带间的连接应使用线缝，缝纫后不应进行燎烫。

——织带端头不能留有散丝，每个端头有相应的带箍。

——系带中的每个连接点均应位于连接点附近的织带上用相应的字母或文字明示用途。

（2）安全带中所使用的连接器应符合下列要求：

——连接器的边缘不应有钩及锋利边缘，表面应光滑，无裂纹、褶皱。

——活门必须有保险功能。有自锁功能的连接器活门关闭时自动上锁，在上锁状态下必须经两个以上动作才能打开，手动上锁连接器必须经两个以上动作才能打开。

——Q 型连接器的活门至少需旋转 4 圈才能到达拧紧位置，应有形状或颜色表示未旋紧状态。

——T、S 和 M 型连接器上安装的绳（带）应在固定的环眼。

——Q、S 和 M 型连接器活门开口至少 15mm。K 型连接器活门开口至少 21mm。

（3）安全带中所使用的安全绳应符合 GB 24543—2009《坠落防护　安全绳》的要求。

（四）安全带的检查

（1）安全带应在使用前进行检查，并周期性检查。检查见表 3-16。

表 3-16　安全带检查表

序号	部位	检查项目
1	织带	是否存在断裂或撕裂
2		可能与尖锐物体或坚硬物体接触部位的磨损情况
3		是否存在过度的拉伸或变形
4		因接触高温、腐蚀性物质、有机溶剂后的损坏
5		因潮湿、汗液、紫外线等因素引起的霉变或老化
6		坠落指示装置状态

续表

序号	部位	检查项目
7	连接器	是否存在裂纹
8		活门功能是否正常
9		旋转机构是否正常
10		可能与尖锐物体或坚硬物体接触部位的磨损情况
11		是否存在过度的拉伸或变形
12		潮湿、腐蚀性物质、有机溶剂所引起的腐蚀
13	金属环类零件	是否存在裂纹
14		可能与尖锐物体或坚硬物体接触部位的磨损情况
15		是否存在过度的拉伸或变形
16		因潮湿、腐蚀性物质、有机溶剂所引起的腐蚀
17	锁止机构	锁止机构运动的状态是否正常
18	缝线	是否存在断裂或撕裂
19		可能与尖锐物体或坚硬物体接触部位的磨损情况
20	标识	是否清晰可辨认

（2）安全带可按图 3-38 进行检查。

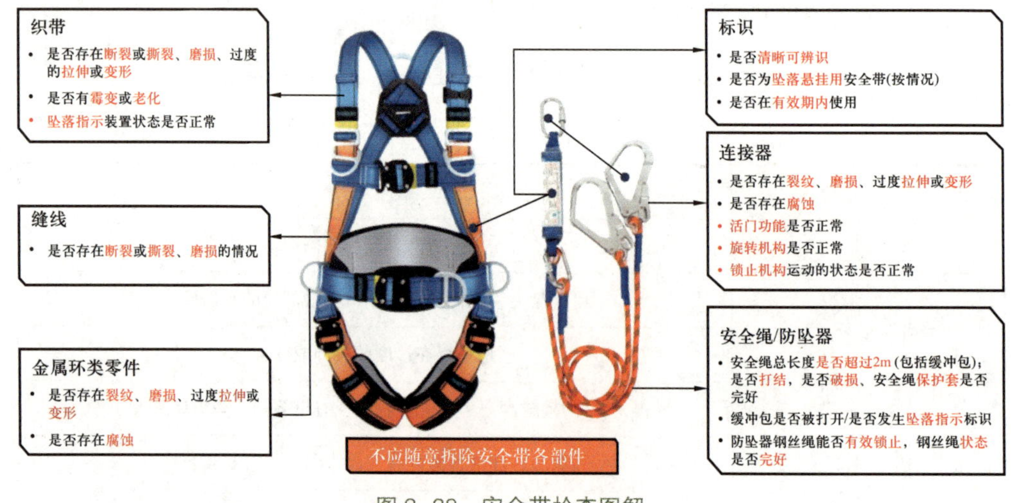

图 3-38　安全带检查图解

（五）安全带穿戴

（1）第一步：检查安全带。握住安全带背部衬垫的 D 形环扣，保证织带没有缠绕在一起。

（2）第二步：开始穿戴安全带。将安全带滑过手臂至双肩。保证所有织带没有缠结，自由悬挂。肩带必须保持垂直，不要靠近身体中心。

（3）第三步：腿部织带。抓住腿带，将它们与臀部两边的织带上的搭扣连接，将多余长度的织带穿入调整环中。

（4）第四步：胸部织带。将胸带通过穿套式搭扣连接在一起，胸带必须在肩部以下 15cm 的地方。多余长度的织带穿入调整环中。

（5）第五步：调整安全带。

- 肩部：从肩部开始调整全身的织带，确保腿部织带的高度正好位于臀部的下方，背部 D 形环位于两肩胛骨之间。
- 腿部：对腿部织带进行调整，试着做单腿前伸和半蹲，调整使用的两侧腿部织带长度相同。
- 胸部：胸部织带要交叉在胸部中间位置，并且大约离开胸骨底部 3 个手指导宽的距离。

（六）安全带使用要求

1. 安全带的选配

（1）如工作平面存在某些可能发生坠落的脆弱表面（如玻璃、薄木板），则不应使用区域限制安全带，而应选择坠落悬挂安全带。

（2）当在作业过程中需要提供作业人员部分或全部身体支撑，使作业人员双手可以从事其他工作时，则应使用围杆作业安全带。

（3）当围杆作业安全带使用的固定构造物可能产生松弛、变形时，则不应使用围杆作业安全带，而应选择坠落悬挂安全带。

（4）专门为区域限制安全带设计的零部件，不应用于围杆作业安全带及坠落悬挂安全带。

（5）专门为围杆作业安全带设计的零部件，不应用于坠落悬挂安全带。

（6）使用坠落悬挂安全带时，应根据使用者下方的安全空间大小选择具有适宜伸展长度的安全带，应保证发生坠落时，坠落者不会碰撞到任何物体。

（7）安装挂点装置时，如使用的是水平柔性导轨，则在确定安全空间的大小时应充分考虑发生坠落时导轨的变形。

（8）使用区域限制安全带时，其安全绳的长度应保证使用者不会到达可能发生坠落的位置，并在此基础上具有足够的长度，能够满足工作的需要。

（9）坠落悬挂安全带的坠落防护用连接器、安全绳及围杆作业安全带、区域限制安全带不应用于悬吊作业、救援、非自主升降。悬吊作业、救援、非自主升降系统不应和连接器或安全绳共用全身系带的D形环（半圆环）。

2. 安全带的使用

（1）使用安全带前应检查各部位是否完好无损，安全绳、系带有无撕裂、开线、霉变，金属配件是否有裂纹、是否有腐蚀现象，弹簧弹跳性是否良好，以及其他影响安全带性能的缺陷。如发现存在影响安全带强度和使用功能的缺陷，则应立即更换。

（2）安全带应拴挂于牢固的构件或物体上，应防止挂点摆动或碰撞。

（3）使用坠落悬挂安全带时，挂点应位于工作平面上方，高挂低用。

（4）使用安全带时，安全绳与系带不能打结使用。

（5）高处作业时，如安全带无固定挂点，应将安全带挂在刚性轨道或具有足够强度的柔性轨道上，禁止将安全带挂在移动或带尖锐棱角的或不牢固的物件上。

（6）使用中，安全绳的护套应保持完好，若发现护套损坏或脱落，必须加上新套后再使用。

（7）安全绳（含未打开的缓冲器）不应超过2m，不应擅自将安全绳接长使用，如果需要使用2m以上的安全绳应采用自锁器或速差式防坠器。

（8）使用围杆作业安全带时，应采取有效措施防止意外滑落。宜配合坠落悬挂安全带使用。

（9）使用中，不应随意拆除安全带各部件。

（10）使用连接器时，受力点不应在连接器的活门位置（螺纹式连接器除外）。

（11）安全带主腰带上的商标应显示在腰带的外面，严禁腰带反用。

（12）高处作业人员在高处移动过程中应按照以下要求系挂安全带：

——作业人员应使用双重锁定挂钩交替移动，移动过程中应保证其中一支挂钩有效系挂，这种方式可使作业人员时时处于安全带的保护下；如钻井井架拆装、相邻罐体的跨越、攀爬无其他防护设施的直梯等情况。

——如果无法满足系挂要求，应禁止员工在没有安全措施的情况下在高处长距离移动，但可以使用带护栏的工作平台，也可以预先安装水平安全缆索，为安全带挂钩提供有效的锚固点。

（13）缓冲器、速差式装置和自锁钩可以串联使用。

（14）安全带不宜接触 120℃以上的高温、明火和酸类物质，以及有锐角的坚硬物体和化学药品。

（15）安全带可放入低温水中用肥皂轻轻擦洗，再用清水漂洗干净。

（16）在远离热源、通风良好的地方晾干，决不允许浸入热水中及在日光下曝晒或用火烤；将安全带保存在没有湿气和紫外线的地方。

3. 安全带的维护保养与存放

（1）安全带不使用时，应由专人保管。存放时，不应接触高温、明火、强酸、强碱或尖锐物体，不应存放在潮湿的地方。

（2）安全带可放入低温水中用肥皂轻轻擦洗，再用清水漂洗干净。

（3）储存时，应对安全带定期进行外观检查，发现异常必须立即更换，检查频次应根据安全带的使用频率确定。

（七）安全带的检测及判废标准

（1）使用单位应根据使用环境、使用频次等因素对在用的安全带进行周期性检查。建议检验周期最长不超过 1 年。

（2）安全带正常使用期为 3～5 年，根据使用说明书规定按期更换。当出现缝线开裂、带体破损、钩环变形或自锁装置失效等情况时，应报废换新。当发生高处坠落或安全带承受过较大冲击载荷时，该保险带也应按报废处理，不得再用。判废内容见表 3-17。

表 3-17 安全带判废标准

序号	部件名称	判废标准
1	安全绳、系带、缓冲器	过度磨损或损坏，包括切割、刺穿或烫伤、撕裂、织带边缘损坏超过 1/8 总宽度
		带子拉长或者线头脱落和织带断裂
		因金属硬件的尖刺对织带造成的隐藏的暗伤
		与热、腐蚀物或溶剂接触而影响强度的损伤
		材料性能的衰退，不能够轻松地辨认织带的颜色
		发生坠落事故后

续表

序号	部件名称	判废标准
2	连接器（安全钩、锁扣）、D 形环	钩或插销有变形、裂缝或因过热而导致损伤
		转环或插销处磨损
		有弯曲、扭曲或变长、断裂、裂缝、尖角和过度磨损
		生锈、腐蚀或外表的严重缺陷
		金属扣舌不能活动自如
		铆钉等紧固件松动
3	其他	使用年限达到规定要求（安全带应在制造商规定的期限内使用，围杆作业安全带一般不应超过 3 年，区域限制安全带、坠落悬挂安全带一般不应超过 5 年）

（八）缓冲器

串联在系带和挂点之间，发生坠落时吸收部分冲击能量、降低冲击力的部件。适用于体重及负重之和不大于 100kg 的人员高处作业、登高及悬吊作业中使用。

1. 分类

缓冲器按自由坠落距离和制动力不同分为Ⅰ型缓冲器和Ⅱ型缓冲器。

Ⅰ型缓冲器自由坠落距离小于或等于 1.8m，制动力小于或等于 4kN；Ⅱ型缓冲器自由坠落距离小于或等于 4m，制动力小于或等于 6kN。

2. 缓冲器一般技术要求

（1）缓冲器应加保护套。

（2）接近焊接、切割、热源等场所时，应对缓冲器进行隔热保护。

（3）缓冲器端部环眼内应加保护垫层（套）或支架。

（4）所有零部件应平滑，无材料和制造缺陷，无尖角或锋利边缘。

3. 缓冲器标识

缓冲器上的永久标识应至少包括以下内容：产品名称、执行标准号、产品类型（Ⅰ型、Ⅱ型）、最大展开长度、制造厂名及厂址、产品合格标志、生产日期（年、月）、有效期、法律法规要求标注的其他内容。

4. 缓冲器基本原理

发生人员坠落后，缓冲器受冲击，外裹的塑封包破裂，缝制的扁织带会快速由外向内逐层绷裂、撕开，吸收下坠的动力，减少冲击力并延缓冲击，保护人员坠落冲击伤害。

5. 缓冲器使用要求

（1）使用时应考虑有足够的空间，缓冲器织带的释放将减缓下坠的速度，但增加了作业人员的坠落长度，安全带挂点的高度必须高于安全绳的长度 + 缓冲包展开的长度 + 使用者的身高 + 安全间距（建议 1m）+ 安全带被拉伸的长度的和（图 3–39）。

（2）应在安全带的标识、缓冲器的标识上查看安全带挂点高度的具体要求，有的标注的是挂点的高度距离，有的标注的是使用离地距离（脚踩的高度），要注意区分，并按照要求使用。

（3）当作业时安全带挂点的高度低于安全带 / 缓冲包上的标识的要求时，应选择使用速差自控器 / 防坠器。

（4）不得使用承受过坠落、织带表面有割伤、缝线有崩裂的缓冲器。

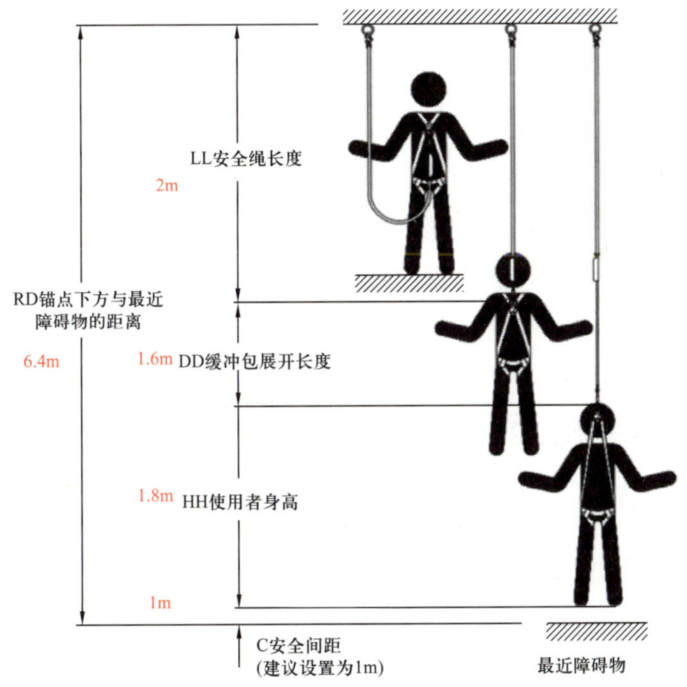

图 3–39 安全带挂点高度示意图

三、安全绳

安全绳（图 3-40）是在安全带中连接系带与挂点的绳（带、钢丝绳等）。

安全绳一般与缓冲器配合使用，起扩大或限制佩戴者活动范围、缓解冲击能量的作用。

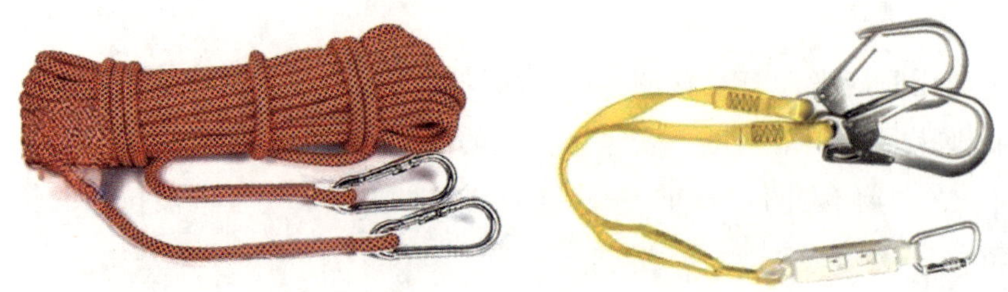

图 3-40　安全绳

（一）安全绳分类

（1）安全绳按作业类别分为围杆作业用安全绳、区域限制用安全绳、坠落悬挂用安全绳。

（2）安全绳按材料类别分为织带式安全绳、纤维绳式安全绳、钢丝绳式安全绳、链式安全绳。

（二）安全绳标记

安全绳的标记由作业类别、材料类别两部分组成。

（1）作业类别：以字母 W 代表围杆作业用安全绳、字母 Q 代表区域限制用安全绳、字母 Z 代表坠落悬挂用安全绳。

（2）材料类别：以字母 Z 代表织带式安全绳，以字母 X 代表纤维绳式安全绳，以字母 G 代表钢丝绳式安全绳，以字母 L 代表链式安全绳。

示例：围杆作业、织带式安全绳表示为“W-Z”。

（三）安全绳一般技术要求

1. 织带式安全绳

（1）应采用高韧性、高强度纤维丝线等材料。

（2）织带应加锁边线。

（3）织带末端不应留有散丝。

（4）织带末端应折缝，不应使用铆钉、胶粘、热合等工艺。

（5）织带末端在缝纫前应经燎烫处理，折头缝纫后不应进行燎烫处理。

（6）织带末端缝纫部分应加护套，使用材料不能和织带产生化学反应，应尽可能透明。

（7）缝纫线应采用同织带相同的材料，线颜色同织带应有明显区别。

（8）织带末端连接金属件时，应在末端环眼内部缝合一层加强材料或加护套。

（9）绳体在构造上和使用过程中不应打结。

（10）接近焊接、切割、热源等场所时，应对安全绳进行隔热保护。

（11）所有零部件应顺滑，无材料或制造缺陷，无尖角或锋利边缘。

2. 纤维绳式安全绳

（1）若绳索为多股绳，则股数不应少于 3 股。

（2）绳头不应留有散丝。

（3）绳头编花前应经燎烫处理，编花后不能进行燎烫处理，编花部分应加保护套。

（4）绳末端连接金属件时，末端环眼内应加支架。

（5）绳体在构造上和使用过程中不应打结。

（6）在接近焊接、切割、热源等场所时，应对安全绳进行隔热保护。

（7）所有零部件应顺滑，无材料或制造缺陷，无尖角或锋利边缘。

3. 钢丝绳式安全绳

（1）应由高强度钢丝搓捻而成，且捻制均匀、紧密、不松散。

（2）末端在形成环眼前庐使用铜焊或加金属帽（套）将散头收拢。

（3）绳末端连接金属件时，末端环眼内应加支架。钢丝绳推荐使用铝支架，不锈钢钢丝绳推荐使用铜支架。

（4）应由整根钢丝绳制成，中间不应有接头。

（5）绳体在构造上和使用过程中不应扭结，盘绕直径不宜过小。

（6）在腐蚀性环境中工作时，应有防腐措施。

（7）接近热源工作时，应选用具有特级韧性石棉芯钢丝绳或具有钢芯的钢丝绳。

（8）所有零部件应顺滑，无材料或制造缺陷，无尖角或锋利边缘。

4. 链式安全绳

（1）链条应符合 GB/T 20946—2007《起重用短环链　验收总则》的要求。

（2）下端环、连接环和中间环的数量及内部尺寸应保证各环间转动灵活，链环形状应一致。

（3）使用过程中，链条应伸直，不应扭曲、打结或弯折。

（4）所有零部件应顺滑，无材料或制造缺陷，无尖角或锋利边缘。

（四）安全绳使用注意事项

（1）禁止用麻绳作安全绳使用。

（2）当需要超过 2m 的安全绳的时候，应选择使用速差自控器 / 防坠器。

（3）两人不能同时使用 1 条安全绳。

（4）在进行高危作业的时候，为了使高空作业人员在移动中更加安全，在系好安全带的同时，要挂在安全绳上。

（5）安全带的安全绳不得打结使用，安全绳上不得挂钩。

（6）安全绳有效长度不应大于 2m，有两根安全绳的安全带，单根绳的有效长度不应大于 1.2m。

（7）安全绳不得用作悬吊绳；安全绳与悬吊绳不得共用连接器，新更换安全绳的规格及力学性能应符合要求，并应加设绳套。

四、攀升保护器

攀升保护器（图 3-41、图 3-42）用于直梯攀登与下降的高空作业安全保护，

图 3-41　井架直梯处攀升保护器

图 3-42　人字架处攀升保护器

防止作业者攀登与下降时因脚下打滑或手未抓牢而发生坠落伤亡事故发生。用于一切存在攀爬直梯的工作环境。

（一）攀升保护器的结构和参数

1. 结构

攀升保护器由挂钩、安全锁扣和钢丝绳组成（图 3-43）。

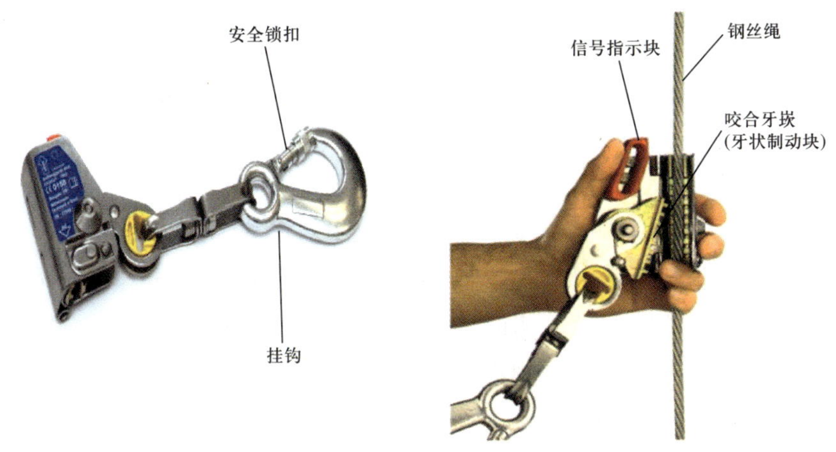

图 3-43　攀升保护器部件组成

2. 常用攀升保护器参数

1）参数特性

参数特性如下：

- 型号：AH5。
- 最大负荷：130kg。
- 钢丝绳直径：ϕ8mm。
- 钢丝绳长度：与梯子长度相同。
- 执行标准：EN353/1。
- 认证：CE 0158。

2）技术参数

技术参数见表 3-18。

- 功能：配合 8mm 的钢丝绳可防止工作人员在高空攀爬时坠落。
- 安全性：挂钩及安全锁扣均采用双保险，不慎坠落时无落差，确保工作人员的安全。

表 3-18　攀升保护器技术参数表

序号	部件	材质	规格	数值
1	挂钩	特制铝合金	130mm × 80mm × 14.5mm	
2	安全锁扣	优质钢材	96mm × 54.5mm	载荷：130kg
3	钢丝绳	特殊工艺处理的钢丝绳	ϕ8mm	
4	外形尺寸		320mm × 80mm × 23mm	
5	定期检验			半年

- 耐用性：由优质钢材和铝合金材料精制而成，耐腐蚀、抗高温。

（二）攀升保护器的安装

直梯攀升保护器安装如图 3-44 所示。

（1）在需要攀登的直梯（笼梯）的中间自上至下安装一根 ϕ8mm 的钢丝绳。

（2）在直梯（笼梯）最上端的横撑上安装一个 ϕ20 的 U 形环，将螺栓穿过 ϕ8mm 钢丝绳一端的扣环后扭紧螺母（若钢丝绳上无扣环，将钢丝绳末端穿过 U 形环，采用 3 个 ϕ8mm 钢丝绳卡子卡紧）。

（3）在直梯（笼梯）下端的横撑上安装一个 U 形环，将螺栓穿过 OO 型花篮螺栓的圆环后扭紧。将钢丝绳末端穿过花篮螺栓上端圆环，拉紧后用 3 个 ϕ8mm 钢丝绳卡子卡紧。

（4）转动花篮螺栓将钢丝拉紧。

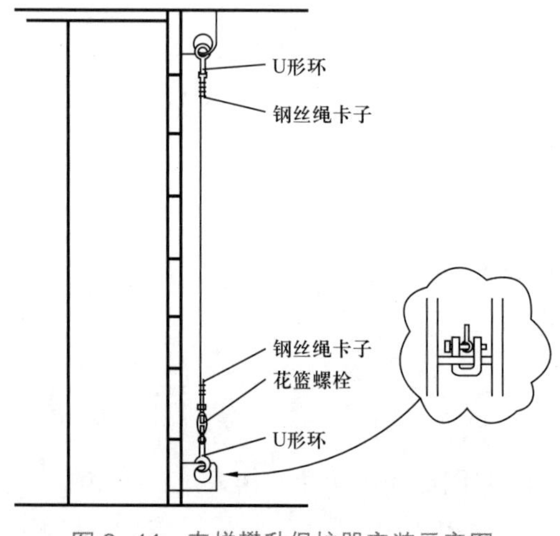

图 3-44　直梯攀升保护器安装示意图

（5）安装锁紧防坠器（抓绳器）。逆时针转动锁紧防坠器的滚花指拧螺钉，按下联锁杆到解锁位置，将锁紧防坠器打开。将红色推动箭头和太阳符号朝上，然后将锁紧防坠器环绕在 ϕ8mm 钢丝绳上，闭合锁紧防坠器，待联锁杆自动回复到闭锁位置后，顺时针扭紧滚花指拧螺钉。具体如图 3-45 所示。

（三）攀升保护器使用

（1）作业者穿好安全带，将锁紧防坠器（抓绳器）的挂钩挂在胸前的扣环上。如图 3-46 所示。

图 3-45 安装锁紧防坠器（抓绳器）示意图

图 3-46 直梯攀升保护器使用模拟图

（2）锁紧防坠器（抓绳器）的转柄向上抬起，锁紧防坠器处于放松状态，可以在钢丝绳上自由滑动，作业人员可以向上攀登或下降。

（3）当作业人员跌落时，锁紧防坠器（抓绳器）的转柄向下转动带动内部的牙状制动块立即在 ϕ8mm 钢丝绳上锁紧，将人吊在钢丝绳上，防止跌落事故的发生。

（4）作业人员抓牢后，如需要继续攀登或下降，使锁紧防坠器（抓绳器）的转柄抬起即可。

（5）使用时切勿用手握住防坠器，如图 3-47 所示。

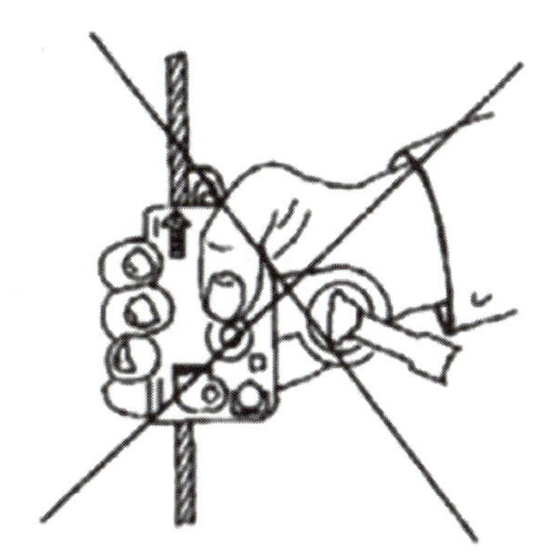

图 3-47 锁紧防坠器错误的操作方式

（四）攀升保护器的日常检查

（1）U 形卡环（图 3-48）：调节杆是否

变形，拉杆丝扣是否完好，安装位置是否在直梯（笼梯）横撑上，是否在最上端和最下端，连接螺栓是否紧固。

图 3-48　U 形卡环

（2）钢丝绳（图 3-49）：无扭曲、锈蚀、断丝及过大的几何变形，与井架笼梯内其他绳索、线缆无交叉，钢丝绳上无油污、无防锈油，钢丝绳两端绳卡固定牢靠、间距符合要求、方向正确，钢丝绳头无松动、无滑脱迹象。

图 3-49　钢丝绳

（3）保护器主体（图 3-50）：向上提动挂钩，无卡阻现象，信号指示块完好；向下拉动挂钩，无下滑距离，信号指示块收回；连接螺母螺纹无磨损，有防脱定位销；打开保护器，咬合牙状制动块无磨损，干净无油污、无沙尘，锁紧螺栓灵活。

（4）挂钩（图 3-51）：自锁螺栓灵活、有效，挂钩复位灵活、无卡阻、外形完好。

（5）安全锁钩：扣合到位，弹簧无松动。

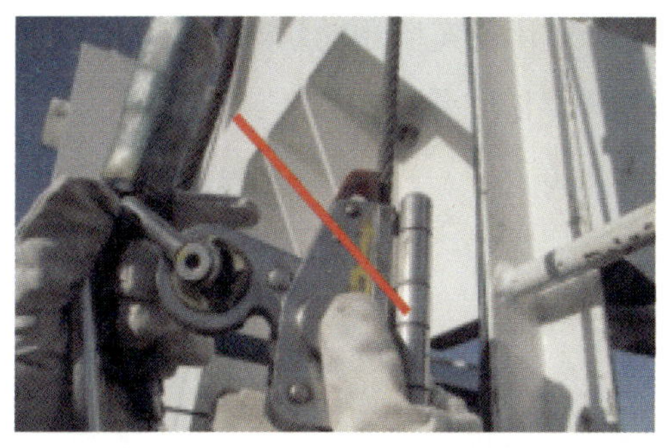

图 3-50 保护器主体

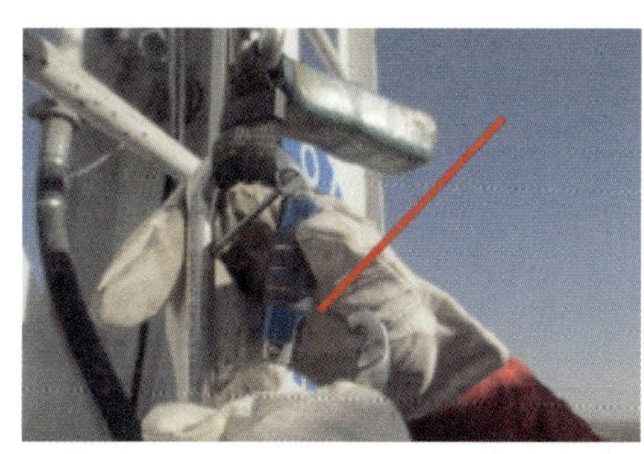

图 3-51 挂钩

（五）攀升保护器的维护保养和检维修要求

（1）钢丝绳上不得上防锈润滑油，并保证钢丝绳及附件上无油污，以保证攀升保护器（抓绳器）能可靠锁紧。

（2）钢丝绳无断丝、锈蚀或变形严重，钢丝绳磨损严重不能与制动块有效制动应更换钢丝绳。

（3）钢丝绳应上下固定牢固并拉紧，能够承受一个人（最大 130kg）突然坠落时的冲击力。

（4）锁紧防坠器应保持牙状制动块清洁，使用前实验制动块与钢丝绳制动情况，若制动块磨损严重不能有效制动，应更换锁紧防坠器。

（5）攀升保护器应安排专人定期负责检查保养。

（6）保护器出现过坠落保护情况的，应立即停止使用，并送到生产商或专业维修车间进行维修和重新测试。

（7）正常情况下必须由生产商或专业人员一年至少检查一次。

（8）正常使用条件下，牵索使用寿命为 4～6 年。

（六）攀升保护器的注意事项

（1）拆卸搬迁安装时，及时收回保护器主体，妥善保管，避免磕碰、摔、压，钢丝绳不得在沙土中掩埋、拖行，避免车辆碾压，不得沾染油污、酸、碱。

（2）雨季等恶劣天气时，不使用情况下应将攀升保护器主体收至房内干燥地方存放。

（3）定期对保护器主体进行除尘、清洁。

（4）定期对花篮螺栓螺纹除锈，活动 U 形环螺杆。

（5）禁止使用损坏的装置、全身安全带或绳索与攀升保护器一起使用。

（6）禁止改装攀升保护器。

（7）攀升保护器清洁时应使用专用清洁剂及大量清水（40℃）清洗，自然风干，不得接近火源或其他热源。

表 3-19 为井架攀升保护器检查表。

表 3-19　井架攀升保护器检查表

序号	部件名称	检查项目
1	U 形卡环	安装位置合适（两端分别固定在井架梯子最上面和最下面的横杆上）
		螺栓无松动
2	锁紧防坠器（抓绳器）	牙状制动块磨损情况，能正常咬合在钢丝绳上
		锁紧螺栓灵活，自锁正常
		信号指示块完好
		挂钩完好
3	钢丝绳	钢丝绳无扭曲、损坏、断丝、锈蚀及几何尺寸变形过大
		钢丝绳必须上、下固定牢固并拉紧，要能承受最大 130kg（大约一个人）突然坠落时的冲击力

续表

序号	部件名称	检查项目
3	钢丝绳	钢丝绳与井架无摩擦
		钢丝绳上不允许涂防锈润滑油，并保证钢丝绳及附件上无油污，以保证攀升保护器能可靠锁紧
4	钢丝绳卡子	检查钢丝绳卡安装方向、距离正确，卡子无松动
5	花篮螺丝	使用挂钩为全封的花篮螺丝，完好

（七）攀升保护器判废标准

攀升保护器判废标准见表 3-20。

表 3-20　井架攀升保护判废标准

序号	部件名称	判废标准
1	U 形卡环	任何部位产生裂纹
		销轴和扣体断面磨损超过名义尺寸 10%
		扣体和销轴发生明显变形，销轴不能自如转动或螺纹倒牙、脱扣
2	锁紧防坠器（抓绳器）	牙状制动块磨损严重，咬合在钢丝绳上后打滑
		锁紧螺栓或自锁装置损坏
		挂钩损坏
		各铆接件松动、退出
3	钢丝绳	钢丝绳出现断丝情况
		因打结、扭曲、挤压等造成钢丝绳畸变、压破、芯损坏，因变形致使攀升保护器无法在钢丝绳上下顺利滑动
		严重锈蚀，柔性降低，表面明显粗糙
		带电燃弧引起钢丝绳烧熔、熔融金属液浸烫，或长时间暴露于高温环境中引起强度下降
		钢丝绳磨损，在任何位置实测钢丝绳直径低于原公称直径 90%
4	花篮螺丝、钢丝绳夹	裂纹、变形、螺纹损坏

五、速差自控器

高空作业用速差器是一种速差式防坠器，其安装在挂点上，装有可伸缩长度的绳（带、钢丝绳），串联在安全带和挂点之间。

（一）速差器结构组成及工作原理

（1）组成：速差器是由缓冲器、连接器（挂钩）和连接绳（安全绳）三部分构成，如图 3-52 所示。

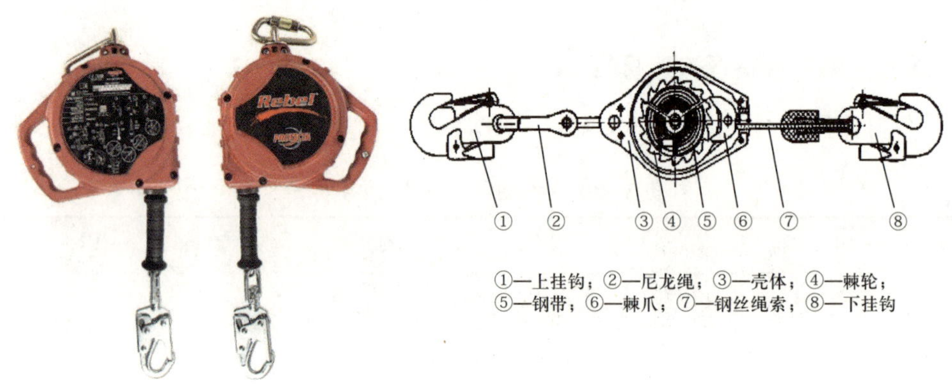

图 3-52　速差器结构图

（2）工作原理：当使用者上升或下降时，安装在坠落制动器内的伸缩式弹簧会使系带始终保持紧绷状态。一旦发生坠落，当钢丝绳下坠速度超过 1m/s 时，转轮带动制动齿动作，将转轮制动，钢丝绳被止住，使工作人员不会继续坠落。在正常情况下，会将自由坠落阻止在小于 0.2～0.8m 的距离范围内。当钢丝绳的拉力被解除后，在弹簧的作用下，转轮反向转动将制动齿复位，释放转轮，防坠器又恢复正常工作状态。

（二）速差器的挂点要求

（1）速差器应设置在操作者的上方。

（2）速差器固定点具有不小于 10kN 的强度。

（3）速差器固定点位于作业面的垂直轴心线上，最大角度为 ± 30°。

图 3-53 为速差器使用示意图。

（三）速差器使用和维护要求

（1）必须高挂低用，使用时应挂在使用者上方坚固钝边的结构物上，且不得另加其他安全绳与其联合使用。

（2）速差自控器在使用前检查器具钢丝索有否断股，锦纶吊索有否被锐物割破、外观有否异常（如出现裂纹等缺陷），在正常状态下然后拉出钢丝索时发出“嗒嗒”锁止声表示工作正常即可使用。

图 3-53 速差器使用示意图

（3）锦纶吊索严禁装在锐边固定物体上，以免割破吊索影响强度。

（4）绳索不得沾染油污、酸、碱等腐蚀性物质，冬天不能有冰雪附着。如有油污或冰雪应用干净棉纱擦拭干净后，在收回壳体内，以免加速锈蚀钢丝索，缩短使用寿命。

（5）严禁改装和任意拆卸。

（6）使用时钢丝绳切勿扭曲或打结，钢丝索不能与其他绳索交叉缠绕在一起，也不能钩到另处，或者与锐物干涉。

（7）速差自控器使用完后，钢丝绳索必须缩回机体内，以免钢丝绳磕碰受伤或沾染油污灰尘造成失灵。在特殊要求下可以配尼龙牵引绳索。钢丝绳拉出后工作完毕，收回机体内时中途严禁松手，以避免回速过快造成弹簧断裂，钢丝绳打结而不能使用。钢丝绳收回器内后即可松手。

（8）严禁在转动机构旁使用，以免钢丝绳卷入转动机构内而发生不必要的事故。

（9）使用速差自控器进行倾斜作业时，原则上倾斜度不超过 30°，超过 30°必须考虑能否撞击到周围的物体。

（10）拆除搬迁时，先卸下防坠落器妥善保管，避免磕碰、摔、压，以免壳体破裂变形。

（11）如果出现钢丝绳有断丝、变形或收缩不灵活等情况时，应禁止使用。

（12）超出说明书中规定的使用次数，应立即报废。

（四）速差器判废标准

（1）在正常环境与合理使用下确保2年使用期，若时间虽超过2年，批量较多，使用次数少，则必须从批量中抽取1～2只质量较差器具，按下述方法之一试验：

① 将速差自控器悬挂在固定架上，将80kg砂袋或重物用绳索拉上悬挂高空，瞬间释放绳索砂袋或重物自由落体冲击。

② 在液压试验机上，速差自控器处于锁止状态，负荷升至6000N。

上述二种方法之一试验后，再检查锁止性能和检查钢丝绳索，是否存在断股等情况，如一切正常，则该产品可继续使用6个月，此后每6个月做一次上述试验，做过试验产品严禁使用。

（2）速差自控器虽然在使用时间内，但使用环境恶劣（如粉尘较多，酸碱浓度较高），要经常严格检查其锁止性能和钢丝索等质量，以确保使用安全。

速差器判废标准见表3-21，速差器检查见表3-22。

表3-21　速差器判废标准

序号	部件名称	判废标准
1	壳体	变形、损坏
2	自动锁死装置	给予安全绳一个迅即的拉力时，安全绳不能制动、锁死
3	回收装置	安全绳不能独立和自动回收至壳体内
4	安全绳（系带、钢丝绳）	安全绳磨损严重，出现撕裂、损坏、断裂、腐蚀、断丝、打结等情况
		钢丝绳磨损，在任何位置实测钢丝绳直径低于原公称直径90%的
5	安全钩	出现弯曲、扭曲变形、裂纹，铆钉等紧固件松动，生锈、腐蚀或外表的严重缺陷
		金属扣舌不能活动自如，松旷，自锁功能失效

表 3-22　速差器检查表

序号	部件名称	检查项目
1	壳体	检查是否存在变形、损坏
2	自动锁死装置	通过瞬时拉力检查安全绳是否实现制动、锁死
3	回收装置	检查安全绳是否能独立、自动回收至壳体内
4	安全绳（系带、钢丝绳）	检查安全绳是否出现磨损、撕裂、损坏、断裂、腐蚀、断丝、打结等情况
		检查钢丝绳磨损情况
5	安全钩	检查安全钩是否存在出弯曲、扭曲变形、裂纹，铆钉等紧固件固定情况，是否存在生锈、腐蚀或外表损坏
		检查金属扣舌活动情况，是否存在不灵活、松旷和自锁功能失效情况

六、其他坠落防护装备（井架登梯助力器）

井架登梯助力器用于钻井井架工爬直梯时起助力作用。如与攀升保护器配套使用，将会取得既安全又省力的双重功效。

1. 结构

井架登梯助力器由以下主要零部件组成:（1）地锚。（2）高强螺栓。（3）花篮螺栓。（4）导向钢丝绳。（5）配重砂筒。（6）牵引钢丝绳。（7）导向轮。（8）支架。（9）双保险挂钩（或连接器）。

2. 安装

井架登梯助力器安装如图 3-54 所示。

（1）导向轮固定在支架上，再将导绳轮支架固定在井架天车固定座上。

（2）牵引钢丝绳一端穿过导绳轮与平衡器（配重砂桶）上部的吊环相连，用 3 个 ϕ10mm 钢丝绳夹卡紧，牵引钢丝绳另一端（带挂钩）顺向井架直梯下部，适当拉紧在井架梯子下端挂牢。

（3）导向钢丝绳一端穿过平衡器（配重砂桶）的滑轮，用 U 形环固定在天车头上导绳轮支架上或天车头侧耳板上，另一端顺向地面。

（4）在地面选择合适的位置旋入地锚，地锚旋入深度应大于 1m。用高强螺栓连接花篮螺栓和地锚，将导向钢丝绳的另一端穿过花篮螺栓环扣，适度拉紧，用 3 个

ϕ10mm 钢丝绳夹卡紧，转动花篮螺栓调整导向钢丝绳的松紧度，将多余钢丝绳盘好。

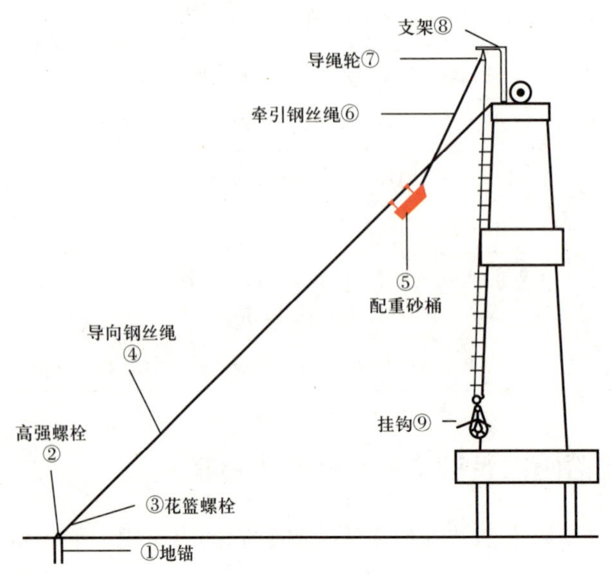

图 3-54　井架登梯助力器安装示意图

（5）安装注意事项：

——导向钢丝绳与地面的夹角在 45°～60°为宜。

——导向绳不宜拉得过紧，避免导向钢丝绳承受井架晃动产生的拉力。

——平衡器（配重砂桶）重量一般为 20kg，牵引钢丝绳（长度 75m）重量为 12kg，可根据使用者的体重情况，调整配重砂桶的总重量（打开配重砂桶的盖板，放入配重铁棒或注入适量的沙子，上紧盖板）。

3. 登梯助力器的使用

（1）使用登梯助力器时应与攀升保护器配合使用，起到既安全又省力的双重效果。

（2）使用时将助力器牵引钢丝绳下端的双保险挂钩挂在使用者配穿的多功能安全带背后的挂环上，攀升保护器的挂钩挂在多功能安全带胸前的挂环上，使用者沿直梯向上攀登，配重砂桶在重力的作用下，砂桶滑轮沿导向钢丝绳缓缓下降，牵引钢丝绳通过支架上的导绳轮改变方向，向上拉动使用者，给使用者一个与配重砂桶重量相等的拉力，使用者可以比较省力地向上攀登。当到达工作位置时，先摘开助力器的挂钩挂牢在直梯上，再摘开攀升保护器，即可进入作业区。

（3）当使用者下降时同样将助力器和攀升保护器挂钩挂在配穿的多功能安全带挂环上，即可沿直梯下降，使用者同样受到一个与配重砂桶重量相等的拉力，可减缓使用者下降的速度，使用者到达直梯下部时，摘开挂钩挂牢在直梯上，以免配重砂桶滑落。

4. 检查维护

（1）安排专人（井架工）定期检查和保养。

（2）定期对导向钢丝绳和牵引钢丝绳涂防锈油，避免钢丝绳锈蚀。拆迁时，将钢丝绳顺序盘好，避免挤压、弯折及接触酸、碱等腐蚀性物质。

（3）定期向导向轮和平衡器（配重砂桶）滑轮加注润滑脂，使用前检查滑轮转动是否灵活。

（4）日常检查地锚、钢丝绳卡等固定应牢固，无松动，挂钩锁紧装置完好。详见表 3-23。

表 3-23　登梯助力器检查表

序号	部件名称	检查项目
1	导绳轮及支架	固定牢固，导绳轮转动灵活
2	钢丝绳	牵引钢丝绳与地锚、支架（或井架）两端固定牢固，松紧度符合要求；导向钢丝绳与平衡器固定牢固
		钢丝绳无断丝及扭曲等严重变形
3	连接器或挂钩	无变形、扣舌活动自如
		保险功能完好，活门应向连接器锁体内打开，不得松旷，平稳扣紧，应在两个明确的动作下才能打开
		边缘光滑、无锋利边缘，无裂纹
4	平衡器	配重符合使用者体重情况（一般配重 20kg）
		平衡器滑轮转动灵活，在导向绳上能自由滑动
5	地锚及连接件	地锚旋入深度符合要求，承受拉力不小于 10kN
		固定螺栓、花篮螺栓紧固完好
6	其他	导向钢丝绳与地面的夹角在 45°～60°为宜

第四节 高处落物防护技术

一、高处作业手工具防坠落

石油石化作业现场高处作业常用手工具包括撬杠、大锤、螺丝刀、手钳子、管钳等。同时，还配备有推拉钩和信号棒等辅助工具。高处作业手工具有坠落伤人的风险，其坠落形式有攀登过程中的坠落和使用过程中的坠落两种情况。

某钻井公司钻井队高处作业工具清单见表 3–24。

表 3–24 某钻井公司钻井队高处作业工具清单

序号	名称	规格型号	配备数量	配备位置	备注
1	高空作业工具包	挂腰式或者双背式	2 个	偏房	所有工具必须配有尾绳，工具可以增配，不能减配
2	手钳子		2 把	偏房	
3	平口螺丝刀		2 把	偏房	
4	梅花螺丝刀		2 把	偏房	
5	撬杠	15mm × 500mm	8 根	偏房	
6	撬杠	25mm × 1200mm	4 根	偏房	
7	高压注脂枪	尾绳长度 1m	2 把	偏房	
8	手锤	2lb①	2 把	偏房	
9	大锤	16lb	2 把	偏房	
10	大锤	18lb	4 把	偏房	
11	梅花敲击扳手	32mm，尾绳长度 1m	2 把	偏房	
12	梅花敲击扳手	46mm，尾绳长度 1m	2 把	偏房	
13	梅花敲击扳手	60m，尾绳长度 1m	2 把	偏房	
14	梅花扳手	带固定卡扣和挂钩，长度 1m	4 把	偏房	
15	活动扳手	12in	2 把	偏房	
16	活动扳手	18in	2 把	偏房	
17	高处作业工具尾绳	带固定卡扣和挂钩，长度 1m	8 根	偏房	

①1lb=0.45359237kg。

（1）高处作业施工中施工人员手工具应设置防坠绳（图 3-55）以防意外坠落。

（2）高处作业应一律使用工具袋（图 3-56），工具、螺丝、焊条及零星废料头应随手放入工具袋，完工后随人及时带回地面。较大的工具应用防坠绳拴在牢固的构件上，不准随便乱放，以防止从高空坠落发生事故。

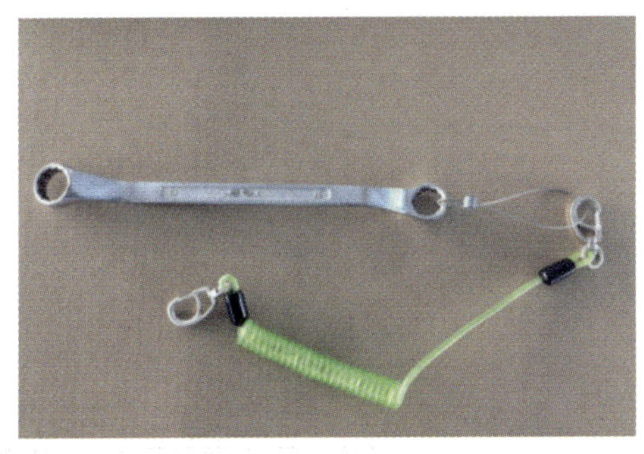

图 3-55 高处作业工具加装尾绳

图 3-56 高处作业使用工具袋

（3）高处禁止摆放任何未固定物件，以防坠落。

（4）高处作业中的走道、安全通道要保证畅通，物件、余料、废料不得任意乱置，更不得向下丢弃。传递物件用绳子系住，做到工完料净场地清。

（5）高处作业所用工具、材料严禁投掷，上下立体交叉作业时，中间必须设置隔离措施。

（6）高处作业区域应设立警示标志（图 3-57），拉设警戒区域，防止坠物伤人。

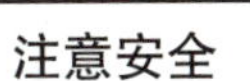

当心坠落

当心落物

严禁穿越

图 3-57 高处作业区域设置警示标志

二、高处设备设施防坠落

（1）高处作业时设备设施不应临边放置，确需放置时，设备设施应与构筑物连接牢固。

（2）施工现场确定的悬挂点、锚固点、保护网等，应与构筑物连接牢固，确保设备的稳固。

（3）钢丝绳必须按照技术要求选用，不能随意更换。安装钢丝绳时应按要求对钢丝绳进行锚固，防止松动，确保设备的安全性能。

（4）保护网应坚固，网孔不得大于150mm。

三、高处作业手工具携带方法和连接方式推荐做法

1. 小型手工具（梅花、呆头扳手、螺丝刀等）的连接和使用方法

使用专用卡箍固定于工具手柄上，将工具装入专用工具袋（工具袋配有安全环）。登高时将袋内工具用安全绳与工具袋安全环连接，防止工具掉落。作业时，将安全绳一端与手腕相连，防止工具脱手掉落固定与使用方法如图3-58至图3-62所示。

图3-58　手钳子固定方法

图3-59　螺丝刀固定方法

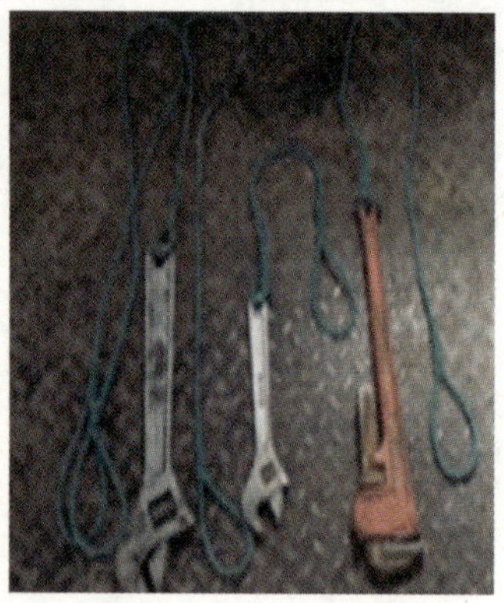

图3-60　扳手、管钳固定方法

图3-61　工具袋使用方法

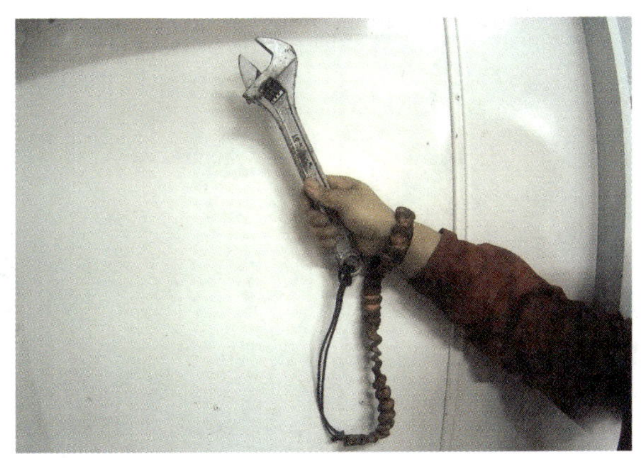

图 3-62 手工具与身体的固定方法

2. 大锤的连接和使用方法

在大锤上打眼，将安全绳一端穿入固定，另一端固定在手柄上。人员登高时将安全绳斜挎在肩上，方便人员上下梯子。使用时，将手柄端安全绳拆下，固定在高空固定构件上，防止坠落。大锤固定方法如图 3-63 所示，大锤随身携带方法如图 3-64 所示。

图 3-63 大锤固定方法

图 3-64 大锤随身携带方法

3. 撬杠的连接和使用方法

1）大撬杠

两端使用测斜钢丝绳、快速连接环和卡子固定，测斜钢丝绳穿胶皮管线保护。上井架时人员夸肩背上，方便人员上下梯子。作业时松开一头快速连接环，将长度为 1.5m 的钢丝绳固定在高空固定构件上，防止撬杠从高空掉落。大撬杠固定方法如图 3-65 所示，大撬杠随身携带方法如图 3-66 所示。

图 3-65　大撬杠固定方法

图 3-66　大撬杠随身携带方法

2）小撬杠

在小撬杠中间固定一个卡箍与长 0.5m 左右钢丝绳一端连接，另一端为快速连接环。登高时将钢丝绳斜挎在肩上，方便人员上下。操作时解开快速连接环，用快速连接环将钢丝绳与井架相连，也可将快速连接环与高处作业工具袋相连接，防止工具掉落。小撬杠固定及使用方法如图 3-67 所示。

图 3-67　小撬杠固定及使用方法

第五节　应急逃生设备设施

一、二层台逃生设备设施

二层台逃生装置是钻井作业高空安全逃生装置，井架工在突发井喷、失火等特殊工况，不能利用垂直梯逃生时，可利用该装置安全快速地降落到地面（图 3-68），方便快捷，是高空作业人员紧急逃生的安全保障。

图 3-68 人员从二层台逃生装置下滑图

一套完整的逃生装置主要由悬挂体、缓降器、导向绳、手动控制器、地锚和多功能安全带组成（图 3-69）。如果现场存在安装不规范或零部件缺损，会对逃生安全构成威胁。

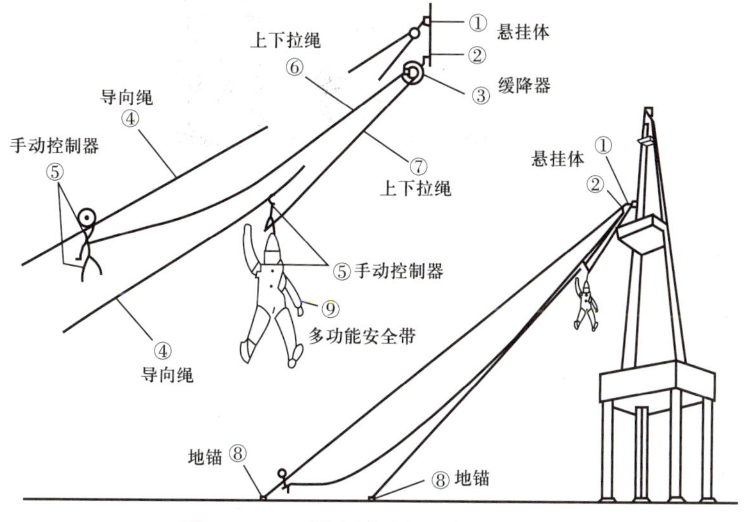

图 3-69 二层台逃生装置组成示意图

（一）二层台逃生装置的安装

1. 安装缓降器和悬挂体

打开缓降器散热孔（图 3-70），缓降绳（又称上下拉绳）穿过缓降器，将缓降

图 3-70　缓降器散热孔

器装入悬挂体内，拧紧固定螺栓；将卡板用四根螺栓固定在二层台上方 3m 左右的井架主体上，通过 U 形卡将悬挂体与卡板连接，或用一根 ϕ13mm×2m 专用钢丝绳套将悬挂体固定于井架上（图 3-71）。安装时要注意将悬挂体突出的一面保持向上的方向。这步工作应在起井架前，提前在低位完成。

图 3-71　悬挂体安装示意图

2. 选择地锚位置，固定地锚

地锚位置应选择在地势平坦，四周没有障碍物的开阔区域。两地锚间的距离应保持 4m 左右，导向绳与地面最佳角度为 30°～45°，最大不得超过 75°（图 3-72）。地锚埋深应在 1.1～1.2m，露出地面部分应在 0.1～0.2m（图 3-73），两地锚间距为 4m 左右（图 3-74）。

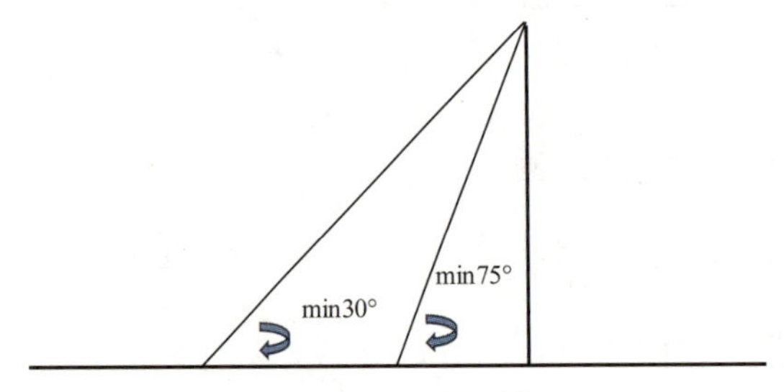

图 3-72　导向绳安装角度示意图

图 3-73 地锚安装图

图 3-74 两地锚之间距离示意图

表 3-25 给出了不同型号钻机地锚距钻台底座外侧安装距离推荐值，可供参考。

表 3-25 地锚距钻台底座外侧安装距离推荐值

距离，m	钻机型号					
	70 型	50 型	40LDB	40V	30LDB	30V
最近距离	11	10.5	9.6	9.1	9.1	8.8
最远距离	69	67	62	59	59	57
最佳距离	40	39	36	34	34	33

3. 安装导向绳和手动控制器

用专用螺栓将两根导向绳的一端固定于悬挂体下方两角，其中一根导向绳穿过上部手动控制器滑槽，将手动控制器与缓降绳（上下拉绳）一端的挂钩相连（图 3-75）。导向绳另一端用 M24 高强度正反螺栓和绳卡与地锚连接固定，调节正反螺栓使导向绳保持适当松紧度。用同样的方法安装另一根导向绳和下部手动控制器。

4. 调整手动控制器位置

调整上手动控制器腰钩位于逃生门，高度 1m 的位置并锁紧（图 3-76），将上下拉绳的另一端挂在下方的手动控制器吊环上，拉紧上下拉绳后，下手动控制器的腰钩位置位于距地面 1m 左右（图 3-77），卡紧上下拉绳（上下拉绳与导向绳不得缠绕）。连接完成后，将信号板插入下部手动控制器导向块和制动块之间，拧紧调节丝杠。将多余的导向绳、缓降绳头分别盘圈，固定。

图 3-75　上部手动控制器

图 3-76　上部手动控制器位置示意图

图 3-77　下部手动控制器位置示意图

5. 检查验收

二层台逃生装置安装完成后，副队长和现场 HSE 监督员应共同对安装情况进行检查验收。

检查验收应重点突出以下几方面：

● 检查导向绳、缓降绳是否存在弯曲变形或交叉缠绕，受载状态下是否与二层台、逃生门相互干涉影响。

● 检查腰钩是否完好，位置是否符合标准要求。腰钩的自锁装置一定要完好、可靠。上腰钩应靠近逃生门，能与逃生人员穿戴的安全带 D 形环挂上，下腰钩位置也不能过高或过低。

● 检查是否正确安装了信号板。下部手动控制器的信号板要始终卡在导向块和制动块之间。而上部控制器正常待命工况应为卡紧状态，不需要卡入信号板。

● 检查两根导向绳长度是否一致。若两根导向绳长度相差过大，人员从二层台连续逃生时，手动控制器不能到位。

● 检查地锚固定是否牢靠。如果地锚四周充填不实，或埋入深度不够，都将影响地锚固定的可靠性。

（二）二层台逃生装置的使用

（1）井架工必须穿着多功能安全带。

（2）迅速把手动控制器上的两个承重挂钩挂在安全带腰间的两个连接环处并锁紧。

（3）解开身上安全带的安全绳锁扣，将锁扣挂在手动控制器上方导向绳上。

（4）右手抓住手动控制器的手柄，将手柄顺时针旋转到锁紧导向绳位置，左手抓手动控制器承重挂钩钢丝绳上端，人体下蹲，当连接承重挂钩的钢丝绳绷紧时离开安全门。

（5）右手逆时针旋转手柄使手动控制器处于打开位置，人员随手动控制器沿导向绳匀速滑下，快要到达落地点时，顺时针旋转手柄减慢下滑速度，到达地面后，打开两个承重挂钩，取下安全带锁扣。

（6）此时另一个手动控制器将被拉绳拉到井架二层台处，二层台人员按（1）～（3）步骤进行操作。然后松开手动控制器手柄，取下红色警示牌，再按（4）、（5）步骤进行操作，确保多人连续逃生。

（三）逃生装置的日常检查、维护、检测

（1）井架工每日应对逃生装置检查一次，检查内容见表 3-26，包括：

① 悬挂体、地锚、缓降器、绳夹等连接件螺栓是否紧固。

② 地锚 10m 范围内是否清洁，无易燃、易爆、易腐蚀物品和障碍物。

③ 钢丝绳是否有断丝、腐蚀、挤压变形。

④ 导向绳的松紧度是否合适。

⑤ 手动控制器是否灵活，下方手动控制器是否已插入红色警示牌，上方手动控制器是否没有插入红色警示牌，手动控制器的挂环是否朝上。

⑥ 手动控制器锁紧杆螺纹是否损伤，滑槽磨损是否严重。

⑦ 在二层台上来回反复拉动缓降器拉绳，检查是否正常。

表 3-26　二层台逃生装置检查表

序号	部件名称	检查项目
1	悬挂体	安装位置合适悬挂体装在二层台以上井架第三节与第四节连接的横梁处
		螺栓无松动
2	缓降器	散热孔打开
		拉动钢丝绳，检查缓降器阻力大小，不卡
3	手动控制器	是向加油孔注入润滑脂
		上手动控制器警示牌取出，处于备用状态 下手动控制器警示牌夹在导向块和制动块之间
		扭动手柄，检查丝杠转动灵活
		滑块磨损程度，能有效夹紧导向绳
		挂钩无损坏，锁紧装置有效
4	导向绳	每根导向绳卡 3 只钢丝绳，绳卡方向、距离正确，绳卡无松动
		导向绳无扭曲、变形、损坏、断丝、锈蚀、油污
		松紧程度适宜、与地面夹角 30°～75°
		与井架、二层台等无摩擦
5	上下拉绳	钢丝绳卡 3 只，绳卡方向、距离正确，绳卡无松动
		钢丝绳无损伤、缠绕
		穿过缓降器后与手动控制器相连接，钢丝绳拉紧后，上手动控制器挂钩在二层台逃生门、下手动控制器挂钩距人员降落点地面 1m 左右
6	花篮螺栓	使用两个挂钩为全封的花篮螺丝，完好
		螺纹处加黄油
7	地锚	地锚旋入地下 1.1～1.2m、露出地面部分 0.1～0.2m，两地锚相距不小于 4m

（2）机械工长每周对逃生装置检查一次，将检查情况记录到安全设施使用、维护保养记录中。

（3）维护保养要求包括：

① 每周对手动控制器加油口加注润滑脂，确保丝杠转动灵活。

② 钢丝绳要注意维护，防止锈蚀，拆迁时钢丝绳要有序地盘在一起，防止钢丝绳受到挤压、弯折等。

③ 装置在拆迁搬运时应妥善保护，不得挤压、损伤零部件；重新安装时严格按

安装程序、试滑程序操作。

④ 每次使用完毕后，应对逃生装置进行认真检查，如果发现有部件或钢丝绳损坏，应立即通知专业人员进行更换。

⑤ 每套逃生装置应编号，并建立使用维护档案。

（4）检测：自安装之日起，每年或累计下滑次数达到 20 次，由生产厂家或具备资质的专业人员对该装置的安全性能检验一次，将检验情况记入安全设施使用、维护保养记录中。

（5）其他注意事项：

① 装置只能用作逃生，不能用作跌落保护或其他用途。

② 装置每次只能供一人使用，且不能携带重物。

③ 装置配件损坏需要更换时，只能用生产厂家相同规格的产品，不能用任何其他的产品替代。

④ 禁止钢丝绳与任何锋利物品，焊接火花或其他对钢丝绳有破坏性的物品接触，不得将逃生装置钢丝绳用作电焊地线，或吊重物用。

⑤ 装置不可接近火源，切勿接近含酸碱等腐蚀性液体和油品。

⑥ 钻井队要记录逃生装置首次使用时间、下滑时间、下滑人、累计下滑次数、维护保养情况、检验情况等内容。

⑦ 装置的设计寿命为 5 年，更换时间根据检验情况而定。

二、逃生滑道

（一）结构要求

钻井逃生滑道如图 3–78 所示，结构要求如下：

（1）滑道应由入口金属框架、金属连接件、滑道主体等构成。

（2）逃生滑道连接可靠，防护链便于取挂，非紧急情况处于防护状态。

（3）逃生滑道内应清洁无阻，无毛刺。

（4）逃生滑道出口应设置缓冲砂堆或缓冲垫，尺寸不小于 1.2m × 1.0m × 0.4m，周边无障碍物。

（二）使用要求

逃生滑道使用要求：

（1）调节逃生滑道角度，滑道内负荷的下滑速度应大于 4.0m/s。

（2）滑道下滑着地速度应不大于 1.0m/s。

（3）运输过程中滑道内禁止存放杂物，防止对滑道造成损伤。

图 3-78 钻台逃生滑道示意图

三、柔性逃生装置

柔性逃生装置（图 3-79）是钻井平台发生险情时，平台上钻井人员逃生的一种专用设备。

（一）组成部件及主要技术数据

1. 组成部件

组成部件包括逃生装置本体（入口圈、防火套、绷绳、地脚固定件）、安装固定架、缓冲垫、存储箱。

2. 主要技术数据

主要技术数据如下：

① 入口圈尺寸：ϕ900mm。

② 倾斜角度：40°～45°。

③ 标准体重：40～100kg。

④ 防火套耐高温：600℃。

（二）安装

（1）钻机安装完毕准备开钻前，按照说明书及生产厂家培训要求检查逃生装置各组成部分，均应完好。

（2）将固定盖板的两颗螺钉拆下收存，把司钻偏房地面盖子打开。

（3）安装防火套及固定架，如图 3-80 所示。

图 3-79 柔性逃生装置

图 3-80 安装防火套及固定架

（4）在钻机底座附近合适位置打好地锚，然后将防火滑道绷绳牢固连接在地锚上，并在出口处垫缓冲垫。

（5）安装完成后仔细检查各固定点应紧固牢靠，平时应将司钻偏房地板上的逃生装置盖子盖好。

（三）日常演练

（1）装备有逃生滑道的井队，应定期组织相关人员进行逃生装置试跳演练，以提高钻井工人的自救能力。

（2）逃生装置试跳练习必须做到注意事项：

① 试跳练习必须有专人负责监护和指导。

② 试跳者必须熟知“逃生装置使用须知”，严格按照“使用须知”要求演练。

③ 试跳者在下滑过程中可以通过调整双手（肘）或双脚向两侧滑道壁施加的力度大小以控制下滑速度，在将要滑出滑道的时候开始收腹，在脚接触到地面时顺势站立起来（图 3-81）。

（四）应急情况

（1）在发生紧急情况的时候，钻台操作人员应立即避入司钻偏房，并打开逃生装置盖子。

（2）双手并拢护住面部，身体自然伸直跳入滑道。

（3）滑出滑道后，从预定的逃生路线快速逃离井场。

图 3-81　应急逃生演练

（五）维护

（1）逃生装置应定期进行检查，逃生装置防火套应无破损、绷绳应无断股，地锚应牢固，对不符合安全的地方进行整改或更换受损部件。

（2）使用期限为 2 年，超过期限应与生产厂家联系，经全面检验后方可继续使用。

（3）经过火场使用的逃生装置，必须经生产厂家全面检验后，方可继续使用。

第六节　变更管理

在高处作业过程中，涉及变更应进行变更管理，确保所有的变更能按照相关要求进行审查，对变更引发的新的风险及隐患均能加以识别、控制及预防，确保变更前、变更过程中和变更后符合 HSE 运行控制标准，与变更相关之文件得以及时更新。

一、定义

（一）变更

变更是指工艺、设备、管理、环境等永久性或暂时性的变化。

（二）变更管理

变更管理是通过工艺、设备、管理、环境等永久性或暂时性的变更进行控制、避免因变更风险失控导致事故的过程。

二、变更分类

（一）按变更对象分

按照变更对象分为工艺变更、设备变更、管理变更、环境变更。

1. 工艺变更

工艺变更是指在作业过程中对已批准的工艺、设计、施工工序、施工流程、施工工具、工艺参数、施工质量和安全环保要求等发生的改变。

工艺变更范围包括但不限于：

（1）流程的变更。

（2）工艺参数的变更。

（3）工序的变更。

（4）施工工具的变更。

（5）工艺标准、技术标准、作业程序、操作规程的变更。

（6）使用材料的变更。

（7）设备设施的更新、改造。

（8）施工质量和安全环保要求的变更。

（9）其他。

2. 设备变更

设备变更是指设备首次投入使用后，符合设备（部件）原设计参数、规格型号、使用条件、管理标准的更换或原设计参数、规格型号、使用条件、管理标准的改变。

设备变更范围包括但不限于以下方面：

（1）新技术、新工艺、新材料应用。

（2）改变设备用途。

（3）改变设备动力源。

（4）改变设备结构、性能参数。

（5）改变设备显示装置、控制系统或控制方式。

（6）改变设备安全装置及安全联锁装置。

（7）改变设备操作方式、操作步骤。

（8）改变设备附件或材料。

（9）改变设备布局、安装方式。

3. 管理变更

管理变更是指组织在决策、计划、组织、执行、控制过程中发生的改变，主要包括法律、法规变更的识别与管理、标准、制度的变更，机构、人员的变更等。

4. 环境变更

环境变更是指环境发生改变，主要包括社会环境变更、自然环境变更、作业区域变更等。

（二）按变更风险大小程度分

按照变更风险大小程度分为同类替换、一般变更、重大变更。

1. 同类替换

符合原设计参数、规格型号、环境条件、管理标准的更换。

2. 一般变更

现有设计参数、规格型号、环境条件、管理标准许可范围内的改变，影响较小、不造成重大工艺参数、设备（部件）技术参数、规格型号、环境条件、管理标准等的改变。变更风险评估结果为一般风险、较大风险的变更。

3. 重大变更

影响较大、涉及重大工艺参数、设备（部件）技术参数、规格型号、环境条件、管理标准的改变，导致工艺技术改变、设施功能变化、使用风险增大、环境风险增大、管理标准偏离等。变更风险评估结果为重大风险的变更。

三、变更流程

根据变更风险影响范围的大小及所需调配的资源多少实行分级管理，执行变更管理流程（图 3-82）。

一般变更由基层单位根据现场作业的需要，填写变更申请表，向二级单位职能部门提出申请。重大变更由二级单位职能部门上报分管领导签署意见后，向企业职能部门提出变更申请。

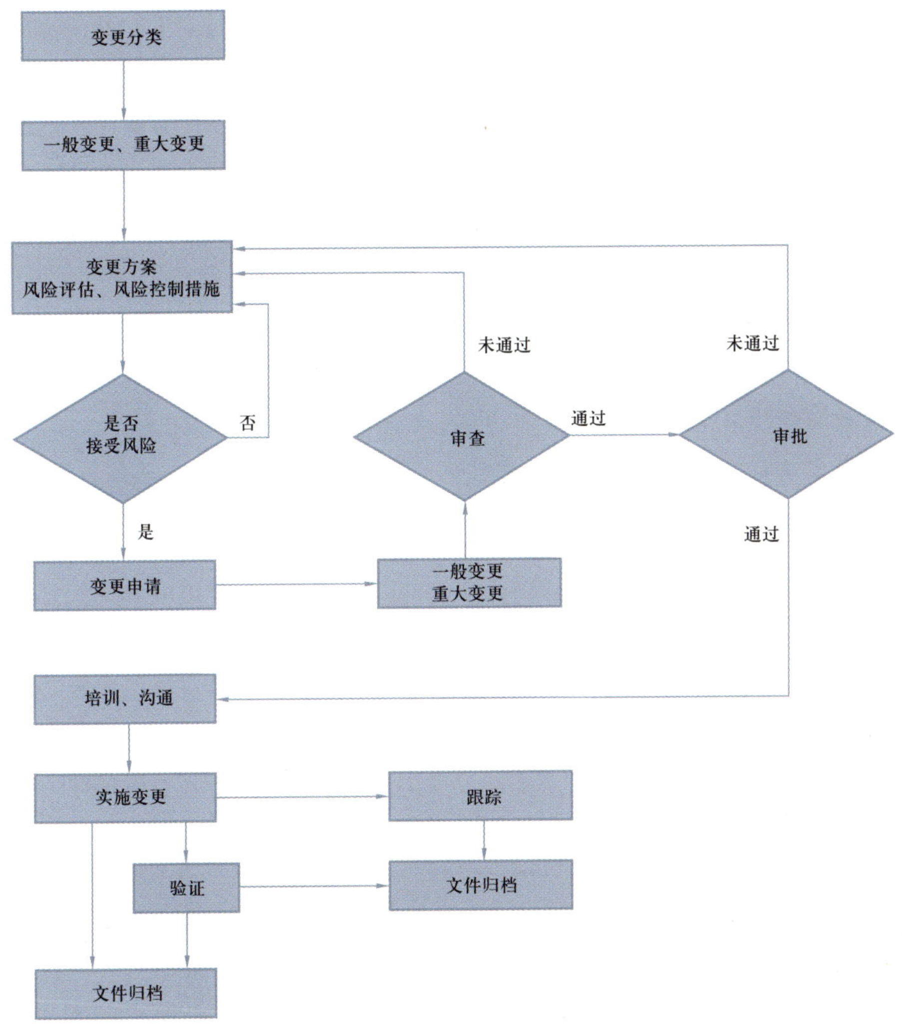

图 3-82 变更管理流程

（一）确定变更分类

按变更对象确定变更分类。

（二）判断变更分级

按变更风险大小程度判断变更分级。

（三）变更申请

（1）通常同类替换不需进行变更申请，同类替换由基层单位负责人审查后组织实施。

（2）基层单位判断为一般变更、重大变更的变更，应做好变更方案、风险评估及风险控制工作，分管领导确认后向企业所属二级单位职能部门提出变更申请。

（3）企业所属二级单位确认为重大变更的变更，应做好变更方案、风险评估及风险控制工作，分管领导确认后向企业职能部门提出变更申请。

（4）变更申请应包括但不限于以下内容：

① 变更原因及目的。

② 变更内容、变更分级。

③ 变更技术依据。

④ 风险评估及风险控制措施。

⑤ 变更开始及截止日期。

（四）变更审查与审批

（1）一般变更由企业所属二级单位职能部门组织人员对变更申请内容进行确认审查，报企业所属二级单位分管领导审批。

（2）重大变更由企业职能部门组织人员对变更申请内容进行确认审查，报企业分管领导审批。

（五）培训和沟通

（1）变更实施前应对变更影响或涉及的人员进行培训和沟通，必要时制订培训计划并实施培训。变更影响或涉及的人员包括但不限于操作人员、技术人员、相关的直线组织管理人员、承包商、外来人员、其他相关的人员。

（2）培训、沟通应包括但不限于以下内容：

① 变更管理规范。

② 变更原因及目的。

③ 变更内容。

④ 变更技术要求。

⑤ 变更实施过程中及变更后的风险、风险控制措施及同类事故案例。

（六）变更实施

（1）一般变更由基层单位组织实施，重大变更由企业所属二级单位组织实施。

（2）变更应按照审批确定的内容和范围实施，并在变更实施过程中落实风险控制措施。

（3）变更实施若涉及作业许可，应办理作业许可证。

（4）变更实施若涉及启动前安全检查，应进行启动前安全检查。

（5）变更实施过程中应建立变更记录等文件，做好变更过程中的信息沟通工作。

（6）变更截止日期未完成变更工作，应获审查部门授权后方能继续进行变更工作。

（七）跟踪、验证

（1）变更审查部门应对变更的执行情况进行跟踪检查。

（2）组织实施变更单位应对变更是否符合规定内容、是否达到预期目的进行验证，将验证报告提交变更审查部门。

（3）临时性变更在规定期限后应恢复变更前状况。

（4）确认有效的永久性变更，变更审查部门和组织实施变更单位应对相应的标准、规程和制度进行修订。

（八）文件归档

（1）更新所有与变更相关的设备、工艺技术信息。

（2）变更实施过程的相关文件归档。

第四章　高处作业常见违章隐患

第一节　高处作业常见不安全行为

高处作业的常见不安全行为主要表现为不按要求使用安全防护设施、不正确使用安全防护设施、高处工具无防掉措施或向下抛物、高处作业人员站位不当等。

一、高处作业不按要求使用安全防护设施

高处作业不按要求使用安全防护设施的主要表现有不按要求使用安全带、井架防坠落装置、登梯助力器及速差自控器等。表 4–1 为作业现场部分不按要求使用安全防护设施行为表现。

表 4–1　高处作业不按要求使用安全防护设施不安全行为

序号	不安全行为描述	图例	危害说明
1	装置上高处作业未穿戴使用安全带		人员易从装置高处掉落摔伤
2	井架上作业未穿戴使用安全带		人员易从井架上掉落摔伤

续表

序号	不安全行为描述	图例	危害说明
3	井架上攀爬作业未穿戴使用安全带		人员易从井架上掉落摔伤
4	高处临边作业未穿戴使用安全带		人员易从高处掉落摔伤
5	高处检维修作业未穿戴使用安全带		人员易从高处掉落摔伤
6	设备上方检维修作业时无防坠落措施		人员易从高处掉落摔伤
7	搭设井口平台时人员未穿戴使用安全带		人员易从井口平台掉落摔伤

续表

序号	不安全行为描述	图例	危害说明
8	屋顶彩钢板上作业不拉安全绳、不系安全带		人员易从彩钢板上掉落摔伤
9	安装防火墙的高处作业人员未采取防坠落措施		人员易从作业面掉落摔伤
10	装卸车临边高处作业未采取防坠落措施		人员易从高处掉落摔伤
11	高处敲击作业未采取防坠落措施		人员易从高处掉落摔伤
12	屋顶作业未采取防坠落措施		人员易从高处掉落摔伤

续表

序号	不安全行为描述	图例	危害说明
13	安装井口高处临边作业未采取防坠落措施		人员易从平台掉落摔伤
14	人员上井架不使用登高助力器		人员攀爬时肢体负荷增大，踩滑风险增加
15	人员登高过程中未使用防坠落装置		人员易在攀爬过程中掉落摔伤
16	高空作业车人员未按照要求系挂安全带		人员作业时跌落风险

续表

序号	不安全行为描述	图例	危害说明
17	吊篮操作人员未佩戴安全带		高处坠落
18	人员高处作业未使用差速器		人员踩空、失稳易造成跌落摔伤
19	脚手架搭设，搭设人员没有佩戴安全带		人员易跌落造成身体伤害或严重事故
20	在无个人保护用品情况下，攀爬塔吊进行维修作业		人员易跌落造成身体伤害或严重事故

续表

序号	不安全行为描述	图例	危害说明
21	高处焊接作业人员未系挂安全带		人员易跌落造成身体伤害或严重事故

二、高处作业不正确使用安全防护设施

高处作业不正确使用安全防护设施主要表现有安全带尾绳未拴挂或固定不规范，未高挂低用，人员高处行走或移动不使用生命线等。表 4-2 为作业现场部分不正确使用安全防护设施行为表现。

表 4-2　高处作业不正确使用安全防护设施不安全行为

序号	不安全行为描述	图例	危害说明
1	人员高处作业时安全带尾绳挂钩未拴挂固定		人员易高处掉落摔伤
2	人员高处移动时尾绳挂钩未拴挂于生命线		人员易高处掉落摔伤

续表

序号	不安全行为描述	图例	危害说明
3	人员高处移动时尾绳挂钩未拴挂于锚固点		人员易高处掉落摔伤
4	人员井架上作业，安全带尾绳挂钩固定不牢靠（直接钩在井架槽钢上）		挂钩易脱落，人员从高处掉落时安全带起不到保护作用
5	人员井口作业，安全带尾绳挂钩固定不牢靠（直接钩在井口螺栓孔上）		挂钩易脱落，人员从高处掉落时安全带起不到保护作用
6	人员装置上作业，安全带尾绳挂钩固定不牢靠（直接钩在装置槽上）		挂钩易脱落，人员从高处掉落时安全带起不到保护作用
7	人员作业时，安全带尾绳挂钩挂在细小的管线上		锚固点不牢固，人员从高处掉落时管线断裂，安全带起不到保护作用

续表

序号	不安全行为描述	图例	危害说明
8	人员未将安全带挂在指定锚固点上，挂在护栏上		锚固点不牢固，人员从高处掉落时安全带起不到保护作用
9	安全带尾绳挂钩未闭合		挂钩易脱落，人员从高处掉落时安全带起不到保护作用
10	安全带悬挂点不可靠，系挂在脚手架管边缘		挂钩易从脚手架管脱落，人员从高处掉落时安全带起不到保护作用
11	安全带尾绳挂钩挂在脚手架钢管内		挂钩易脱落，人员从高处掉落时安全带起不到保护作用
12	人员脚手架上作业安全带尾绳未高挂低用		高处坠落距离增大，安全带起不到应有的保护作业

续表

序号	不安全行为描述	图例	危害说明
13	人员井架上作业安全带尾绳未高挂低用		高处掉落距离增大，安全带起不到应有的保护作业
14	人员井口作业安全带尾绳未高挂低用		坠落距离不足，人员从高处掉落不能有效防护
15	人员作业时，将安全带尾钩互挂		1人坠落时带动另外1人坠落
16	人员作业时，未使用全身式安全带		发生坠落后，人员易脱出安全带掉落
17	人员作业时，安全带腿部系带未系		发生坠落后，人员易脱出安全带坠落

续表

序号	不安全行为描述	图例	危害说明
18	人员作业时，安全带绑腿未系全		坠落时身体承受的冲击力不均衡，易对身体造成伤害
19	坠落高度不足时使用带缓冲包的安全带		安全带未起应有的保护作用，缓冲包受力打开，人员仍会摔落地面造成伤害
20	人员在高处作业时，所系安全带尾绳过长（3m）		坠落距离增大，特别是1级高处作业时，安全带起不到应有的保护作用
21	人员吊篮作业时，未将安全带系挂在安全绳上，而是系在吊篮上		吊篮坠落时安全带起不到保护作用
22	人员私自拆除护栏		人员易从高处掉落摔伤

续表

序号	不安全行为描述	图例	危害说明
23	人员作业时，操作平台护栏未关闭		人员易从平台高处掉落摔伤
24	人员攀爬时，速差器挂在安全带肩带上		容易使安全带脱落，造成人员摔落受伤
25	作业人员在坠落高度不足5m的管廊上使用安全带缓冲包		缓冲包受冲击力展开后，因净落差不足，导致人员坠落
26	用麻绳替代钢丝绳拉设生命线，且绳头简单打结，未有效固定		绳结脱开，导致人员坠落

续表

序号	不安全行为描述	图例	危害说明
27	在组装移动脚手架时，人员未按要求使用安全带		移动脚手架倒塌，导致人员坠落
28	5m以上高处作业人员，安全带未连接缓冲包		坠落冲击力导致人员受伤
29	人员登高过程中在无防坠落装置情况下未交替使用双钩尾绳		人员易在攀爬过程中掉落摔伤
30	人员单手攀爬梯子，另一只手拿安全带尾绳挂钩		人员易从梯子上掉落

续表

序号	不安全行为描述	图例	危害说明
31	临边作业保险带未使用尾绳		人员易从高处跌落摔伤
32	高处作业人员使用的五点式安全带腰带缺失，使用不完好的安全防护用品		高处坠落时达不到防护要求，造成人员受伤或跌落
33	作业人员使用麻绳作为生命线进行高处作业		高处临边作业跌落时未起到保护作用，导致人员跌落受到伤害
34	作业人员在系统管廊高处行走在电缆槽盒上且安全带未系挂		人员行走过程中易跌落造成伤害或严重事故
35	钢结构安装高处作业，人员无可靠作业平台、安全带系挂在支架上易脱钩		人员从高处跌落受到伤害或严重事故

续表

序号	不安全行为描述	图例	危害说明
36	作业人员在无任何高处安全防护措施情况下在钢结构横梁上不系挂安全带行走		人员行走过程中易跌落造成伤害或严重事故
37	作业人员使用的安全带缓冲包破损	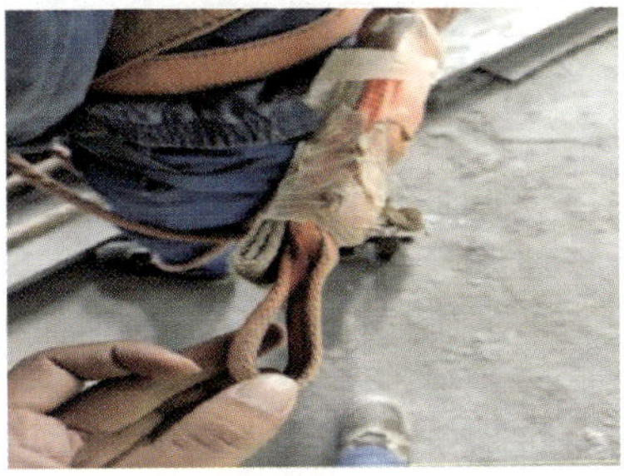	高处坠落时无法起到保护作用，导致人员受到伤害
38	作业人员使用单绳报废安全带，作业前未检查确认完好性		人员跌落时无法起到保护作用，造成人员伤害
39	在攀登仪器房时安全带未高挂低用		人员坠落时安全带未起到保护作用造成摔伤
40	高处作业人员不系挂安全带		人员易高处掉落摔伤

续表

序号	不安全行为描述	图例	危害说明
41	高处作业人员安全带系挂方式错误		安全带未拴挂在结实的构件或物体上，容易摆动，导致人员高处掉落摔伤

三、高处工具无防掉措施或向下抛物不安全行为

高处工具无防掉措施或向下抛物不安全行为的主要表现有高处工具不系安全绳、工具摆放不稳妥及从高处抛物等。表 4-3 为作业现场部分高处工具无防掉措施或向下抛物不安全行为表现。

表 4-3　高处工具无防掉措施或向下抛物不安全行为

序号	不安全行为描述	图例	危害说明
1	脚手架拆除作业时，人员将构配件从高处抛掷到地面		构配件易伤及下方人员
2	人员从井架上往下扔工具		工具易伤及下方人员

续表

序号	不安全行为描述	图例	危害说明
3	人员沿大门坡道向下扔物件		物件易伤及大门坡道下方人员
4	人员高处作业手持工具未系安全绳		工具易从高处掉落伤人
5	人员井架上作业时，连接销未放置稳固		连接销易从高处掉落伤人
6	人员井架上作业，大锤使用完未摆放稳妥		大锤连接销易从高处掉落伤人

续表

序号	不安全行为描述	图例	危害说明
7	人员作业后，未将高处工具回收		工具易从高处掉落伤人
8	砂罐顶部护栏挂放物品未固定	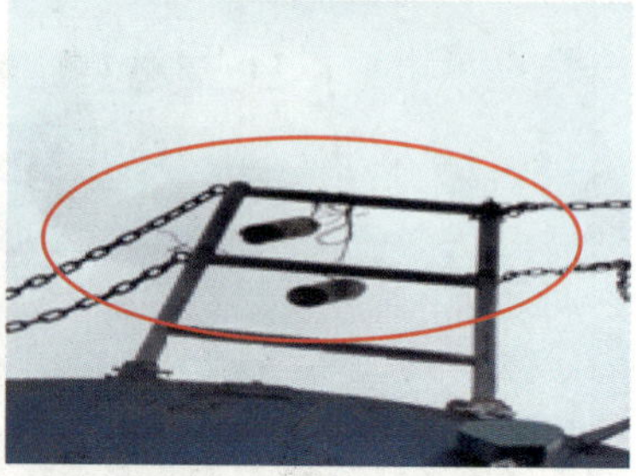	物件易从高处掉落伤人
9	人员使用麻绳在管廊向地面吊运灭火器		一旦脱落坠地存在爆炸风险
10	高处作业的扳手无尾绳		使用工具（扳手）时，工具（扳手）从手中脱落砸伤人员

四、高处作业人员站位不当

高处作业人员站位不当主要表现有站在防护栏杆上作业、身体伸出防护栏杆、站在设备上临边作业等。表 4-4 为作业现场部分高处作业人员站位不当行为表现。

表 4-4 高处作业人员站位不当不安全行为

序号	不安全行为描述	图例	危害说明
1	人员站在栏杆上作业		人员易从栏杆上摔下
2	高处安装井口平台时，人员站在梯子扶手上		人员易从扶手上摔下
3	人员二层台作业脚踩（蹬）栏杆		人员易从栏杆上摔下
4	人员坐在护栏上作业		人员易从栏杆上摔下

续表

序号	不安全行为描述	图例	危害说明
5	人员身体探出护栏作业		人员易从高处坠落
6	人员井口作业身体探出护栏		人员易从护栏处坠落
7	拆装井架，高处作业区域下方站人		高处落物易伤到下方人员
8	上下垂直交叉作业，高处作业区域下方站人		高处落物易伤到下方人员
9	人员检查设备时，站在设备边缘作业		人员易从高处滑落摔伤

序号	不安全行为描述	图例	危害说明
10	人员检维修作业时，站在设备边缘作业		人员易从高处滑落摔伤
11	人员检维修时踩在滚筒护罩上		人员易从护罩上摔下
12	人员作业时，脚踩在未固定的栏杆上，支撑不稳		人员易从站立的栏杆上滑倒摔伤
13	人员骑坐在封井器锁紧杆上作业		人员易从锁紧杆上摔下
14	人员坐在车顶护栏上休息		人员易从车上掉落

续表

序号	不安全行为描述	图例	危害说明
15	人员站在车辆马槽作业		人员易从马槽上跌落摔伤
16	检修作业坐在平台护栏上		人员易从护栏上跌落摔伤
17	移动平台高处作业人员脚踩在平台护栏上作业		从移动平台坠落造成伤害
18	作业人员站在人字梯顶端作业		人员易从梯子上跌落摔伤
19	人员未使用登高梯，踩在阀门手轮观察杆等易转动部件上作业		人员易从高处跌落摔伤

序号	不安全行为描述	图例	危害说明
20	钢结构安装连接作业，人员翻出高空作业平台车脚踩在护栏上作业		车辆易倾覆，人员摔落导致人员受到伤害、设备受到损失
21	基坑作业人员未从安全通道通行，在管道上行走		人员易跌落造成身体伤害或严重事故

五、临边作业不安全行为

临边作业不安全行为主要表现有临边作业无防护措施、脚手架作业踏板未固定、人员在临空面休息等。表 4–5 为作业现场部分临边作业不安全行为表现。

表 4–5 临边作业不安全行为

序号	不安全行为描述	图例	危害说明
1	人员井口临边作业未采取防坠落措施		人员易跌落到井口

续表

序号	不安全行为描述	图例	危害说明
2	人员井口临边作业使用梯子作为踏板		人员易从梯子上跌落到井口
3	人员站在未固定的踏板上作业		踏板易移位，人员从高处跌落
4	人员在未固定的物件上作业		物件移位，人员从高处跌落
5	拆除孔洞盖板未采取防护措施		人员易从孔洞高处坠落
6	高处作业人员临空面休息		人员易从临空面高处坠落

续表

序号	不安全行为描述	图例	危害说明
7	作业人员在屋顶边缘休息		人员易从房顶高处坠落
8	房顶进行高处检维修声光报警器时未穿戴安全带		人员易从仪器房顶坠落摔伤
9	临边单人作业无人监护		人员易从高处跌落摔伤

六、其他高处作业类不安全行为

其他高处作业类不安全行为主要表现在：上下梯子不扶扶手、翻越栏杆、人员站在危险区域等。表 4–6 为作业现场部分其他操作类的不安全行为表现。

表 4-6 其他操作类不安全行为

序号	不安全行为描述	图例	危害说明
1	人员下梯子不扶栏杆		人员易从梯子上摔落
2	人员翻越栏杆上罐		人员易从高处摔下
3	人员翻越井口平台护栏登高作业		人员易从高处护栏摔下
4	人员从设备间跨越行走		人员易从高处掉落摔伤
5	人员从相邻设备间跳跃		人员易从高处掉落摔伤

续表

序号	不安全行为描述	图例	危害说明
6	人员在液罐之间跨越无防护措施		人员易从液罐之间坠落
7	游车经过二层台时，人员不撤离操作台		人员易被运动的游车挂倒
8	移动式操作平台移动时平台上有人		人员易从移动平台掉落
9	运行装置区内搭设脚手架人员踩在未固定的架杆上作业		存在人员坠落及架杆意外坠落砸到运行机泵风险

续表

序号	不安全行为描述	图例	危害说明
10	不使用登高工作梯站在滚子方补心上作业		人员易从方补心上掉落摔伤
11	不使用登高梯攀爬房屋		人员易从高处掉落摔伤
12	不使用登高梯从侧面攀爬		人员易从高处掉落摔伤
13	人员使用扶梯攀爬时，无人扶登高梯		梯子易倾倒，人员从高处掉落摔伤
14	人员使用登高梯时，登高梯支撑不牢固		梯子易倾倒，人员从高处掉落摔伤

续表

序号	不安全行为描述	图例	危害说明
15	人员提前拆除扶梯		人员上下罐需攀爬，易从高处掉落摔伤
16	六级以上大风天气，高空作业车未及时停止作业		存在物料掉落、人员坠落、车辆侧翻风险
17	人员攀爬外墙架		高处坠落
18	横杆早拆	 	结构失衡倾倒

续表

序号	不安全行为描述	图例	危害说明
19	炼化装置高处钢结构安装阶段，作业人员随意铺设单块钢制跳板未固定		人员易从高处跌落造成伤害或事故
20	作业人员站立在高处正在吊装就位的管道上		人员易从高处跌落造成伤害或事故
21	使用吊篮装卸材料超出吊笼上缘		材料过程易掉落造成物体打击事件事故
22	管廊钢结构安装作业使用高空作业平台车，人员翻越平台车，爬到钢结构上		人员易从高处跌落受到伤害或严重事故，车辆倾覆

续表

序号	不安全行为描述	图例	危害说明
23	炼化装置钢结构安装高处作业未敷设安全平网，高处作业人员行走单梁及骑梁进行作业		人员易跌落，造成身体伤害
24	使用抓管机斗齿进行高处作业，且未设置任何防坠落措施，作业人员无劳保着装		人员易从高处跌落受到伤害，或者机械操作不当造成机械伤害
25	高处临边作业，作业人员利用脚手架探头杆搭设作业平台。无任何支撑及加固措施		脚手架承重不足导致变形或坍塌，人员高处坠落受到伤害

第二节 高处作业常见安全隐患

一、高处作业设备类典型隐患

（一）高空作业车典型隐患

高空作业车典型隐患见表 4-7。

表 4-7　高空作业车典型隐患

序号	隐患描述	图例	危害说明
1	高空作业车作业过程中轮胎未按照要求离地10cm		高空作业车重心不稳导致轮胎走位
2	高空作业车支腿未放置垫板		单条支腿受力增大，可能造成车辆整体倾覆
3	高空作业车作业区域未设置明显警示标志		非作业人员进入，造成物体打击
4	使用高空车后停放位置占堵通道		应急通道不畅，不便逃生

（二）高处作业吊篮典型隐患

高处作业吊篮典型隐患见表 4-8。

表 4-8 高处作业吊篮典型隐患

序号	隐患描述	图例	危害说明
1	吊篮作业使用的配重重量不足		吊篮倒塌
2	吊篮作业人员使用的安全绳老化严重		安全绳断裂，人员坠落
3	吊篮钢丝绳绳卡开口朝向未朝受力主绳		绳卡脱扣，吊篮坠落
4	连接螺栓锈蚀严重		锈蚀导致结构件强度不足，造成悬挂机构梁失稳破坏失稳，整机倾覆

续表

序号	隐患描述	图例	危害说明
5	横梁搁置在窗台飘板上		吊篮支架容易失稳，造成吊篮倾覆
6	吊篮前支架不稳固		吊篮支架容易失稳，造成吊篮倾覆
7	吊篮横梁直接搁置在女儿墙上		吊篮支架容易失稳，造成吊篮倾覆
8	吊篮支架支承在女儿墙		支承面不牢固，吊篮支架容易失稳、倾覆

续表

序号	隐患描述	图例	危害说明
9	悬挂支架大于标准产品高度未作加强措施		立杆长细比大刚度小，造成变形大导致失稳倾覆
10	吊篮未设置配重		吊篮不满足抗倾覆要求，易造成结构稳定性不足，导致吊篮失稳倾覆
11	安全锁与悬吊平台未采用高强度螺栓连接		悬挂机构连接不可靠，造成构件连接处失稳，导致吊篮倾覆
12	后支架与横梁连接螺栓未使用高强度螺栓		悬挂机构连接不可靠，造成构件连接处失稳，导致吊篮倾覆

续表

序号	隐患描述	图例	危害说明
13	支架连接螺栓螺母未紧固		易造成悬挂支架刚度不足，导致吊篮倾覆
14	配重块不规范	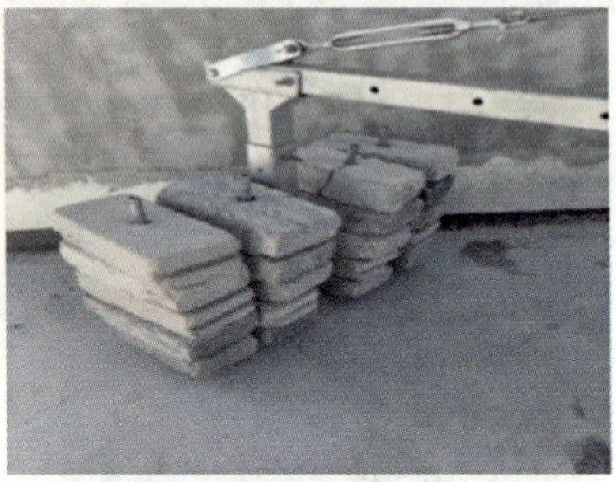	易造成不满足抗倾覆要求，导致吊篮倾覆
15	配重未有永久标记	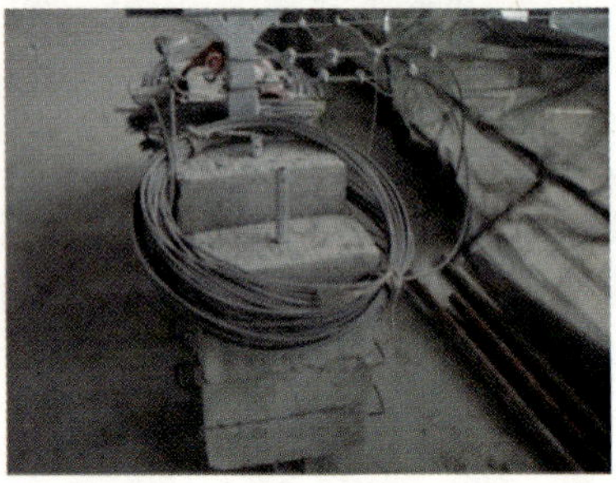	易造成不满足抗倾覆要求，导致吊篮倾覆
16	产品铭牌标识不清		产品铭牌标识不清，无法确定产品信息和参数，易违章造成使用，发生安全事故

续表

序号	隐患描述	图例	危害说明
17	安全锁未有标定时间		当提升机故障或工作绳断裂时，悬吊平台发生坠落倾斜时无法锁定，导致吊篮发生倾覆坠落
18	安全锁损坏失效		当提升机故障或工作绳断裂时，悬吊平台发生坠落倾斜时无法锁定，导致吊篮发生坠落
19	起升限位开关、终端极限限位开关失效	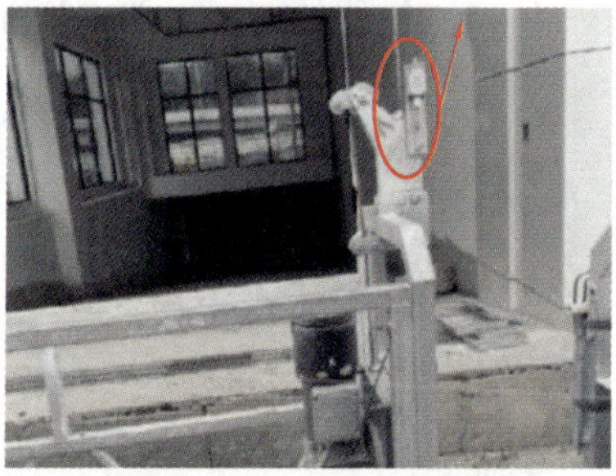	吊篮在上升过程中出现冒顶现象，造成悬吊平台坠落
20	未安装防倾斜装置	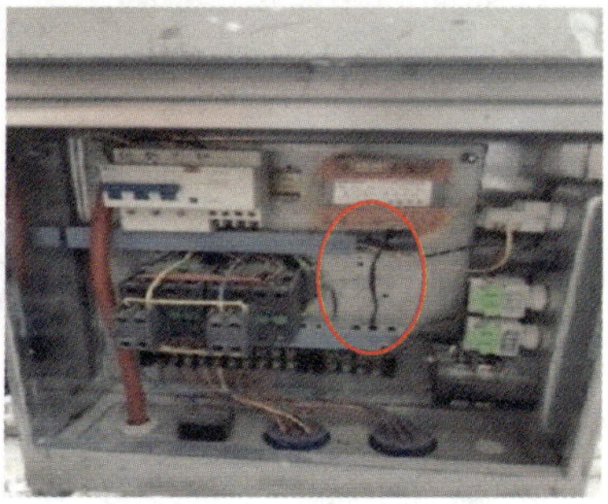	造成悬吊平台倾斜时无法制停，导致吊篮倾覆坠落

续表

序号	隐患描述	图例	危害说明
21	安全绳固定不可靠		安全绳固定不稳固，当吊篮坠落时，导致人员发生高坠
22	安全绳固定在轨道上	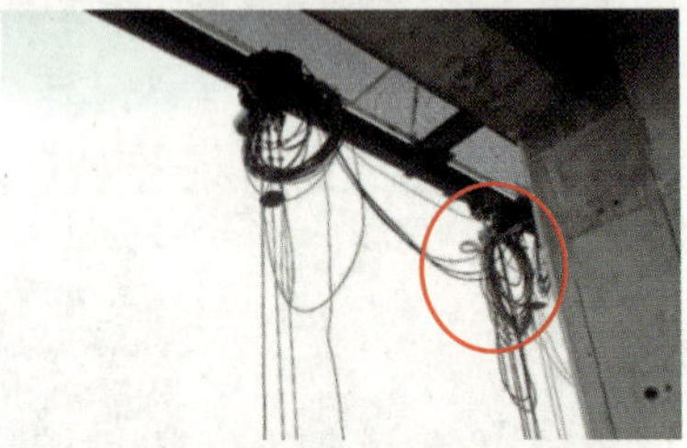	安全绳固定不稳固，当吊篮坠落时，导致人员发生高坠
23	同一位置固定多根安全绳		安全绳固定不稳固，当吊篮坠落时，导致人员发生高坠
24	安全钢丝绳下端未安装重锤		安全钢丝绳从安全锁脱出，造成吊篮坠落
25	安全钢丝绳重锤设置不当		吊笼升降过程中失控下坠

续表

序号	隐患描述	图例	危害说明
26	钢丝绳与接口处摩擦		钢丝绳容易磨损造成断绳事故
27	未设置相序继电器		电源缺相、错相连接时导致错误的控制响应，易造成吊篮发生坠落事故
28	悬吊平台运行通道有障碍物		操作人员进出困难，造成高处坠落
29	悬吊平台停层有障碍物		易造成悬吊平台失稳，操作人员高处坠落

（三）脚手架典型隐患

脚手架典型隐患主要有搭设不合格、安全通道无双层防护、临边防护栏缺失、脚手板未满铺、堆放材料杂物等，具体见表 4-9。

表 4-9　脚手架典型隐患

序号	隐患描述	图例	危害说明
1	搭设的脚手架不合格		存在脚手架坍塌风险
2	随意在外架上开设进出通道口，安全通道无双层防护		高处落物伤人
3	悬挑卸料平台两侧临边未防护，脚手板未满铺	 脚手板未铺满	人员作业时跌落风险
4	移动操作架临边防护栏杆缺失	 走进石油	人员作业时跌落风险
5	外架作业层材料、杂物堆放过多		存在物料掉落、脚手架过载坍塌风险

续表

序号	隐患描述	图例	危害说明
6	脚手架横杆螺母有明显裂纹		因承载力下降导致脚手架整体坍塌
7	脚手架架板未用铁丝捆扎固定		架板滑落导致人员坠落及坠物伤人
8	脚手架未设置抛撑，也未与管廊框架捆绑连接		脚手架使用过程中存在倾倒风险
9	可调顶托伸出长度偏长，或顶托与立杆轴线偏差过大，未垂直支顶		支撑不牢固，受力不均

续表

序号	隐患描述	图例	危害说明
10	支架未设置外连装置与建筑物的结构构件连结，或直接外脚手架相连接		支架发生侧移
11	立杆木垫板铺设不符合要求		支撑不牢靠
12	立杆悬空、基础未夯实、硬化		支撑不牢靠，受力不均，发生倾倒
13	连墙体只连接了内立杆，强度不够		强度不够，与墙体分离倾倒

续表

序号	隐患描述	图例	危害说明
14	开口型脚手架两端未设置连墙件		强度不够，与墙体分离倾倒
15	连墙体为柔性连接		强度不够，与墙体分离倾倒
16	连墙体做法随意，承受拉力强度不够		强度不足，与墙体分离倾倒
17	未设置剪刀撑、密目网		影响整体结构受力稳定性

续表

序号	隐患描述	图例	危害说明
18	剪刀撑未连续到顶		影响整体结构受力稳定性
19	悬挑工字钢未可靠锚固		降低其结构强度和稳定性，从而增加安全风险
20	悬挑工字钢环锚不足		过长的U型钢筋拉环可能无法有效锚固工字钢，导致其在使用过程中可能发生位移或倾覆
21	两根钢丝绳同拉一根预埋环		两根钢筋之间预埋会让钢筋之间的距离减小，这样会导致钢筋的混凝土包裹层重叠，钢筋在混凝土中的锚固力减小，从而影响到结构的安全性

续表

序号	隐患描述	图例	危害说明
22	钢管开裂		结构强度和稳定性降低
23	钢管锈蚀严重		结构强度和稳定性降低
24	扫地杆设置过高		容易发生立杆跑位，难以形成稳定的结构
25	立杆接头在同一水平面上		连接不牢固的情况，使脚手架整体的安全性降低

续表

序号	隐患描述	图例	危害说明
26	落地式送料平台缺少剪刀撑		影响整体结构受力稳定性
27	外架搭设低于作业面		攀爬到最顶端安全带没有锚固点
28	钢丝绳与结构件受力		改变结构件受力方向，使脚手架倾斜或倾倒
29	随意假设线缆无防护措施		触电

续表

序号	隐患描述	图例	危害说明
30	轮扣架局部不合模横杆连接		结构失稳，倾倒坍塌
31	上人梯道未设置防护栏		高处坠落
32	使用操作脚手架平台横杆做倒料倒链吊带固定锚点		脚手架坍塌造成人员伤害或设备损伤
33	移动脚手架搭设在槽钢上，支腿悬空，无防倾倒措施		脚手架倾覆，造成人员伤害

（四）便携式梯子典型隐患

便携式梯子典型隐患主要有铰链损坏、梯脚未设置防滑装置、变形等，具体见表 4-10。

表 4-10　便携式梯子典型隐患

序号	隐患描述	图例	危害说明
1	人字梯使用花线代替铰链使用、梯脚未设置防滑装置	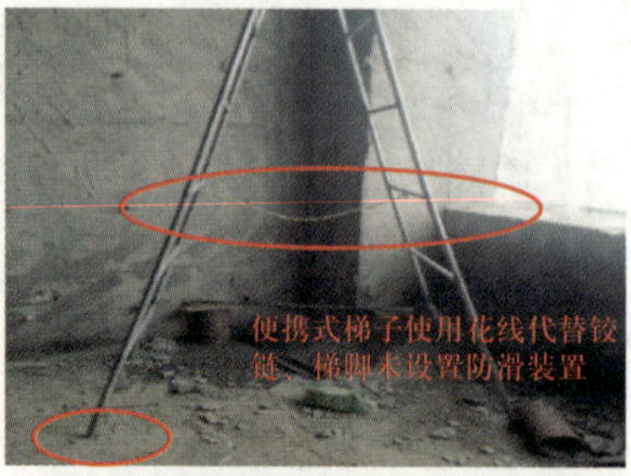	易造成人员跌落风险
2	人字梯变形损坏		易造成人员跌落风险
3	直梯压弯		易造成人员跌落风险
4	便携式梯子摆放角度接近 60°		梯子易损坏、滑倒，造成人员坠落

（五）固定梯典型隐患

固定梯典型隐患主要有笼梯断裂、变形、爬梯固定不牢固、扶梯未固定或固定连接销缺失、踏板破损、护栏缺失、安装位置不正确等，具体见表 4-11。

表 4-11 固定梯典型隐患

序号	隐患描述	图例	危害说明
1	笼梯断裂		人员上下梯子缺乏笼梯保护
2	笼梯变形，人员无法通行		人员上下梯子存在剐蹭掉落风险
3	直梯固定螺栓缺失		存在直梯掉落，人员跌落风险
4	梯子固定销子缺失		梯子存在掉落风险
5	梯子上端未固定		人员上下梯子，存在随同梯子一起掉落的风险

续表

序号	隐患描述	图例	危害说明
6	梯子没有拴保险绳		梯子固定一旦失效，存在掉落风险
7	工作梯踏板破损		存在人员崴脚、跌落风险
8	梯子底部悬空且通道不畅		不方便人员上下梯子，且存在梯子掉落风险
9	梯子前有障碍物		不方便人员上下梯子
10	梯子长度不足，支撑点设置不稳		人员登高作业过程中易摔倒

（六）作业平台、罐面典型隐患

作业平台、罐面典型隐患主要有平台未固定、损坏、锈蚀、孔洞等，具体见表 4-12。

表 4-12　作业平台、罐面典型隐患

序号	隐患描述	图例	危害说明
1	井口平台临时搭设踏板平台未固定		存在人员及物品跌落风险
2	平台踏板脱焊	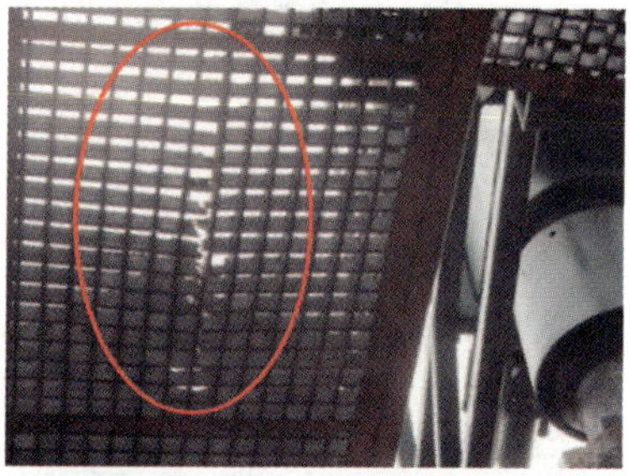	存在人员及物品跌落风险
3	平台踏板锈蚀穿孔		存在人员及物品跌落风险
4	平台踏板缺失有孔洞		存在人员及物品跌落风险

续表

序号	隐患描述	图例	危害说明
5	行走平台未稳固连接	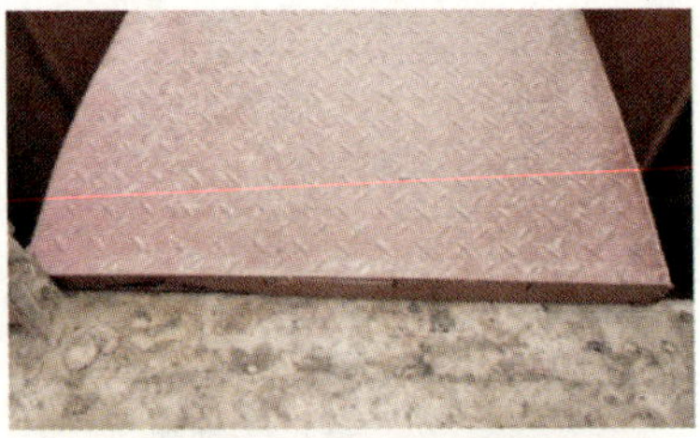	存在人员及物品跌落风险
6	罐面踏板与罐面空隙大		人员经过时存在崴脚、跌落风险
7	罐面盖板未固定		人员经过时存在崴脚、跌落风险
8	罐面坑洞盖板未将洞口完全覆盖		人员经过时存在崴脚、跌落风险
9	罐口盖板未盖上		人员经过时存在崴脚、跌落风险

续表

序号	隐患描述	图例	危害说明
10	液罐间高低不平、过桥设施缺失		人员经过时存在跌落风险
11	使用钢制跳板搭设简易作业平台		人员易从高处跌落造成伤害或事故
12	钢格栅平台存在孔洞	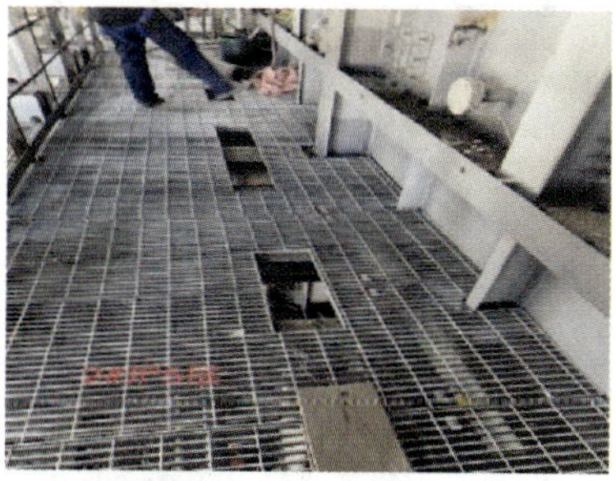	人员脚部插入孔洞区域造成身体伤害

二、高处坠落防护设施类典型隐患

（一）生命线典型隐患

生命线典型隐患主要有生命线缺失、固定不牢靠、不符合标准等，具体见表4-13。

表 4-13　生命线典型隐患

序号	隐患描述	图例	危害说明
1	生命线固定绳卡不足三个		生命线滑脱，人员高处坠落
2	生命线钢丝绳与绳卡不匹配		生命线滑脱，人员高处坠落
3	生命线散股、断丝严重		生命线断裂，人员高处坠落
4	未设置生命线		人员攀爬无防坠落措施，易发生高处坠落
5	生命线两端锚固点钢丝绳未采取衬垫保护		钢丝绳受剪切力容易割断，导致人员坠落

（二）安全网典型隐患

安全网典型隐患主要有生命线缺失、固定不牢靠、不符合标准等，具体见表4-14。

表4-14　安全网典型隐患

序号	隐患描述	图例	危害说明
1	网内有坠落物未清理		损坏安全网
2	网与网之间及网与支撑架之间的连接点出现松脱		支撑不牢造成安全网失效
3	网身出现严重变形和磨损		安全网性能和效用缺失
4	支撑架出现严重变形和磨损		安全网支撑缺失或无效

（三）其他安全防护设施（防护栏杆）典型隐患

其他安全防护设施（防护栏杆）典型隐患主要有护栏缺失、固定不牢靠、护栏不符合标准等，具体见表 4-15。

表 4-15　其他安全防护设施（防护栏杆）典型隐患

序号	隐患描述	图例	危害说明
1	护栏缺失		人员易高处坠落
2	护栏未及时安装齐全		人员易从无护栏处掉落
3	护栏不全		人员易从无护栏处掉落
4	作业平台防护栏（防护链）设置不全		易造成人员及物品跌落风险

续表

序号	隐患描述	图例	危害说明
5	护栏未固定牢靠		人员易从栏杆处掉落
6	护栏空隙大		人员易从缺口掉落
7	栏杆无踢脚板		工具、物件易从高处掉落伤人
8	护栏连接未固定		栏杆易变形，连接处间隙大
9	平台护栏孔洞过大		易造成人员及物品跌落风险

续表

序号	隐患描述	图例	危害说明
10	护栏固定插销缺失		栏杆倾倒，人员易从高处坠落
11	护栏固定锈蚀严重		栏杆倾倒，人员易从高处坠落
12	楼梯临边未安装护栏进行防护		人员易从高处坠落

三、高处坠落防护装备类典型隐患

（一）安全帽典型隐患

安全帽典型隐患主要有安全帽过期、破损、系带或帽箍损坏、使用不符合作业场所要求的安全帽等，具体见表 4–16。

表 4-16 安全帽典型隐患

序号	隐患描述	图例	危害说明
1	安全帽超过制造完成日30个月有效期	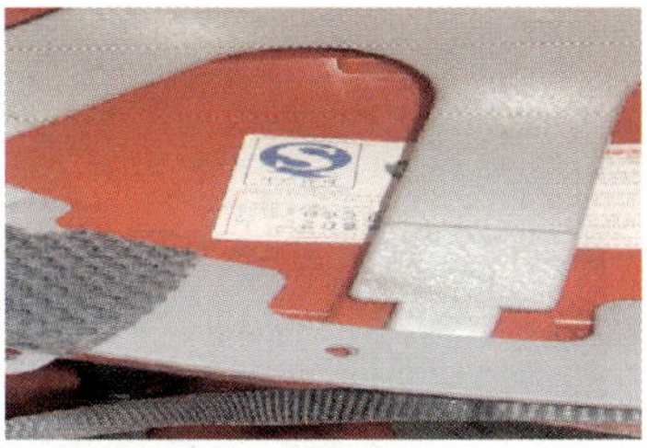	造成防护失效
2	安全帽不符合作业场所要求	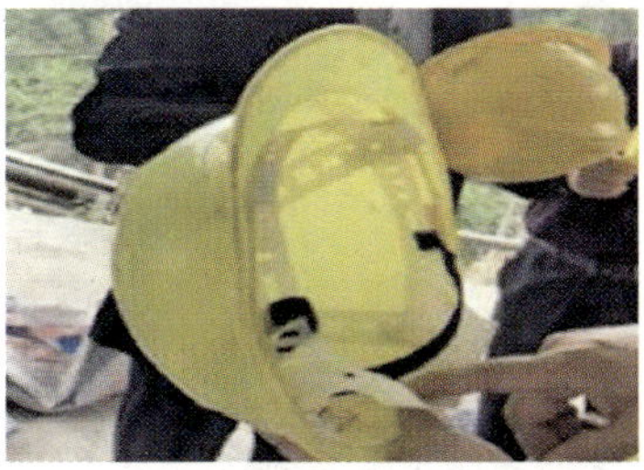	不具备有效抗冲击、抗穿刺、防静电等防护性能
3	安全帽破损	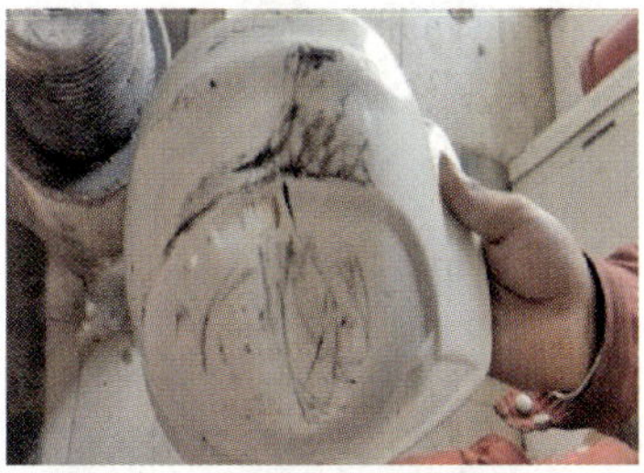	安全防护性能失效，不能形成有效防护
4	安全帽帽箍损坏		头部直接接触壳体，抗冲击性能失效
5	安全帽系带损坏	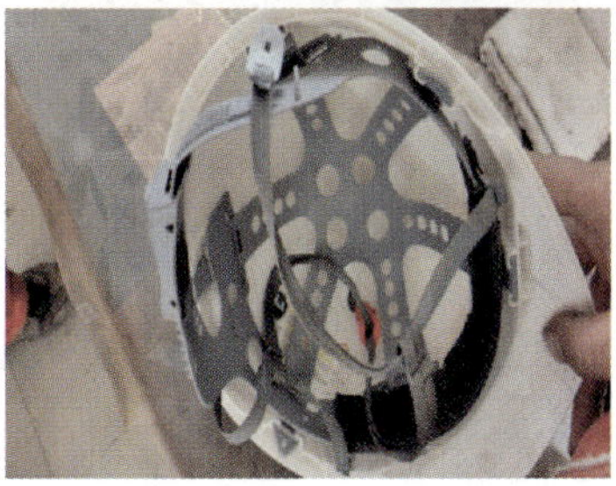	系带不能系紧，安全帽防护作用失效

（二）安全带典型隐患

安全带典型隐患主要有尾绳、本体破损，挂钩自锁失效等，具体见表 4-17。

表 4-17　安全带典型隐患

序号	隐患描述	图例	危害说明
1	安全带尾绳破损		人员高处坠落时尾绳易断裂
2	安全带尾绳破损散股		人员高处坠落时尾绳易断裂
3	安全带本体破损或缝线断裂	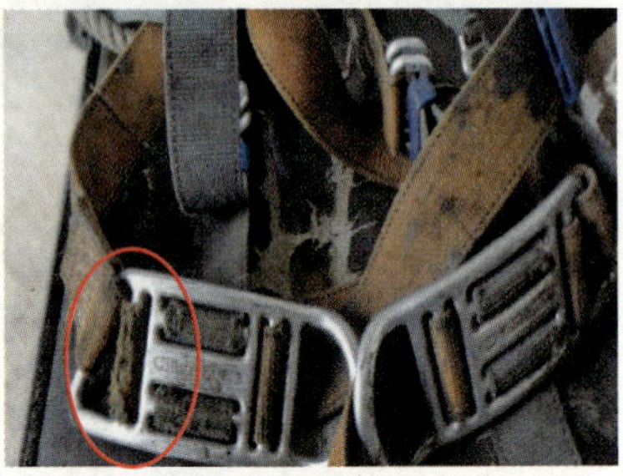	人员高处坠落安全带易断裂、解体
4	安全带挂钩自锁失效		安全带易脱钩，人员从高处掉落风险

续表

序号	隐患描述	图例	危害说明
5	安全带挂钩不闭合		安全带易脱钩，人员从高处掉落风险
6	质保过期或未执行最新标准	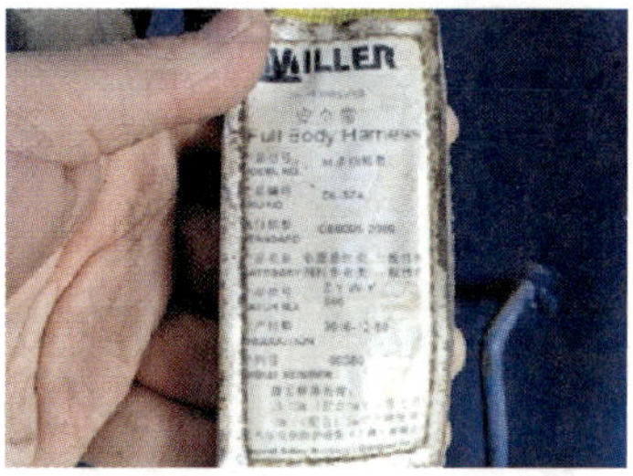	安全带失效，易造成人员跌落风险
7	安全带无铭牌或铭牌标识看不清		安全带失效，易造成人员跌落风险

（三）攀升保护器典型隐患

攀升保护器典型隐患主要有未安装防坠落装置，攀升保护器抓绳器牙嵌磨损、抓绳器放置位置不正确、腰钩失效等，具体见表 4–18。

表 4–18 攀升保护器典型隐患

序号	隐患描述	图例	危害说明
1	未安装防坠落装置		未安装防坠落装置，人员向上攀爬时无防坠落保护，存在坠落风险

续表

序号	隐患描述	图例	危害说明
2	攀升保护器抓绳器牙嵌磨损严重		人员坠落时，抓绳器在钢丝绳上打滑起不到防坠落保护作用
3	攀升保护器抓绳器未放置于抓绳底部		不方便人员在底部使用时及时获取，向上攀爬取挂时无保护存在坠落风险
4	抓绳器腰钩锁紧弹簧失效		人员使用时，存在腰钩从保险带挂环或尾钩中脱开风险
5	抓绳器腰钩锁扣缺失		人员使用时，存在腰钩从保险带挂环或尾钩中脱开风险
6	抓绳器扶正塑料块缺失		人员使用时，存在卡阻，影响上行

（四）速差自控器典型隐患

速差自控器典型隐患主要有速差自控器钢丝绳未回收长时间处于拉伸状态、钢丝绳断丝超标、钢丝绳不能自由回缩或锁紧等，具体见表 4-19。

表 4-19　速差自控器典型隐患

序号	隐患描述	图例	危害说明
1	速差自控器钢丝绳未回收长时间处于拉伸状态		速差器钢丝绳长时间处于拉伸状态，易导致棘轮装置失效，钢丝绳锈蚀
2	速差自控器未安装引绳		未安装引绳无法将速差自控器挂钩拉下与保险带连接，人员向上攀爬时无防坠落保护，存在坠落风险
3	速差自控器钢丝绳断丝超标		人员一旦发生坠落，可能会出现钢丝绳断裂，导致人员坠落风险
4	速差自控器钢丝绳不能自由回缩		钢丝绳不能自由回缩，说明棘轮损坏或钢丝绳阻卡，发生坠落时，不能起到缓冲作业

续表

序号	隐患描述	图例	危害说明
5	速差自控器钢丝绳快速拉出后不能立即锁紧		钢丝绳不能立即锁紧，说明棘轮损坏，发生坠落时，不能起到缓冲作业
6	速差自控器失效，钢丝绳卡死		人员登高作业过程无法使用防坠落装置
7	速差自控器挂钩锁舌失效		人员使用时，存在挂钩从保险带挂钩中脱开风险
8	速差自控器位置不当，造成使用时防坠器钢丝绳磨损		易造成钢丝绳磨损人员坠落时断裂风险
9	速差自控器位置不当，使用时角度超过 30°		人员坠落时碰撞伤害

（五）其他坠落防护装备

井架登梯助力器典型隐患主要有登梯助力器钢丝绳弯曲、打扭、导向轮卡死、沙桶配重不当等，具体见表 4–20。

表 4–20 井架登梯助力器典型隐患

序号	隐患描述	图例	危害说明
1	登梯助力器钢丝绳弯曲、打扭		配重沙桶滑轮不能正常通过钢丝绳，助力器不能正常使用
2	登梯助力器导向轮卡死		导向轮卡死，助力器不能正常使用
3	登梯助力器沙桶配重不当		沙桶配重不当，人员上下困难

四、应急逃生设备设施典型隐患

（一）二层台逃生设备设施典型隐患

二层台逃生设备设施典型隐患主要有上腰钩距逃生门过远、标识牌安装错误、下腰钩高度过低、地锚安装不规范、绳索交叉打扭变形、绳索与二层台栏杆干涉等，具体见表 4–21。

表 4-21　二层台逃生设备设施典型隐患

序号	隐患描述	图例	危害说明
1	二层台逃生装置上腰钩距逃生门过远		逃生时人员不易挂上腰钩且存在高处掉落风险
2	二层台逃生装置安装角度不符合要求，腰钩不在逃生门处		逃生时，人员无法挂手动控制器腰钩
3	二层台逃生装置上手动控制器插入指示牌		上手动控制器位置易发生移动，不方便使用
4	二层台逃生装置下手动控制器指示牌未安装		下手动控制器可能处于锁紧状态，紧急时人员不能从高处滑下
5	二层台逃生装置下腰钩高度过低		另一只腰钩上行达不到指定位置，井架上第二人不方便使用

续表

序号	隐患描述	图例	危害说明
6	悬挂器安装位置低，工作绳与栏杆接触		人员下滑时缓降绳与栏杆摩擦，存在断裂风险
7	悬挂器安装角度小，工作绳与栏杆接触		人员下滑时缓降绳与栏杆摩擦，存在断裂风险
8	导向绳、拉绳打扭变形		人员下滑时存在缓降器、手动控制器阻卡，将人员悬停在半空
9	导向绳、拉绳相互缠绕		人员下滑时存在缓降器、手动控制器阻卡，将人员悬停在半空
10	导向绳锈蚀严重		人员下滑时存在导向绳断裂风险

续表

序号	隐患描述	图例	危害说明
11	二层台逃生装置腰钩锁舌失效	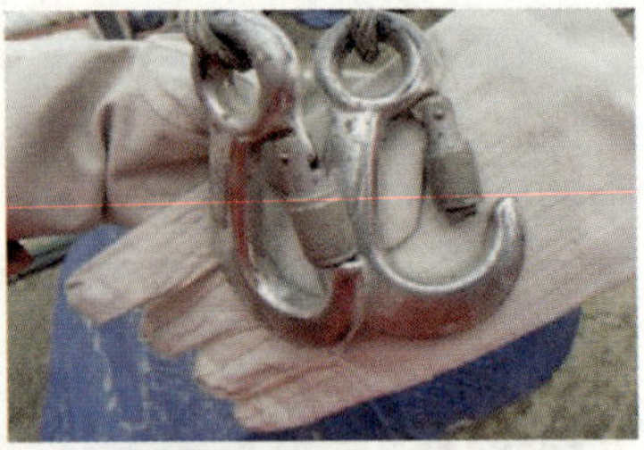	人员下滑时，存在腰钩从保险带挂环中脱开风险
12	手动控制器未定期注油，丝杠活动不灵活		丝杠活动不灵活或卡死，下滑时不能及时制动，存在人员摔落风险
13	安装时，缓降器散热孔未打开	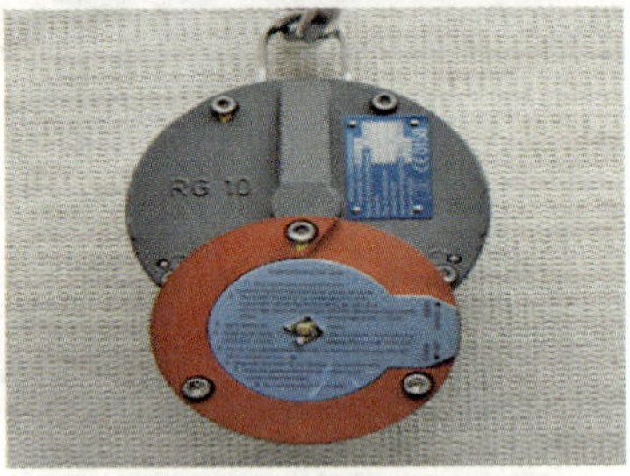	人员下滑时，存在缓降器温度过高导致阻卡、失效风险
14	二层台逃生装置地锚正反螺丝余扣过少		易退扣脱落
15	二层台逃生装置绳卡松动，螺帽缺失		人员下滑时，导向绳易脱开

续表

序号	隐患描述	图例	危害说明
16	地锚固定不牢		人员下滑时，存在地锚脱开导致下滑人员摆动冲撞井架，滞留高处风险
17	二层台逃生装置地锚破损		人员下滑时，存在地锚断裂导致下滑人员摆动冲撞井架，滞留高处风险
18	二层台逃生装置地锚固定螺栓螺母缺失		人员下滑时，存在地锚脱开导致下滑人员摆动冲撞井架，滞留高处风险
19	二层台逃生装置下无缓冲垫		人员下滑到地面易摔伤

（二）逃生滑道典型隐患

逃生滑道典型隐患见表 4-22。

表 4-22　逃生滑道典型隐患

序号	隐患描述	图例	危害说明
1	逃生滑道内有杂物		紧急逃生时阻碍通道，人员造成伤害
2	逃生滑道吊耳设置不合理		挂绳套存在高处坠落风险
3	滑道底部未设置缓冲垫或缓冲砂		逃生时无法实现有效缓冲
4	滑道入口封闭过严或通道口有障碍物		紧急逃生时无法实现迅速反应和快速操作

五、其他高处、临边作业典型隐患

其他高处、临边作业典型隐患主要有坑洞、临边无防护措施、上下交叉作业未有效隔离、高处部件保险链（绳）失效等，具体见表 4-23。

表 4-23 其他高处、临边作业典型隐患

序号	隐患描述	图例	危害说明
1	作业层楼梯临边无防护		人员高处掉落风险
2	作业上下层未进行有效隔离		上层落物伤人
3	破袋器固定支腿未落下固定		易造成人员跌落、破袋器坠落风险
4	井架二层台猴台保险绳断裂		二层台固定一旦失效，存在掉落风险
5	井架二层台钻具挡销防护链断裂		二层台钻具挡销限位一旦失效，存在掉落风险

续表

序号	隐患描述	图例	危害说明
6	井架辅助滑轮无保险链（保险绳）		滑轮一旦失效，存在掉落风险
7	地面坑洞未回填		易出现人员跌倒或掉入坑洞内风险
8	临边堡坎处围栏缺失		人员易坠落

第三节 高处作业常见管理缺陷

高处作业的管理缺陷主要表现有不按要求安装防护设施、安排无资质人员从事高处作业、高处作业不按要求办理作业许可、不按要求建立高处作业安全防护设施检查制度及管理台账等。

一、防护设施缺失

防护设施缺失主要有防护栏杆不全、井架生命线不全、作业面盖板打开无隔离警示、拆装作业临边危险区域未隔离警示等。表 4-24 为作业现场部分高处作业防护设施缺失管理不到位表现。

表 4-24 防护设施缺失管理不到位表现

序号	不安全行为描述	图例	危害说明
1	高处防护栏杆不全仍继续作业		人员易从高处摔落
2	不按要求设置井架生命线		人员作业或移动安全带无悬挂点，易造成坠落伤害
3	盖板打开无隔离警示		人员易从洞口摔落罐内
4	人字梁护栏未安装		取挂绳套时人员无防护

续表

序号	不安全行为描述	图例	危害说明
5	危险区域作业未采取隔离措施		高处落物易伤及钻台人员
6	高处作业跳板、铺设钢格板等物件未固定		人员易从高处摔落
7	脚手架搭建不符合规定		人员作业时脚手架易倾倒
8	人员在装置区无作业平台的管廊高处作业，未按要求拉设生命线		人员在管廊移动过程中存在坠落风险

二、违反制度、流程

违反制度、流程主要表现有高处作业未办理作业许可、不按要求对安全防护设施进行检查和保养等。表 4-25 为作业现场部分违反高处作业管理制度、流程表现。

表 4-25 违反制度、流程

序号	不安全行为描述	图例	危害说明
1	不按规定办理高处作业许可组织进行高处作业	 高处作业许可证 编　号 / 施工单位 所属单位 / 施工地点 作业内容 / 填写人 作业人 开工时间　年　月　月　时　分 序号 / 主要安全措施 / 确认人签名 1 作业人员身体条件符合要求 2 作业人员着装符合工作要求 3 作业人员佩戴安全带 4 作业人员携带有工具袋 5 作业人员佩戴 A、过滤式呼吸器；B、空气式呼吸器 6 现场搭设的脚手架、防护围栏符合安全规程 7 垂直分层作业中间有隔离设施 8 梯子或绳梯符合安全规程规定 9 在石棉瓦等不承重物上作业应搭设并站在固定承重板上 10 高处作业有充足照明，安装临时灯、防爆灯 11 30m以上进行高处作业配备通信、联络工具 12 补充措施： 危害识别： 施工作业负责人意见　年　月　日 基层单位现场负责人意见　年　月　日 基层单位领导审批意见　年　月　日	易造成高处作业管控措施不落实
2	高处作业现场无警戒、无应急措施		易造成高处坠落伤害
3	安排高处作业评估不合格的人员上岗作业		易发生高处意外坠落事故
4	未建立安全设施检查保养制度		不易发现设施存在隐患

续表

序号	不安全行为描述	图例	危害说明
5	未按规定建立健全高处作业人员信息管理数据台账	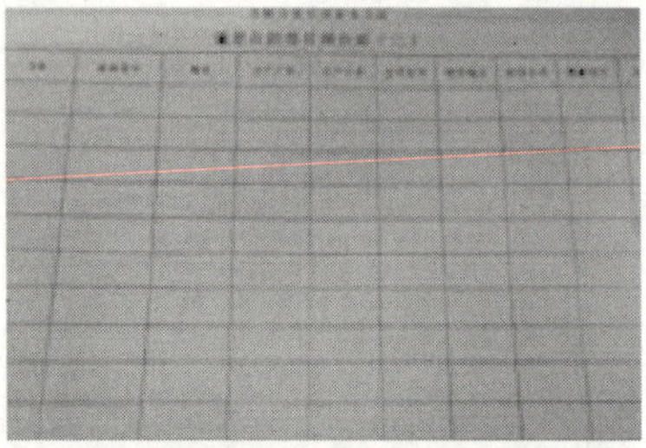	不方便查阅设施检查、使用记录
6	安排无资质或有高处作业禁忌证人员从事高处作业		易发生高处坠落事故
7	拒不整改高处事故隐患或重大隐患整改措施不落实		易造成高处坠落事故
8	违章指挥，强令他人进行高处冒险作业		易造成高处坠落事故
9	分层高处作业，中间无隔离措施		高处落物易伤害下面作业人员

续表

序号	不安全行为描述	图例	危害说明
10	拆除栏杆、隔离层未采取防护措施		人员易高处坠落
11	未设置作业平台或使用高空升降车、作业人员攀爬檩条无上下安全通道		人员从高处坠落造成伤害或严重事故
12	高空升降车内承载三人，作业下方无警戒维护、现场未见监护人		车辆倾覆导致人员跌落受到伤害或严重事故

第四节 高处作业风险防范典型做法

安全技术是风险管控的三项原则之一，从设备出厂设计、作业方式优化、五小成果等多方面入手研究，坚持问题为导向，突出标准规范，激发创新动力，有效控降高处作业风险和劳动强度，提高作业效率和现场安全管理水平。下面就钻井现场高处作业风险管控从安全技术方面推广应用的一些典型做法，可以作为一些经验提供参考。

一、钻井井口和平台类

（一）安全锚固点和警示牌设置

钻井井口或平台在拆安、平移或其他换装作业过程中，由于作业流程和具体条件等限制，无法安装护栏等防护设施，设置逃生滑道、钻台梯子、大门坡道拆安安全带锚固点和安全警示牌（图 4–1），保证高空临边作业安全。

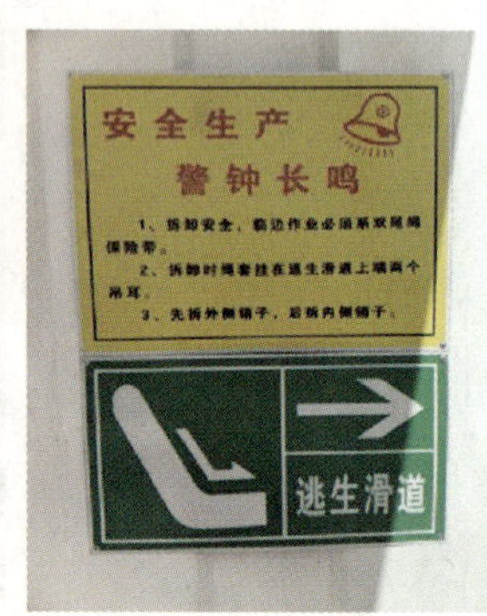

图 4–1　安全锚固点和警示牌

（二）高处作业工具收纳盒

钻井偏房设置高处作业工具收纳盒（图 4–2），方便员工临时存放与高处作业无关的工具、设施、用品，规范员工作业习惯和工具管理，有效防范作业风险。

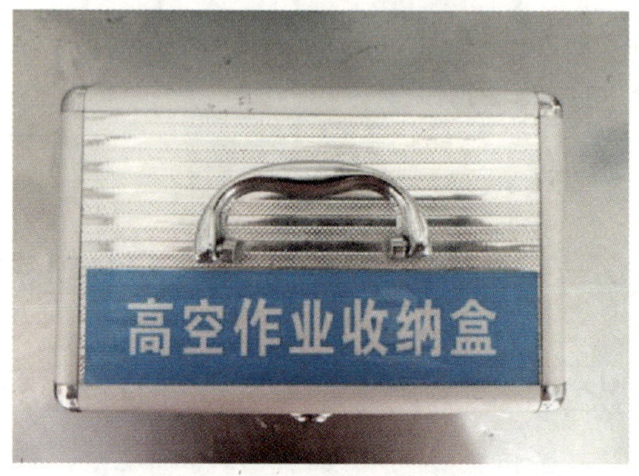

图 4–2　高处作业工具收纳盒

（三）高处作业工具包、水囊

高处作业人员使用的工具统一放置工具包，与水囊在登高和作业过程随身携带（图 4–3），有效防止工具、水杯等高空坠落等。

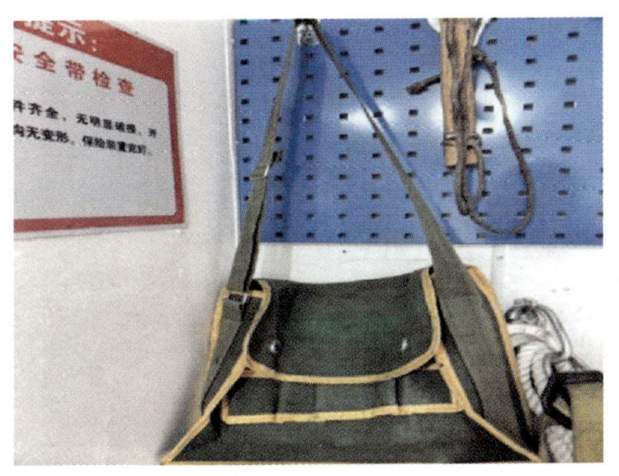
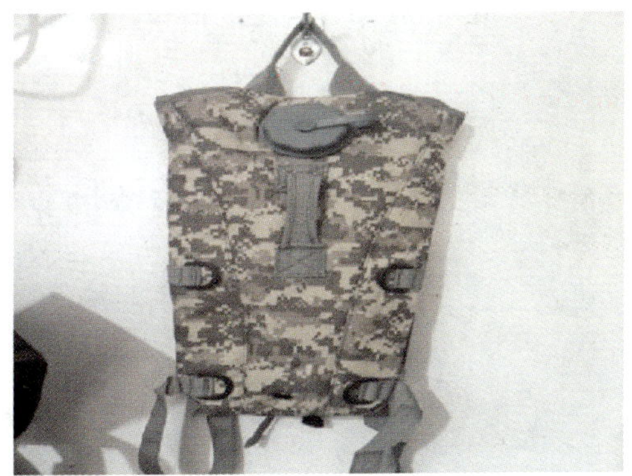

图 4-3　高处作业工具包、水囊

（四）高处作业隔离桩

钻井井口进行拆安防喷器组、检查保养高空设备等作业时，使用高处作业隔离桩（图 4-4），防止作业无关人员随意进入。

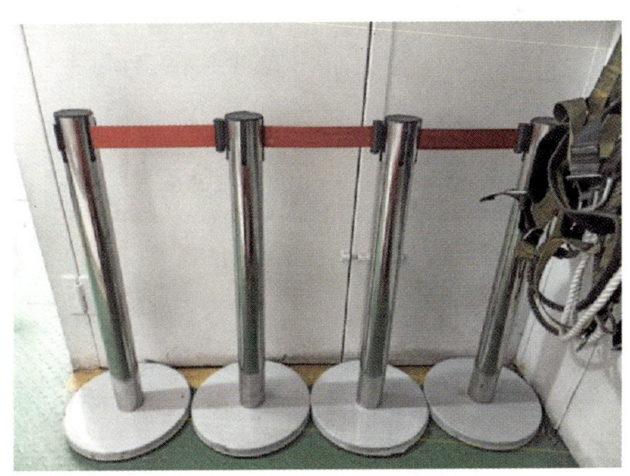

图 4-4　高处作业隔离桩

（五）钻台拆装防坠落装置

在钻机拆安或平移等作业过程中，钻台护栏拆除后设置临时安全带锚固点，方便安全带系挂或速差防坠器设置（图 4-5）。

（六）钻台拆装防护链

在钻机拆安或平移等作业过程中，钻台护栏拆除后设置临时防护（图 4-6），防止人员无防护所示随意进行临边作业。

图 4-5　钻台拆装防坠落装置

图 4-6　钻台拆装防护链

（七）斜支架加焊铺台

在钻机底座斜支架上加焊高强度花篮网（图 4-7），检测评估合格，便于安装封井器出口管时人员站立及安全带悬挂。

图 4-7　斜支架加焊铺台

二、拆搬安作业类

（一）便携式梯子

为生产水罐配置便携式折梯（图 4-8），为车辆配备伸缩挂梯（图 4-9），方便员工上下作业，防止人员摔跌事件发生。

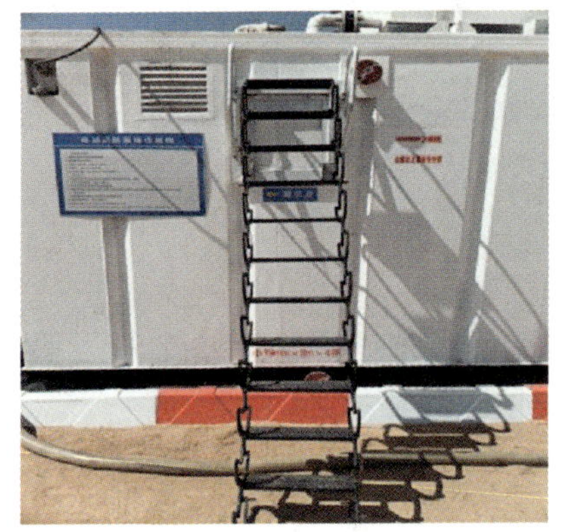

图 4-8 便携式折梯

图 4-9 伸缩挂梯

（二）加长绳套取挂器

制作 2m 绳套取挂器（图 4-10），规避取挂绳套夹手、高处坠落风险。

图 4-10 加长绳套取挂器

（三）低位作业代替高位作业

1. 低位穿大绳、安装天车头

改变以往的先安装井架天车头、高位穿大绳，地面穿完大绳，再安装天车头（图 4-11），将高位转化为低位，降低高处作业风险。

图 4-11　低位穿大绳、安装天车头

2. 低位拆装井架附件、保养

改变以往的高位拆卸、保养方式，转化为低位，规避高处作业风险。如图 4-12、图 4-13 所示。

图 4-12　低位拆装井架附件

图 4-13　低位保养天车

（四）出口管移动吊点

制作出口管可移动卡套，采用卸扣的连接方式，将吊点设置为可移动式（图 4-14），方便员工在低位挂取吊带，降低高处作业风险。

图 4-14　出口管移动吊点

（五）小支架加焊登高梯

下支架加焊符合梯子标准的登高梯（图 4-15），提供攀爬通道，降低攀爬坠落风险。

图 4-15　小支架加焊登高梯

（六）井架拆装防坠落装置

井架拆卸安装作业，设置井架拆装防坠落装置（图 4-16），提供作业锚固点，满足安全带高挂低用要求。

图 4-16　井架拆装防坠落装置

（七）高处作业平台

根据现场作业要求，配置可移动式、可伸缩式等高处作业平台（图 4-17），方便员工安全操作，提高作业效率，控降高处作业风险。

图 4-17　高处作业平台（可移动式、可伸缩式、简易式）

（八）偏房支架吊耳、操作平台改造

LDB 钻机偏房支架吊耳和操作平台优化改造（图 4-18），吊装时易吊平吊正，方便安装，平台便于人员行走，规避作业人员坠落风险，提高安装时效。

图 4-18 偏房支架吊耳、操作平台改造

（九）起放井架出入司控房踏板设置

LDB 钻机钻台起放井架底座时，人员进出司控房无安全通道，在小船形底座处焊接踏板（图 4-19），检测评估合格，并安装可抽插式护栏，可规避踩空后高处坠落风险，解决安全带系挂点不好选择、作业不便等问题。

图 4-19 起放井架出入司控房踏板设置

三、检维修作业类

（一）钻井泵空气包检维修平台

加装钻井泵空气包检维修平台（图 4-20），解决了以往空气包检查存在的临边作业风险。增设空气包安全阀检查牌，便于员工对标快速检查。

图 4-20　钻井泵空气包检维修平台（安全阀检查牌）

（二）上下钻井泵梯子

设置上下钻井泵梯子（图 4-21），并设置护栏，便于职工检查、维修和保养时行走，规避了上下滑跌、坠落等风险。

（三）采气井口方井内修建扶梯

人员对采气井口进行巡查时，存在高处临边作业，在方井内设置了扶梯（图 4-22），方便人员进出方井对井口进行检查和操作，规避了高处、临边作业的高处坠落风险。

图 4-21　上下钻井泵梯子

图 4-22　设置方井扶梯

四、辅助作业类

折叠式钻井液出口管缓冲罐作业平台：在钻井液出口管缓冲罐处加装作业平台（图 4–23），规避在缓冲罐上高处临边作业风险，搬家作业时只需折叠在缓冲罐上，简单快捷。

图 4–23　折叠式钻井液出口管缓冲罐作业平台

五、车间作业类

厂房高处作业生命杆：在机修车间厂房内设置高处作业生命杆（差速防坠器挂杆），解决了大型设备高处作业拆安护罩和上盖板时，作业人员站位不当高处坠落风险（图 4–24）。

图 4–24　厂房高处作业生命杆

六、综合作业类

（一）高处（临边）作业生命线

1. 钻井高处（临边）作业生命线搭设

为拆安井架、拆安检修顶驱、人字梁作业、井架底座作业、循环罐、发电房、偏方、水罐设置生命线（图 4-25），有效规避高处临边作业风险。

图 4-25 高处（临边）作业生命线

2. 其他类作业生命线搭设

1）冠梁竖向生命线（基坑工程）

翻越冠梁临边防护到基坑内作业，在冠梁混凝土浇筑之前预埋U形钢筋拉环，在U形钢筋拉环上设置安全绳，通过自锁器系挂安全带，形成竖向生命线（图4-26）。

(a) 冠梁垂直生命线效果图

(b) 安全带系挂示意图

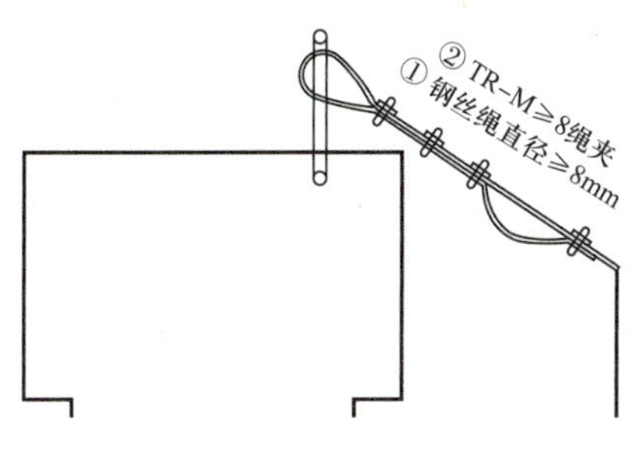

(c) 构造简图

(d) U形环连接方式示意图

图4-26 冠梁竖向生命线

2）基坑临边水平生命线（基坑工程）

临边防护设施搭设作业，在基坑周边设置钢制立柱，采用膨胀螺栓固定钢制立柱，立柱间连接钢丝绳，形成水平生命线（图4-27）。

3）脚手架搭设与拆除生命线（主体结构）

——利用脚手架立杆拉设水平生命线：落地式脚手架、悬挑脚手架搭设与拆除作业或模板工程施工，在脚手架外立杆上设置直角扣件作为末端挂点连接件，在末端挂点连接件之间设置钢丝绳形成水平生命线（图4-28）。

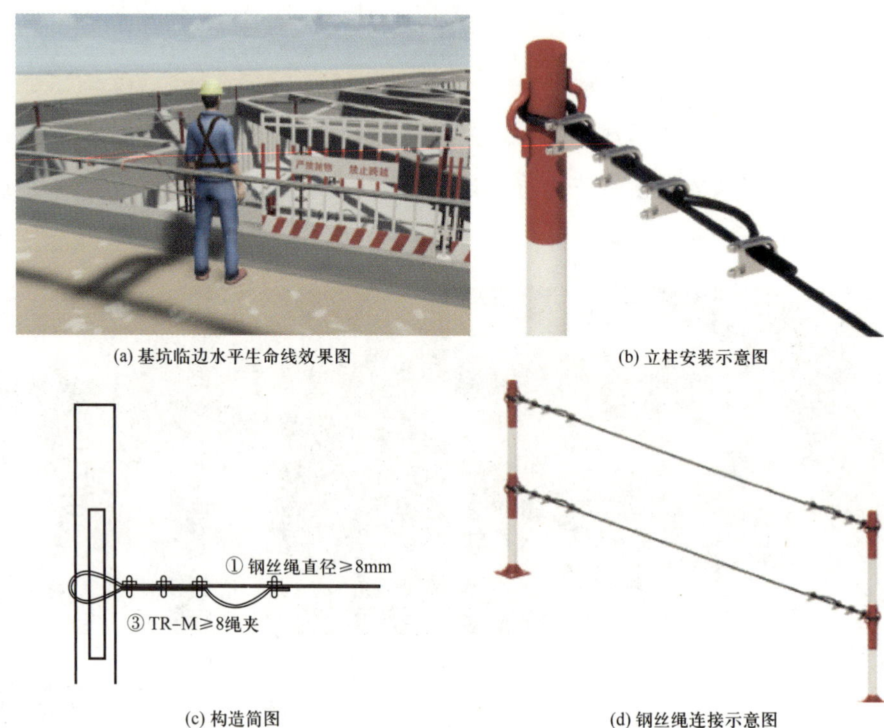

(a) 基坑临边水平生命线效果图　(b) 立柱安装示意图

(c) 构造简图　(d) 钢丝绳连接示意图

图 4-27　基坑临边水平生命线

(a) 脚手架搭设与拆除水平生命线

(b) 末端挂点连接件示意图　(c) 中部挂点连接件示意图

图 4-28　利用脚手架立杆拉设水平生命线

——使用对拉螺栓设置水平生命线（图 4–29）：落地式脚手架、悬挑脚手架、附着式升降脚手架搭设与拆除作业或电梯井临边或井内作业，管道安装、管道井附近施工，在对拉螺栓端部设置圆环，通过预留螺栓孔穿进墙内，在两个圆环之间设置钢丝缉形成水平生命线。

(a) 脚手架拆除水平生命线

(b) 对拉螺栓环形杆示意图

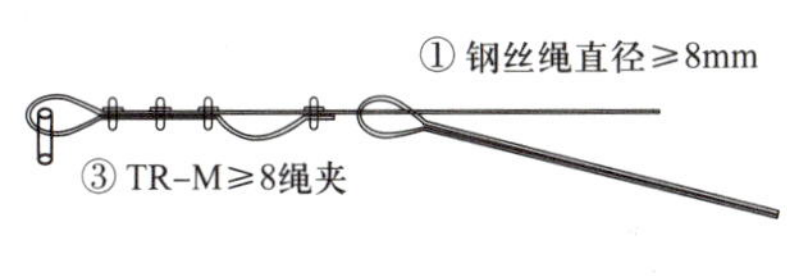

(c) 构造简图

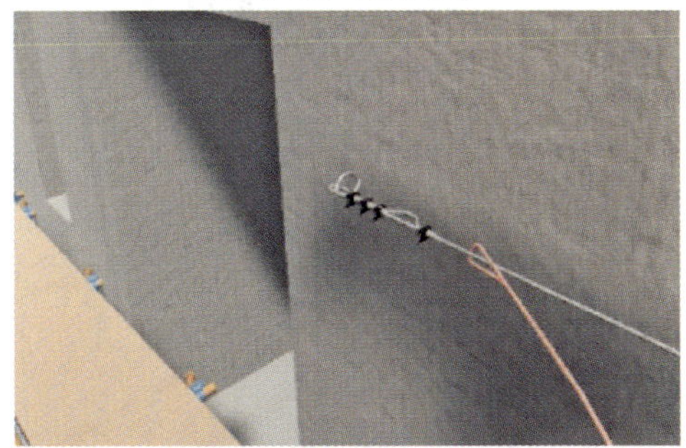

(d) 钢丝绳使用示意图

图 4–29　使用对拉螺栓设置水平生命线

4）二次结构施工生命线（二次结构）

——使用膨胀螺栓拉设水平生命线（图 4–30）：作业面临边、预留洞口周边的二次结构作业，将闭圈式吊环膨胀螺栓锚固于墙柱上，在两个吊环之间设置安全绳形成水平生命线。

——使用扁平吊装带拉设水平生命线（图 4–31）：作业面临边、预留洞口周边的二次结构作业，将扁平吊装带牢固捆绑于框架柱，通过扁平吊装带末端环眼拉设钢丝绳形成水平生命线。

5）钢结构施工竖向生命线（主体结构）

人员上下攀爬、钢结构立柱焊接、上部钢立柱临时连接、横梁安装、操作平台作业，在钢结构立柱上部焊接钢筋拉环或利用钢结构立柱吊点作为防坠器悬挂点，利用防坠器吊绳组成竖向生命线（图 4–32）。

(a) 膨胀螺栓锚固方式设置生命线效果图

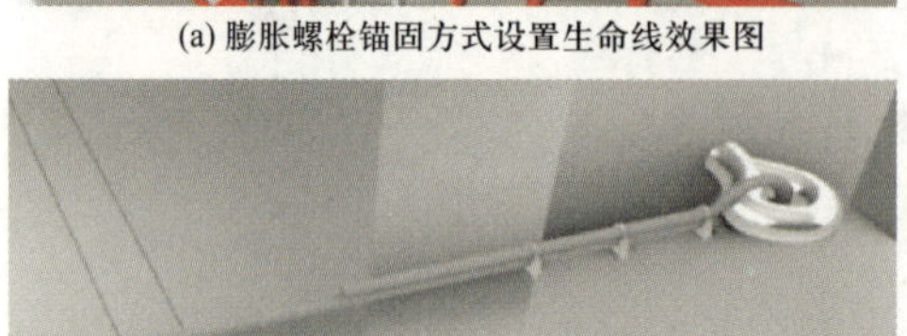

(b) 端部连接方式示意图

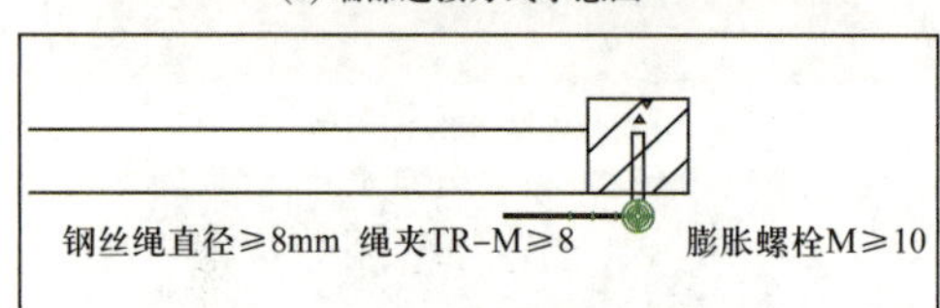

(c) 构造简图

图 4-30 使用膨胀螺栓拉设水平生命线

(a) 使用扁平吊装带设置生命线效果图

(b) 扁平吊装带捆绑示意图

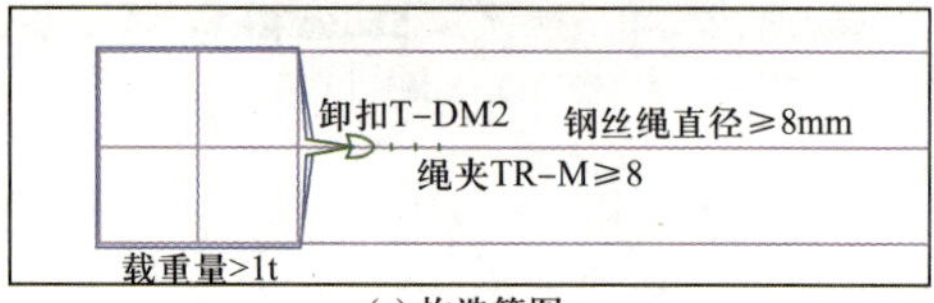

(c) 构造简图

图 4-31 使用扁平吊装带拉设水平生命线

(a) 防坠器悬挂点示意图

(b) 防脱扣示意图

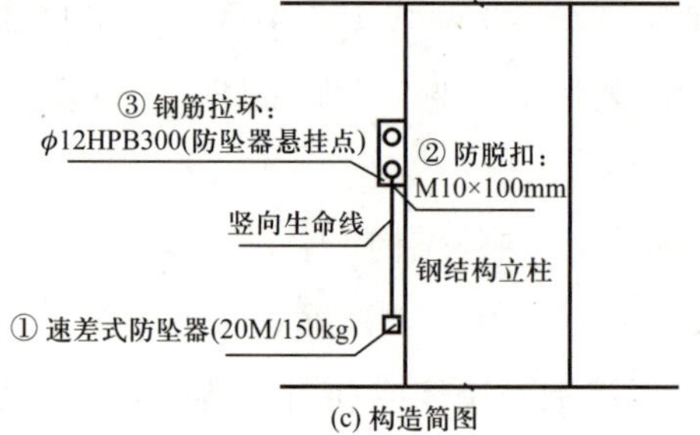

(c) 构造简图

图 4-32 钢结构施工竖向生命线

6）钢结构施工水平生命线（主体结构）

——设置钢立杆拉设水平生命线（图 4-33）：钢梁上行走、钢结构钢梁安装等作业，在钢梁吊装前，使用底部夹具、螺栓将立杆固定在钢梁上，立杆上设置圆钢拉结件作为末端挂点，拉设钢丝绳形成水平生命线。

(a) 钢结构水平生命线效果图

(b) 端部钢丝绳锚固示意图

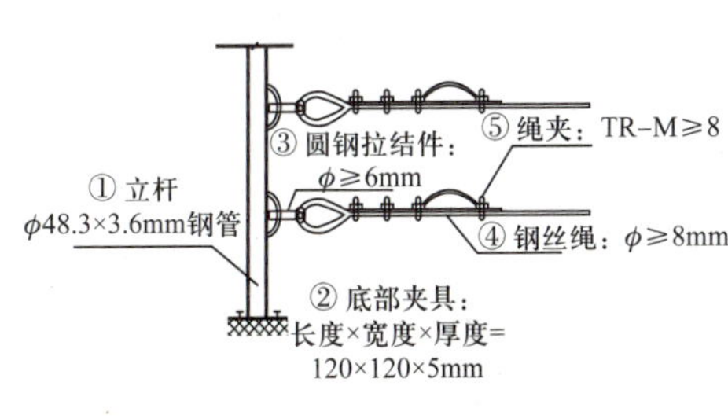

(c) 构造简图

(d) 底部夹具示意图

图 4-33 设置钢立杆拉设水平生命线

——设置钢筋锚环拉设水平生命线（图 4-34）：楼承板铺设、钢筋绑扎、混凝土浇筑等作业，在相邻钢结构立柱上焊接钢筋拉环作为末端挂点，通过卸扣连接钢丝绳形成水平生命线。

7）盖梁垫石施工作业水平生命线（主体结构）

——预埋钢构件拉设水平生命线（图 4-35）：盖梁垫石等施工，在盖梁混凝土浇筑前设置预埋钢筋，浇筑完成后焊接槽钢立柱，立柱上预留 ϕ18mm 槽钢孔，通过圆钢拉结件拉设钢丝绳形成水平生命线。

——使用定制夹具拉设水平生命线（图 4-36）：盖梁垫石等施工，预先制作挡块夹具，夹具上焊接槽钢立柱，立柱上预留 ϕ18mm 槽钢孔，通过圆钢拉结件拉设钢丝绳形成水平生命线。

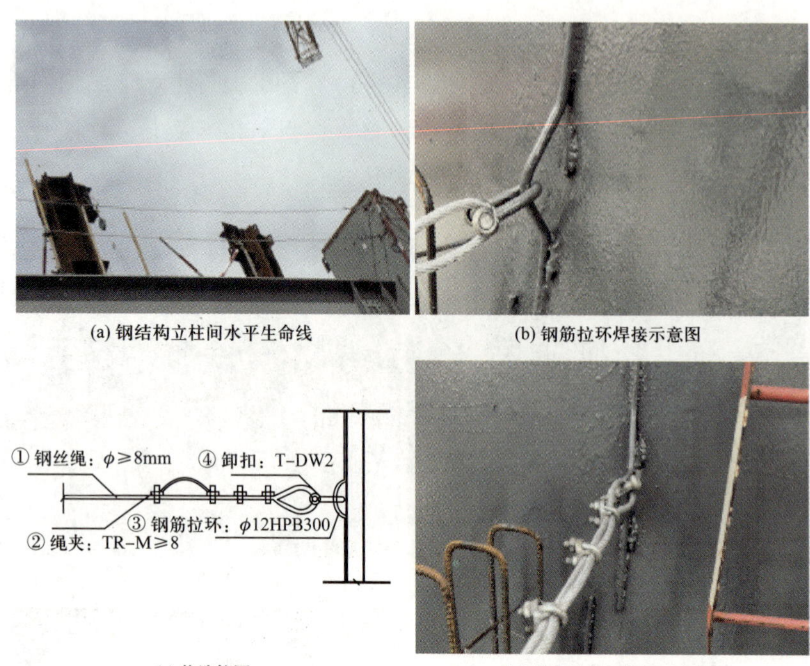

(a) 钢结构立柱间水平生命线　(b) 钢筋拉环焊接示意图

(c) 构造简图　(d) 绳夹及卸扣使用示意图

图 4-34　设置钢筋锚环拉设水平生命线

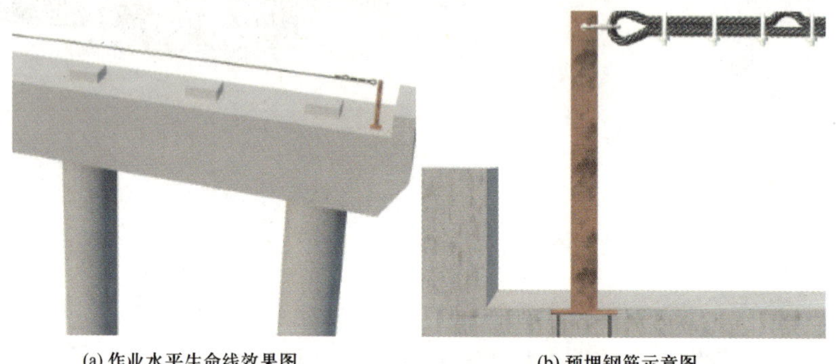

(a) 作业水平生命线效果图　(b) 预埋钢筋示意图

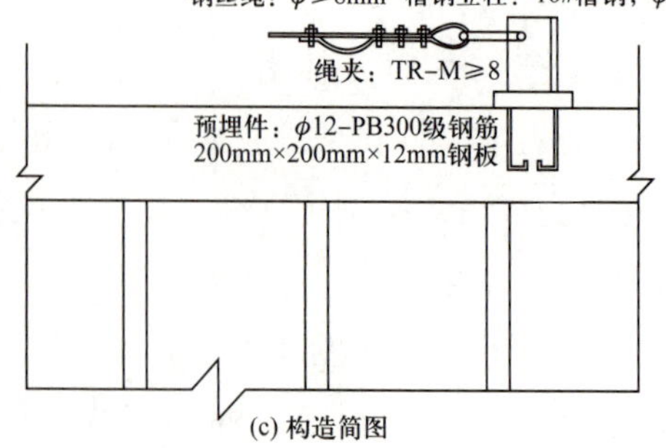

(c) 构造简图

图 4-35　预埋钢构件拉设水平生命线

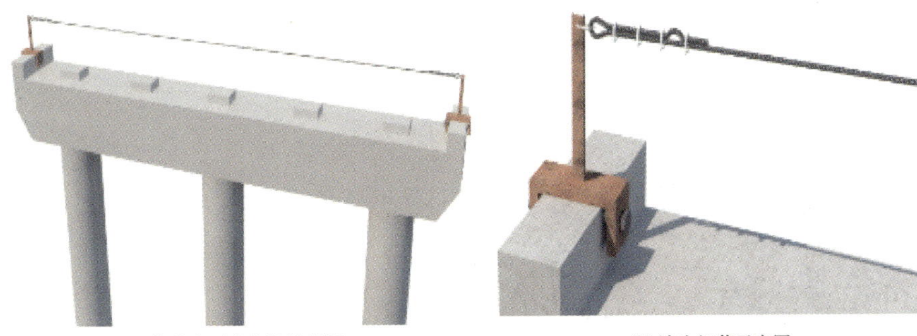

(a) 作业水平生命线效果图　　(b) 端头细节示意图

图 4-36　使用定制夹具拉设水平生命线

8）梁板安装作业垂直生命线（主体结构）

梁板安装作业，在架桥机前支腿焊接钢筋拉环作为防坠器悬挂点，利用防坠器吊绳组成垂直生命线（图 4-37）。

(a) 垂直生命线效果图　　(b) 预留环和防坠器连接示意图

图 4-37　梁板安装作业垂直生命线

9）横隔板作业垂直生命线（主体结构）

横隔板施工，将湿接缝原有 U 形钢筋作为防坠器悬挂点，利用防坠器吊绳组成垂直生命线（图 4-38）。

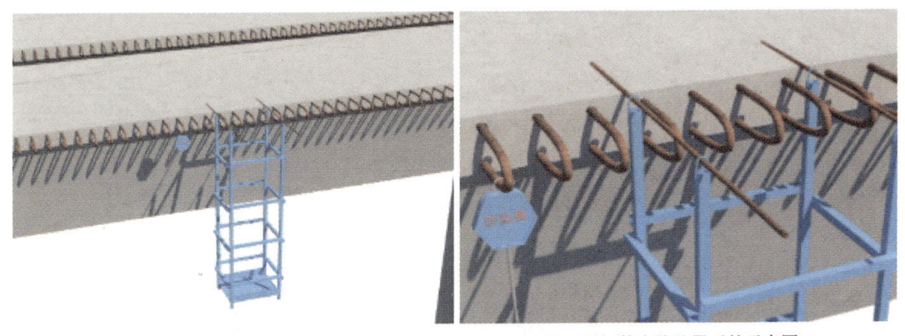

(a) 垂直生命线效果图　　(b) U形钢筋和防坠器系挂示意图

图 4-38　横隔板作业垂直生命线（主体结构）

10）高处作业吊篮竖向生命线（装饰装修）

外墙抹灰、涂饰、幕墙安装、保洁作业，在建筑物顶部利用结构物等设置锦纶安全绳（图 4-39），安全绳无松散、断股、打结现象。

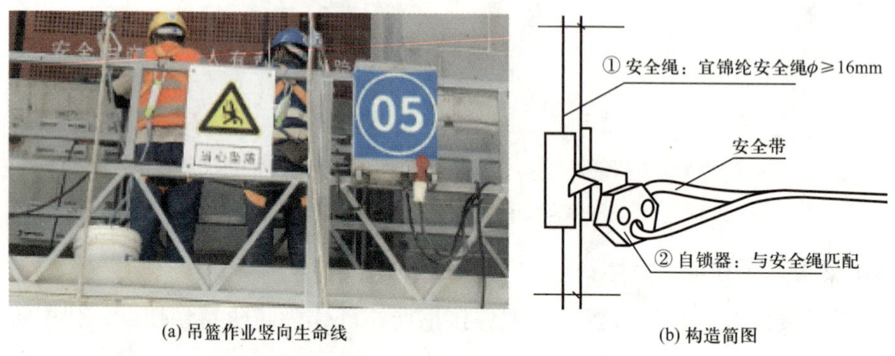

(a) 吊篮作业竖向生命线　　(b) 构造简图

图 4-39　高处作业

11）吊篮安拆、移位水平生命线（装饰装修）

搭设在花架梁上的吊篮安拆、移位、日常巡检，在花架梁上安装对拉螺栓或膨胀螺栓，通过螺栓设置水平生命线（图 4-40）。

(a) 吊篮安拆、移位水平生命线

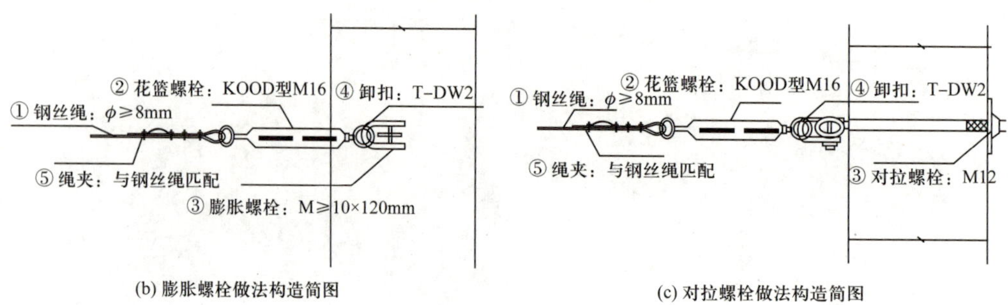

(b) 膨胀螺栓做法构造简图　　(c) 对拉螺栓做法构造简图

图 4-40　吊篮安拆、移位水平生命线（装饰装修）

12）金属屋面生命线（装饰装修）

铝镁锰金属屋面作业、彩钢瓦作业，X 型不锈钢防坠装置通过铝合金夹具固定在金属面板上，通过花篮螺栓、绳夹、基座拉设水平生命线（图 4-41）。

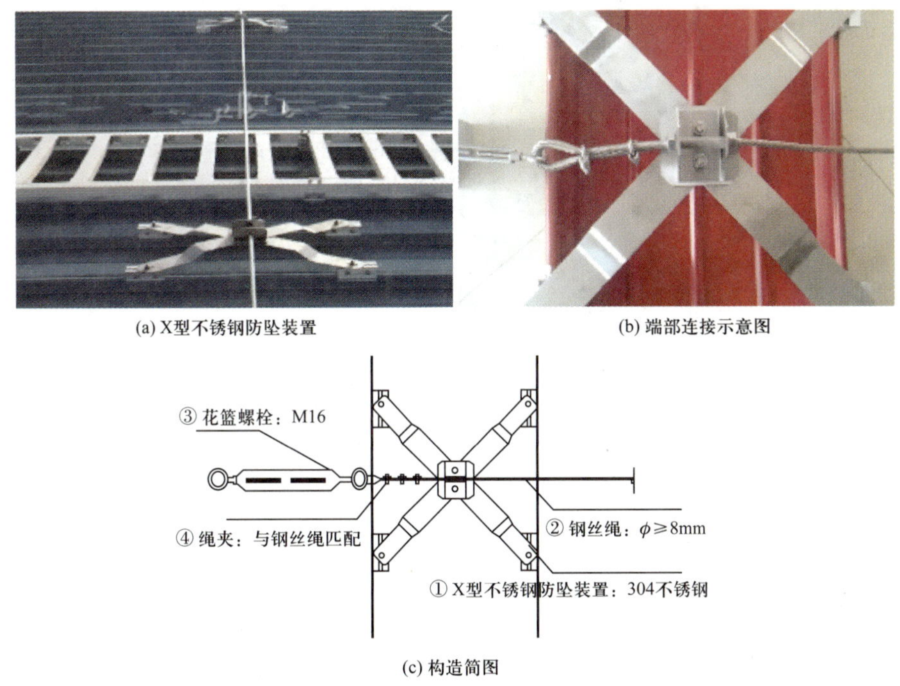

图 4-41　金属屋面生命线（装饰装修）

13）斜屋面生命线（装饰装修）

——预埋钢筋锚环拉设水平生命线（图 4-42）：斜屋面作业，在主体结构施工时安装预埋钢筋错环，利用预埋钢筋错环作为安全带系挂点或作为水平生命线固定端。

——利用膨胀螺栓拉设竖向生命线（图 4-43）：斜屋面作业，在斜屋面顶部安装膨胀螺栓，将安全绳固定在螺栓端部圆环处，或者将安全绳固定在斜屋面顶部结构上，安全绳沿斜屋面竖向布置，工人安全带通过自锁器系挂在安全绳上。

（二）高处作业防坠落装置设置

在井架两侧笼梯处、人字梁两侧支腿爬梯、二层台、天车头、生产水罐、油罐高架罐梯子顶部、液气分离器梯子顶部、钻台下、起放井架大支架根据作业要求速差设置防坠器（图 4-44）。

(a) 斜屋面水平生命线效果图

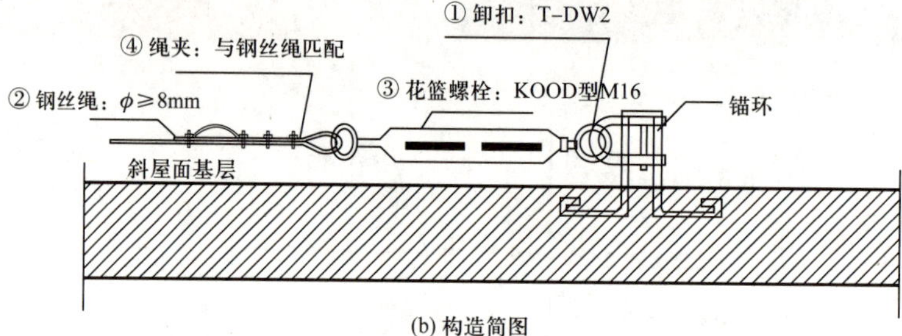

(b) 构造简图

图 4-42　斜屋面生命线（装饰装修）

(a) 斜屋面竖向生命线效果图

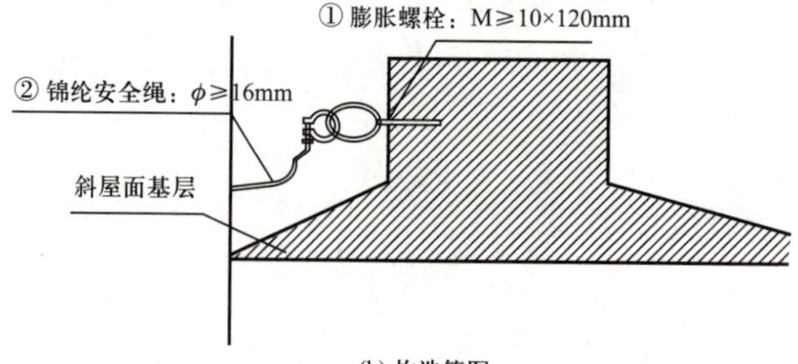

(b) 构造简图

图 4-43　利用膨胀螺栓拉设竖向生命线

图 4-44 高处作业防坠落装置设置

（三）安全带尾绳杆

在钻井泵、钻机绞车、柴油机处设置安全带尾绳杆（图 4-45），便于在检修、清洁卫生时系挂安全带，规避高处临边作业风险。

图 4-45 安全带尾绳杆

（四）综合录井仪架线自动升降杆装置

由动力及控制系统、支撑杆架线装置、底座固定装置、架空线拉紧装置等几部分组合构成的综合录井仪架线自动升降杆装置（图 4-46、图 4-47），该装置能有效通过全机械化运作代替传统人工进行高空架线操作，架线耗时由原来单井 580min 降低至 200min，成功消除录井高处作业风险，有效提高作业效率。

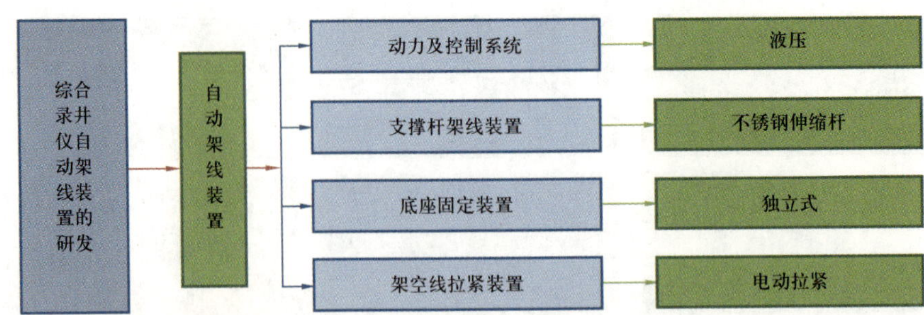

图 4-46　综合录井仪自动架线装置结构图

图 4-47　现场安装过程图

图 4-48 为综合录井自动架线杆相关方案和操作规程。

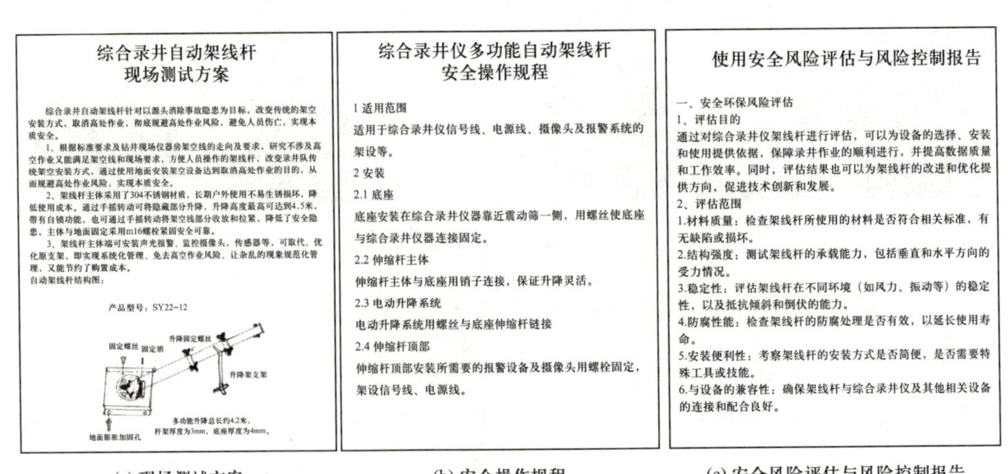

**综合录井自动架线杆
现场测试方案**

综合录井自动架线杆针对以源头消除事故隐患为目标，改变传统的架空安装方式，取消高处作业，彻底规避高处作业风险，避免人员伤亡，实现本质安全。

1、根据标准要求及钻井现场仪器房架空线的走向及要求，研究不涉及高空作业又能满足架空线和现场要求，方便人员操作的架线杆，改变录井队传统架空安装方式，通过使用地面安装架空设备达到取消高处作业的目的，从而规避高处作业风险，实现本质安全。

2、架线杆主体采用了304不锈钢材质，长期户外使用不易生锈损坏，降低使用成本。通过手摇转动可将隐藏部分升降，升降高度最高可达到4.5米，带有自锁功能，也可通过手摇转动将架空线部分收放和拉紧，降低了安全隐患，主体与地面固定采用m16螺栓紧固安全可靠。

3、架线杆主体端可安装声光报警、监控摄像头，传感器等，可取代、优化原支架，即实现系统化管理、免去高空作业风险、让杂乱的现象规范化管理，又能节约了购置成本。

自动架线杆结构图：

产品型号：SY22-12

(a) 现场测试方案

**综合录井仪多功能自动架线杆
安全操作规程**

1 适用范围

适用于综合录井仪信号线、电源线、摄像头及报警系统的架设等。

2 安装

2.1 底座

底座安装在综合录井仪器靠近震动筛一侧，用螺丝使底座与综合录井仪器连接固定。

2.2 伸缩杆主体

伸缩杆主体与底座用销子连接，保证升降灵活。

2.3 电动升降系统

电动升降系统用螺丝与底座伸缩杆链接

2.4 伸缩杆顶部

伸缩杆顶部安装所需要的报警设备及摄像头用螺栓固定，架设信号线、电源线。

(b) 安全操作规程

使用安全风险评估与风险控制报告

一、安全环保风险评估

1、评估目的

通过对综合录井仪架线杆进行评估，可以为设备的选择、安装和使用提供依据，保障录井作业的顺利进行，并提高数据质量和工作效率。同时，评估结果也可以为架线杆的改进和优化提供方向，促进技术创新和发展。

2、评估范围

1.材料质量：检查架线杆所使用的材料是否符合相关标准，有无缺陷或损坏。

2.结构强度：测试架线杆的承载能力，包括垂直和水平方向的受力情况。

3.稳定性：评估架线杆在不同环境（如风力、振动等）的稳定性，以及抵抗倾斜和倒伏的能力。

4.防腐性能：检查架线杆的防腐处理是否有效，以延长使用寿命。

5.安装便利性：考察架线杆的安装方式是否简便，是否需要特殊工具或技能。

6.与设备的兼容性：确保架线杆与综合录井仪及其他相关设备的连接和配合良好。

(c) 安全风险评估与风险控制报告

图 4-48　综合录井自动架线杆相关方案和操作规程

（五）炼化装置高处作业使用防坠落手绳

炼化装置钢结构安装阶段存在临边作业、无固定平台作业、悬挑脚手架作业等情况，手动工具或设备使用时易造成高处坠落。因此使用高处防坠绳（图 4-49）可以极大程度地避免直接掉落，保证高处作业安全。

图 4-49　高处防坠绳

（六）卸料承重平台

房屋建筑在施工过程中通常使用起重设备将材料等通过脚手架外架平台运送至相应高度平台内，但部分项目施工区域直接将外架拆改留出空档区域，人员在临边位置拖拉拽材料进入外架平台内，动作行为危险，易引起掉落或外架变形甚至坍塌。因此，搭设合格的卸料承重平台（图 4-50）至关重要，可以极大减轻人的不安全行为及作业的不安全状态。

图 4-50　卸料称重平台

第五章　高处作业典型事故案例及应急处置

第一节　高处作业事故类型及特点

一、高处作业事故类型

高处作业引起的常见事故有高处坠落、物体打击等，其中高空坠落事故占60%左右，根据GB/T 6441—1986《企业职工伤亡事故分类》，将高处作业事故分为以下几种事故类型。

（一）高处坠落

高处坠落即作业人员从高处坠落，伤及本人或伤及作业面以下其他人员。高处坠落伤害是高处作业最主要的事故类型之一，在高处作业常见事故类型中其占比达到九成以上。

案例1

2016年3月30日，某钻井队进行设备安装作业。吊装完内钳侧气动绞车后，吊车上提吊具准备移动拔杆吊其他设备，上提过程中吊具钩子挂在气动绞车上，工程一班司钻来某上前取吊钩过程中，气动绞车被吊动倾斜，来某紧急躲闪时，背向铺台边从钻台跌落至场地，造成其受伤。

案例2

2016年9月5日，某钻井队拆卸逃生滑道作业时，付某协助高某拆除了逃生滑道入口处平台护栏后将绳套挂在逃生滑道两侧吊耳上，鄢某指挥吊车将逃生滑道吊至和钻台平齐位置悬停，高某首先砸脱内侧销子，腹部紧贴逃生滑道上端安全杠，右手持大锤，身体前弓砸外侧销子，在砸第三次时，销子突然脱落，逃生滑道猛然上翘，安全杠顶在高某腹部，将其顶离逃生滑道连接平台后坠落至地面，致其死亡。

（二）物体打击

物体打击即高处作业过程中，作业人员随身携带的工具、物件或设备设施零部件从高处掉落，伤及作业面以下人员。

案例 1

2005 年 9 月 6 日，某钻井队使用气动小绞车绷加重钻杆立柱，提丝拧在 5in 加重钻杆立柱上，尹某提起后由于气动绞车滚筒钢丝绳缠乱挤压，难于下放，在下单根下放出转盘加宽台面下 2m 时，滚筒上缠绕松弛的一段钢丝绳突然释放下冲位移近 2m，在下单根下放出转盘加宽台面下 5m 左右时，滚筒钢丝绳出现第二次释放，随即将固定天滑轮的两股 15.9mm 钢丝绳拉断，滑轮落下后，砸在站在八参数仪右侧的副司钻孟某的背部，送医院抢救无效死亡。

案例 2

2018 年 3 月 14 日，某钻井队完井后甩钻具作业，场地工豪某在猫道上使用钻杆钩校正钻杆方向，不慎从猫道跌落地面，被随后滑落的钻杆砸中其头部导致受伤，送医抢救无效死亡。

（三）触电

触电即高处作业人员进行电器设备检维修时，设备漏电、作业平台突然带电或触碰带电体等，可能引发高处作业人员触电。

案例 1

1988 年 11 月，某钻井队一名员工交接班前检查发现井架左侧井架一照明灯不亮，随后登上井架更换该照明灯泡，作业过程中因未断掉井架照明电源，不慎触电，从距地面 19m 高的井架上坠落死亡。

案例 2

1996 年 8 月 25 日，某厂电试班在理化处分变电所变压器室小修定保，明知 6032 刀闸带电，班长却独自架梯登高作业，本梯离 6032 刀闸过近（小于 0.7m），遭电击从 1.2m 高处坠落撞击变压器，终因开放性颅骨骨折、肋骨排列性骨折、双上肢电灼伤等，抢救无效死亡。

（四）火灾

火灾即作业人员在高处从事电焊、氧气切割或打磨等动火作业产生的火花、焊渣引燃作业面或作业面以下易燃物品，引发火灾。

案例 1

2011 年 5 月 31 日下午，江苏省南通市“第一高楼”在进行外部装修时，电焊火花引燃大楼西南角外保温材料，引发大火，所幸未造成人员伤亡。

案例 2

2010 年 11 月 15 日，上海市余姚路胶州路的一栋高层公寓发生了火灾，起因是高处动火无证作业、违章操作、工程层层多次分包、现场管理混乱、抢工行为明显，现场堆积许多的尼龙网、聚氨酯泡沫等易燃材料，安全监管存在漏洞。导致多人不幸遇难，大量人员在医院接受治疗。

（五）坍塌

坍塌即高处作业过程中，作业平台、脚手架、堆置物等由于支撑或固定不牢等原因倒塌造成高处坠落或其他伤害。

案例 1

2015 年某月某日，某公司制药厂旧厂房维修工地，在外墙窗口抹灰时，脚手架扣件突然断裂，架体横杆塌落，正在作业的两位工人从三楼摔下，1 名死亡，1 名重伤。

案例 2

2017 年某月某日，何某在配合塔吊进行脚手架倒运作业时，头部直接钻入钢管堆放架底部穿钢丝绳，此时钢管堆放架倾斜倒塌，将何某头部砸在钢管下，导致当场死亡。

（六）机械伤害

机械伤害即高处作业由于设备操作不当、能量意外释放等原因，机械设备与工具引起的绞、碰、割、戳、切等伤害。

案例 1

2001 年 8 月 17 日，河北省某机械厂李某正在对行车起重机进行检修，因为天气热，李某有点发困，靠在栏杆上休息，结果另一名检修人员开动行车，将李某挤伤，造成左腿截肢。

（七）灼烫

灼烫即作业人员在高处从事动火作业、使用化学品、强光或放射性物质作业时，发生火焰烧伤、化学品灼烫、物理灼伤等伤害。

案例

2020 年 1 月 16 日，山东省泰安市某化工有限公司组织施工人员在硫酸计量罐保温施工过程中，因计量罐顶部破裂致使硫酸外溢，造成现场施工人员被硫酸灼烫后高处坠落，1 人死亡、3 人轻伤。

（八）起重伤害

起重伤害即作业人员在高处进行起重和高处复合作业时，由于责任界面不清、防范措施不明、人员配合不当等原因造成起重伤害事故。

案例

2007 年 5 月 21 日，某公司司某在氧气动能管道平台拆卸氧气表时，正在吊运管子的门式起重机启动后并由西向东开过来，司某站在铁平台下避让不当，被卷带进铁平台和龙门行车间空挡，挤压致死。

二、高处作业事故特点

（一）事故发生率高

由于人员违章作业、管理不严、监管缺位、要求不到、执行不力、警示不足、安全防护缺失或缺陷、作业环境不良等原因，使高处作业事故发生率居高不下，时有发生。

（二）事故危险性大

一旦发生事故，受伤部位主要为颅脑、脊柱、肢体等，同时易发生戳伤、溺水、触电、烧伤等二次伤害，因发现不及时、救护方法错误、送医时间过长等因素增加事故死亡率。

（三）事故主体集中

违反工作流程和管理规范，且不能正确使用防护设备设施出现坠落的高处事故占比 70%，而且年龄集中在 23～45 岁，发生事故的概率同样站在全部年龄的 70%，因此，事故主体比较集中。

（四）事故类型凑集

高处作业事故主要发生在安装、拆卸及建筑等作业过程中，尤其是使用脚手架、吊篮、梯子登高作业及悬空高处作业时发生，其次是易在“四口五临边”易发生，因此，高处作业事故发生的类型比较凑集，高处坠落事故比较突出。

第二节　应急救援准备与实施

各单位应根据自身情况以及涉及的高处作业类型，编制相应的符合实际情况、可操作性强的高处作业应急预案或应急处置程序，明确应急救援组织机构及职责，储备相应的应急救援物品或器材，定期组织作业人员进行应急救援演练（应急预案模板见附录）。

（1）事故发生后，现场人员首先进行自救，同时迅速报告主管领导，救援领导小组接到通知后，由总指挥启动应急预案。

（2）救援小组迅速带领各组成员携带所需物资赶赴事故现场。

（3）救援人员首先要询问知情者有关伤员的详细受伤经过，如受伤时间、地点、受伤时所受暴力大小，了解现场情况、坠落高度、伤员最先着落部位或间接击伤部位、坠落过程中是否有其他阻挡或转折。

（4）救援人员首先根据伤者受伤部位立即组织抢救，促使伤者快速脱离危险环境送往医院救治，并保护现场，察看事故现场周围有无其他危险源存在。

（5）在搬运伤员时对因疑有脊椎受伤可能，一定要使伤员平卧在硬板上搬运，切勿只抬伤员的两肩与两腿或单肩背运伤员，因为这样会使伤员的躯干过分屈伸，而使伤者脊椎移动，甚至断裂造成截瘫，导致死亡。

（6）护送伤员的人员应向医生详细介绍受伤者的各种信息，以便医生快速施救。

（7）在抢救伤员的同时迅速向上级报告事故现场情况。

（8）如有人员死亡，立即保护现场。

第三节 应急逃生

应急逃生是针对高处作业过程中存在的潜在事故，事先制订应急预案确保在紧急情况发生时，能够及时有效地实施应急、营救和逃生，以便尽量避免和减少事故的人员伤亡和财产损失，把损失降到最低程度。非专业人员救护的目的是挽救生命，不是治疗；是防止恶化，不是治愈；是促进恢复，不是复原。作业人员了解和掌握一些常见的急救和逃生知识是十分必要的，事故初期及时合理的处置，往往会极大降低事故所带来的伤害或损失。

一、应急准备及实施

（一）应急救援装备

1. 高处作业事故应急救援装备

高处作业事故应急救援装备是指用于应急管理与应急救援的工具、器材、服装、技术力量等，如安全带、安全帽、安全绳、滑轮和制动器、救生降落伞、尼龙绳网及支架、救援背包、充气囊、救护车等各种各样的物资装备与技术装备。

（1）安全带和安全绳：这是最基本的应急设备，用于连接工人和支撑点，以防止意外坠落。工人在高空作业时必须佩戴安全带，并使用安全绳将其固定在安全支撑点上。

（2）救生降落伞：一些特殊情况下，如飞机坠毁或高空建筑物失火，救生降落伞可以提供一种快速逃生的途径。

（3）滑轮和制动器：可以用于建立一个临时的滑轮系统，使工人能够快速、安全地下降，以脱离高空危险区域。

（4）救援背包：通常包括一些紧急应急设备，如急救包、水和食品、救生绳索等，可以提供必要的物资和工具，以保护工人的安全和生命。

（5）充气囊：预防高空坠落不便于安装尼龙绳网及支架的地方，要配备一定大、厚的充气囊，并配备一台大功率的快速充气机器。

（6）离城区比较远的单位要配备救护车，配齐活动折叠式担架、氧气袋、输血设备和药品等，并配齐专业救援人员。

2. 现场使用要求

应急救援装备是用来保障生命财产安全的，必须严格管理，正确使用，仔细维护，使其时刻处于良好的备用状态。同时，有关人员必须会用，确保其功能得到最大程度的发挥。应急救援装备的使用要求主要包括以下几个方面：

（1）专人管理，职责明确。应急救援装备大到价值百万元的救援车，小到普普通通的安全绳，都应指定专人进行管理，明确管理要求，确保装备的妥善管理。

（2）严格培训，严格考核。要严格按照说明书要求，对使用者进行认真的培训，使其能够正确熟练地使用，并把对应急救援装备的正确使用作为对相关人员的一项严格的考核要求。要特别注意一些貌似简单、实易出错环节的培训与考核。

3. 日常维护要求

对应急救援装备，必须经常进行检查，正确维护，保持随时可用的状态；否则，就可能不仅造成装备因维护不当而损坏，还会因为装备不能正常使用而延误事故处置。应急救援装备的检查维护，必须形成制度化、规范化。应急救援装备的维护，主要包括两种形式：

（1）定期维护。根据说明书的要求，对有明确的维护周期的，按照规定的维护周期和项目进行定期维护。

（2）随机维护。对于没有明确维护周期的，要按照产品书的要求，进行经常性检查，严格按照规定进行管理。发现异常，及时处理，随时保证应急救援装备完好可用。

（二）应急救援准备

当施工作业现场事故发生后，现场作业人员作为“第一目击者”，应在保证自身安全的前提下，勇敢承担起即时救护工友的职责。人人都应该成为生命的守护者，人人为我，我为人人，在专业救护人员未到达之前，现场非专业人员的即时救护是非常重要的。不要怕自己不专业，只是在现场焦急地等待专业人员的到达，而是要果断采取“简单、初步、及时、合理、有效”的救护处理。

1. 应急救援的准备

平时组织应急救援队伍和救援专业人员的培训与演练工作，开展对全员自救和互救知识的宣传和安全教育，做好应急救援的装备、器材、物品、药品、经费的管理和使用，事故进行调查，公布事故通报。

2. 应急救援基本原则

应急救援处置坚持“以人为本、正确施救、统一指挥、及时高效”原则。事故现场应急急救的实施，要求施救者具备良好的心理素质、娴熟的急救技能，同时应遵循一定的急救原则，如机智、果断、及时、稳妥、正确、迅速、细致、全面等。

3. 救援人员职责

凡从事高处作业的企业均应建立本单位的应急救援组织机构，明确救援执行部门和专用电话，制定救援协作网，以提高应急救援行动中协同作战的效能，便于做好事故自救。

1）应急救援专家组

在应急救援行动中，对事故危害进行预测，为救援的决策提供依据和方案。平时应做好调查与研究，当好领导参谋。

2）医疗救护人员

在事故发生后，尽快赶赴事故现场，设立现场医疗急救站对伤员进行分类和急救处理，并及时向后方医院转送。对其他救援人员进行医学监护，以及为现场救援指挥机构提供医学咨询。平时应加强技术培训和急救准备。

3）应急救援专业队

在应急救援行动中，应在做好自身防护的基础上快速实施救援。应尽快地测定出事故的危害区域，检测高处作业事故的性质及危害程度，并将伤员救出危险区域和组织群众撤离、疏散。

4. 医疗器材与药品

施工作业单位应根据 Q/SY 08136—2017《生产作业现场应急物资配备选用指南》要求配置医疗急救包，配置简单的医疗急救器械和急救药品。除标准要求外的其他急救药品，应根据作业现场实际需求，有针对性地加以配置。

（三）处置方案与演练

石油石化行业发生的许多重大及以上事故是由小的事件或事故未得到及时有效控制而造成的，及时进行处置和有效控制，就能避免事故的扩大。所以，制订现场处置方案是非常必要的。

1. 事故风险分析

施工作业单位编制现场处置方案的前提是进行事故风险分析，一般可采用安全检查表法、工作前安全分析（JSA）法等进行高处作业事故风险分析、让作业人员参与事故风险分析，现场处置方案才能落到实处。事故风险分析主要包括以下内容：

（1）事故类型，分析本岗位可能发生的潜在事件、突发事故类型。

（2）事故发生的区域、地点或装置的名称，分析最容易发生事故的区域、地点、装置部位或工艺过程的名称。

（3）事故发生的可能时间、事故的危害严重程度及其影响范围。

（4）事故后果，分析导致事故发生的途径和事故可能造成的危害程度。

（5）事故前可能出现的征兆。

（6）事故可能引发的次生、衍生事故。

2. 预案主要内容

现场处置方案是根据不同生产安全事故类型，针对具体场所、装置或者设施制订的应急处置措施。现场处置方案重点规范事故风险描述、应急工作职责、应急处置措施和注意事项等内容，应体现自救互救、信息报告和先期处置的特点。

现场处置方案应具体、简单、针对性强。要求事故相关人员应知应会、熟练掌握，并通过应急演练，做到迅速反应、正确处置。现场处置方案的内容与结构如下：

1）事故风险描述

简述事故风险评估的结果。

2）应急工作职责

根据现场工作岗位、组织形式及人员构成，明确各岗位人员的应急工作分工和职责。应急自救组织形式及人员构成情况。

3）应急处置

——应急处置程序：根据可能发生的事故及现场情况，明确事故报警、各项应急措施启动、应急救护人员的引导、事故扩大及同应急预案的衔接程序。包括生产安全事故应急救援预案、人员伤害预案、触电应急预案等。

——现场应急处置措施：针对可能发生的坠落、触电等，从人员救护、工艺操作、事故控制、现场恢复等方面制订明确的应急处置措施，尽可能详细简明扼要、可操作性强。

——针对可能发生的事故，从人员救护、工艺操作、事故控制、现场恢复等方面制订明确的应急处置措施。

——明确报警负责人，以及报警电话及上级管理部门、相关应急救援单位联络方式和联系人员，事故报告基本要求和内容。

4）注意事项

注意事项包括人员防护和自救互救、装备使用、现场安全等方面的内容。

——佩戴个人防护器具方面的注意事项。

——使用抢险救援器材方面的注意事项。

——采取救援对策或措施方面的注意事项。

——现场自救和互救的注意事项。

——现场应急处置能力确认和人员安全防护等的注意事项。

——其他需要特别警示的事项。

5）相关附件

列出应急预案涉及的重要物资和装备名称、型号、存放地点和联系电话等。

3. 应急预案演练

开展高处作业前应开展桌面或实战应急预案演练，首先应进行现场检查，确认演练所需的工具、设备、设施、技术资料及参演人员到位。对应急演练安全设备、设施进行检查确认正常完好。其次，应对参演人员进行情况说明，使其了解应急演练要求、场景及主要内容、岗位职责和注意事项。

1）桌面演练

在桌面演练过程中，演练执行人员按照现场处置预案发出信息指令后，参演人员依据接收到的信息，回答问题或模拟推演的形式，完成应急处置活动。通常按照四个环节循环进行：

（1）注入信息：执行人员通过多媒体文件、口述等多种形式向参演人员展示应急演练场景，展现生产安全事故发生发展情况。

（2）提出问题：在每个演练场景中，由执行人员在场景展现完毕后提出一个或多个问题，或者在场景展现过程中自动呈现应急处置任务，供应急演练参与人员根据各自角色和职责分工展开讨论。

（3）分析决策：根据执行人员提出的问题或所展现的应急决策处置任务及场景

信息，参演人员分组开展思考讨论，形成处置决策意见。

（4）表达结果：在组内讨论结束后，各组代表按要求口头阐述本组的分析决策结果，或者通过模拟操作与动作展示应急处置活动。各组决策结果表达结束后，导调人员可对演练情况进行简要讲解，接着注入新的信息。

2）实战演练执行

按照现场应急处置预案进行现场应急演练，有序推进各个场景，开展现场点评，完成各项应急演练活动，妥善处理各类突发情况。实战演练执行主要按照以下步骤进行：

（1）现场指挥按照应急处置预案向参演人员发出信息指令传递相关信息，控制演练进程；信息指令可由人工传递，也可以用对口头、讲机、手机方式传送，或者通过特定声音、标志呈现。

（2）各参演人员根据导调信息和指令，依据应急处置预案规定流程，按照发生真实事件时的应急处置程序，采取相应的应急处置行动。

（3）应急演练过程中，参演人员应随时掌握应急演练进展情况，并注意应急演练中出现的各种问题，并做出信息反馈。

（4）演练实施过程中，可安排专门人员采用文字、照片和音像手段记录演练过程。完成各项演练内容后，参演人员进行人数清点、讲评和总结。

在应急演练实施过程中，出现特殊或意外情况，短时间内不能妥善处理或解决时，应立即中断应急演练。

（四）应急救援的实施

应急救援工作的组织与实施好坏直接关系到整个救援工作的成败。在错综复杂的救援工作中，组织工作显得更为重要。有条不紊的组织是实施应急救援的基本保证。应急救援的实施可按以下基本步骤进行。

1. 救援接报与通知

准确了解事故性质和规模等初始信息，是决定启动应急救援的关键，是实施救援工作的第一步，对成功实施救援起到重要的作用。接报作为应急救援的第一步，必须对接报与通知要求作出明确规定。

（1）应明确 24 小时报警电话，建立接报与事故通报程序。

（2）列出所有的通知对象及电话，将事故信息及时按对象及电话清单通知。

（3）接报人员一般由应急值班人员担任。接报人员必须掌握以下情况：

——报告人姓名、单位部门和联系电话。

——事故发生的时间、地点、事故单位、事故原因、事故性质、危害波及范围和程度。

——对救援的要求，同时做好电话记录。

（4）接报人员在掌握基本事故情况后，立即按分级响应的原则向应急领导小组办公室及相应领导层报告事故情况，根据事故级别和发展态势，启动应急响应程序，开展应急救援。

（5）根据事故的性质、严重程度及影响后果，按程序报告当地地方政府，通报受事故影响的相关方。

2. 应急响应

（1）启动应急预案响应程序，召开首次会议，应急领导小组组长签发应急状态启动令，应急领导小组办公室通报事故情况，安排部署处置工作。

（2）根据首次会议安排部署开展处置工作。视事故严重程度，向事故单位派出现场工作人员，赶赴现场进行应急救援工作，根据信息反馈，调整研究现场救援方案，统筹应急资源调配。

（3）当事故超出本单位能力控制范围时，应按照有关程序向上一级单位和地方政府应急机构请求扩大应急响应。

（4）在应急处置过程中，应注意做好以下工作：

——封锁事故现场和危险区域，迅速撤离、疏散现场人员，设置警示标识，加强现场戒备，除参与抢险人员外，其他人员未经许可一律严禁进入现场，防止事态扩大。

——事故现场如有人员出现伤亡，立即调集相关的医疗专家、医疗设备进行现场医疗救治，实时进行转移治疗。

——及时制定事故的应急救援方案，危险作业安全措施由现场处置负责人审批，并组织实施。

——现场救援人员必须做好人身安全防护。

3. 现场急救

1）现场救护基本要求

——急救人员经过专业培训，具备一定的现场急救常识和技能。

——现场常备必要的急救器材，如担架、夹板及止血等器材。

——未判断清楚人员受伤部位及受伤严重程度前，现场急救人员不要盲目施救，更不能随意搬动伤者。

——第一时间拨打“120”等求救电话，借助外部专业救援力量。

——专业救援人员到达前，现场急救人员应根据伤者伤情及现场条件开展必要的救援，如止血、固定骨折部位、心肺复苏等。

2）现场救护流程

——有高处坠落伤员时，第一时间拨打“120”急救电话，并询问高处坠落伤员伤情，判定伤员意识是否清醒，有无出血、骨折、颅脑外伤、颈腰椎外伤等情况，在未辨明伤情前勿盲目搬动。

——当发生人员轻伤时，现场人员应采取防止受伤人员二次受伤的救护措施，将受伤人员运离危险地段，并向应急救援指挥部报告。

——遇有创伤性出血的伤员，迅速包扎止血，使伤员保持在头低脚高的卧位，并注意保暖。

——针对有颅脑外伤的伤员，应进行包扎止血，注意保暖，不要盲目搬运。

——如伤员呼吸心跳已停止，立即将伤员平置于地面或木板上，进行心肺复苏，心肺复苏抢救持续至病人苏醒或专业救护人员到现场。

——如伤员伴有颈、腰椎受伤，忌盲目搬运，在确保现场安全的前提下，保持伤员原有体位，就地取材固定伤员受伤部位，等待专业救护人员到现场。

——如有手足骨折，不要盲目搬运伤者，就地取材对骨折部位临时固定，使断端不再移位或刺伤肌肉、神经、血管。

——以上救护过程在“120”医疗急救人员到达现场后结束，工作人员应配合“120”医疗急救人员进行救治。

图 5-1 标识了人员受伤后的现场急救流程。

二、紧急逃生

（一）要求

作业人员在作业时各项作业条件都必须达到如下要求：

（1）特种作业证。

（2）身心状况。

（3）作业环境条件。

（4）作业设备工具完整齐全。

（5）各岗位人员到位。

（6）作业前全过程检查达到安全作业要求。

（7）具体作业地点的其他相关安全要求。

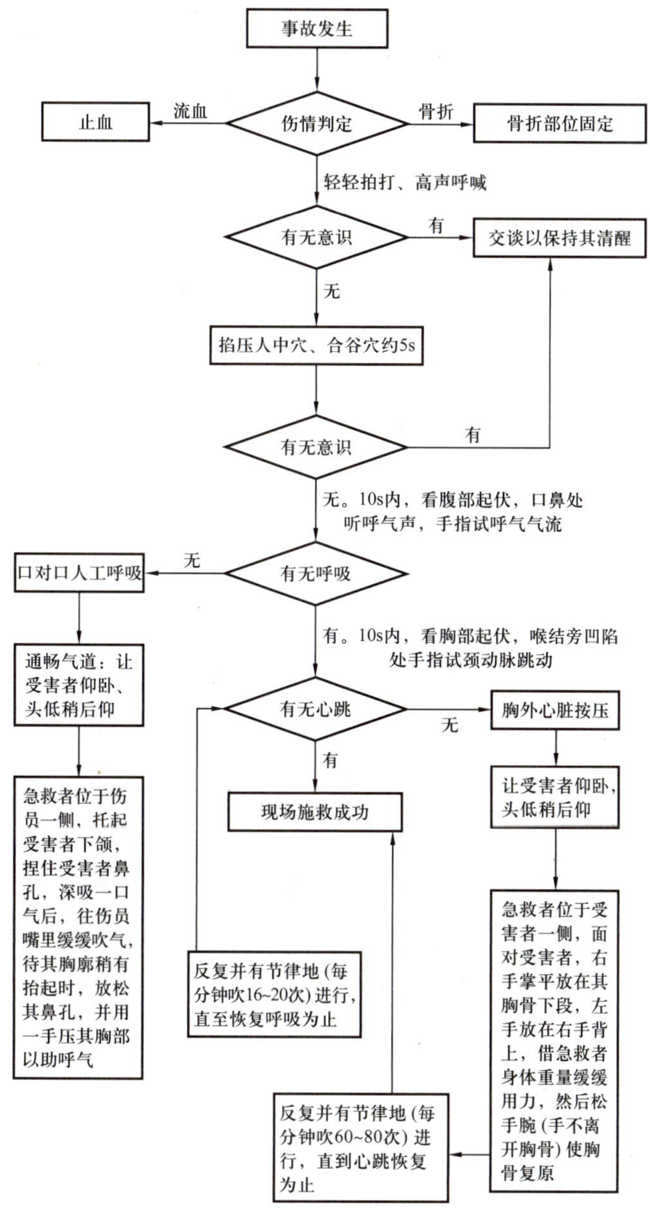

图 5-1 人员受伤现场急救流程图

（二）高处作业常见紧急情况

高处作业常见紧急情况如下：

（1）在作业中发生断绳事故，在作业中一般发生断绳事故为主绳破断，在双绳作业时作业人员在瞬间被安全绳拉住而不发生坠落事故。

（2）在高处悬挂作业时，突发阵风（大风）作业人员易发生碰撞、飘荡、绞缠、挂绞。

（3）在高处清洗作业时发生化学品伤害。

（4）在高处作业时发生其他的机械伤害、触电或物体打击等伤害。

（三）紧急情况下逃生方法

紧急情况下逃生方法如下：

（1）高处悬挂作业发生断绳、大风等事故时，根据现场情况条件可按应急救援程序进行，首先是现场人员自救，单位迅速组织救援或请求专业救援机构救援。

（2）出险人员不能惊慌，稳住自己，尽量利用自己周围能抓靠的部位使自身稳住，如窗台打烂玻璃、脚踩在固定牢靠的位置等，并立即呼救或用手机（通信工具）求救。

（3）现场负责人和现场作业的相关人员，应尽快采用最有效和直接的方式救援和求救，如利用门窗、阳台、棚架、逃生装置等紧急施救或自救。

（4）出险人员和救援人员靠拢后，出险人员抓住主绳，缓慢下降逃生。

（5）在救援时，其他辅助人员要将救援人员的主绳和安全绳上端固定绳头加大配重或增加固定点，或者救援人员抱住作业人员后，切断安全背带连接安全绳的连接绳，寻找有利方式逃生救护，如下降至阳台，窗子、棚架等。

（6）当发生断绳时，现场作业负责人和相关作业人员，可从顶端下降，两人挂好主绳和安全绳，下降到出险人员身旁施救。或在出险人员自身整体情况正常的情况下从顶端放下一根主绳，在救援人员帮助下重新挂结好主绳，在救援人员帮助下平稳下降到安全部位。

（7）在发生断绳时，可在下降救援人员和楼下辅助人员的帮助下将出险人员的安全绳接长增加到安全适合救援长度，将出险人员从顶端缓慢放下到安全部位。

（8）高处作业如果遇到突发性大风，作业人员应沉着应对，避免惊慌。首要措施是稳住身体重心，第一时间抓牢相对稳固的设施，身体紧贴建筑物（构筑物）或设法进入内部避风。双人或多人的情况，也可相互协助用绳子稳定或固定身体，另外人员聚拢抓紧或拥抱也可以减小失稳摆动。风力减弱时作业人员应及时寻找时机下到地面或进入建筑物内，在脱险过程中，无论是作业人员还是救援人员，都应做好防护措施，救援绳上端应拴挂牢靠，缠绕的绳索应理顺，绳索下端进行固定，人员移动中注意避开被风吹起的硬物和缠绕物，防止碰伤砸伤。

（9）从事高处作业的单位和人员必须定期组织相关人员进行应急救援和逃生演练，使每个员工都具备应急逃生救援的相关常识和技能，特别是新员工在做好安全技能教育培训时，应将应急逃生救援常识和技能作为安全教育的重点来进行。

第四节 高处作业典型事故案例

本节收集整理高处作业导致的安全事故案例，从事故概况、原因分析和案例警示方面进行了分享，以便起到警钟长鸣、引以为戒的作用。

一、某钻井队“1·25”高处坠落事故

（一）事故概况

2021 年 1 月 25 日 9 时 28 分，某钻探公司某钻井队在进行钻机平移准备，吊装拆除钻台逃生滑道过程中，逃生滑道向梯子一侧上弹后下落，撞在钻台梯子上，钻台梯子下坠，将安全带安全绳挂在梯子护栏上的朱某从钻台（高 9.35m）带落至地面，造成 1 人死亡。事故现场人员及设备设施位置如图 5–2 所示。

图 5–2 事故现场人员及设备设施位置示意图

（二）原因分析

1. 直接原因

逃生滑道撞到已拆除固定销的钻台梯子，导致梯子下坠，将安全带安全绳挂在梯子护栏上的朱某带下钻台。

2. 间接原因

（1）钻台梯子固定销被拆除，逃生滑道碰撞梯子，导致梯子下坠。

（2）朱某将安全带安全绳系挂在钻台梯子护栏上，梯子下坠时将朱某带下钻台。

（3）逃生滑道重心与吊车臂端滑轮钢丝绳不在同一垂线，斜拉受力，导致固定销被拔出瞬间逃生滑道向梯子一侧上弹。逃生滑道顶端上弹 0.3m、向钻台梯子侧横向移动 1.3m，经力学计算，以横向 986N，以纵向 18100N 的冲击力撞击钻台梯子。

（4）逃生滑道与钻台梯子平行安装，间距 0.4m，与原钻机逃生滑道出厂设计不符。

3. 管理原因

（1）钻机平移作业存在的风险认识不到位。该钻探公司部分管理人员认为钻机平移属于常规作业，不需要编制钻机平移作业方案，风险意识薄弱，作业工序不清，危害因素辨识不到位。

（2）钻台平移准备生产组织不合理，未严格执行起重作业许可管理制度，高危作业监护不到位。

（3）工作安全分析不满足风险管控要求，未严格落实设备变更管理制度，操作规程不完善

（4）工艺纪律要求不明确，劳动纪律执行不严格，操作纪律落实不到位。

（三）案例警示

（1）强化风险隐患排查和高危作业风险管控，严格落实作业许可制度，加强作业过程中的安全监管，确保高危作业防控措施落实到位、责任人落实到位。

（2）加强现场生产组织管理。生产组织细化到作业工序，任务安排明确到岗位员工，风险防控措施提示落实到位。

（3）完善规章制度和操作规程。修订完善钻机平移、设备安全操作管理制度，明确作业流程和操作工序，完善作业过程中的安全风险提示和管控要求。

（4）加强变更管理。对作业现场所有设备设施进行全面的梳理、核实、排查，发现与原设计不一致的按照变更管理要求进行评估、分级分类管理。

（5）开展有针对性的岗位能力培训。对井队各类现场涉及起重作业的负责人开展起重作业、起重指挥、司索操作等起重作业知识培训，将风险防控、操作规程、规章制度、劳动纪律、安全管理等内容作为基层培训重点常抓不懈。

（6）提高干部员工思想认识。牢固树立“生命至上、安全第一”的思想，强化员工自我防护和管理意识。

二、某钻井队“9·5”高处坠落事故

（一）事故概况

2016 年 9 月 5 日 8 时 30 分，某钻探公司某钻井队副队长鄢某带领机械工长高某、随钻测量工付某、泥浆大班白某和司机长李某开始进行拆卸逃生滑道作业，鄢某与白某将场地边四根直径 6ft[1]、长度均为 6m 的钩子绳套挂在吊车大钩上，付某、高某先拆除逃生滑道入口处平台护栏，吊车司机刘某操作吊车将绳套摆放到位后，付某背好安全带先将两根绳套分别挂在逃生滑道最上端的两侧吊耳上（第一组吊耳），然后走下钻台，将另外两根绳套分别挂在逃生滑道第四组吊耳上（共 5 组吊耳，第四组吊耳为从下向上数第二组吊耳），鄢某指挥吊车驾驶员刘某起吊，将钻台逃生滑道吊至和逃生滑道平台平齐位置悬停（图 5-3）。9：00，高某使用 181b 大锤先将逃生滑道内侧销子（靠偏房一侧）砸掉（图 5-4），然后面对逃生滑道逃生口，右手持大锤，身体微弓开始砸外侧销子，砸了三次后销子脱落，此时，逃生滑道整体前冲并猛然上翘，逃生滑道安全杠顶在高某腹部，将其顶离逃生滑道平台跃起，高某臀部擦剐在逃生滑道平台靠机房侧栏杆（高 1.22m）上沿后，身体翻转 450°坠落至地面，右臂和右臀部先着地仰面躺在地上，头朝向发电房一侧，高某安全帽落在距其头部 20cm 处，大锤掉落在距其脚部 50cm 处。逃生滑道在晃动过程中又将逃生滑道平台外侧栏杆顶出，栏杆坠落地面。

[1] 1ft=0.3048m。

图 5-3　砸销子前逃生滑道状态模拟图

图 5-4　高某砸逃生滑道外侧销子模拟图

（二）原因分析

1. 直接原因

机械工长高某砸掉逃生滑道外侧销子后，逃生滑道整体前冲并猛然上翘，逃生滑道安全杠顶在高某腹部，将其顶离逃生滑道平台后越过栏杆坠落地面。

2. 间接原因

（1）人员临边作业未佩戴安全带。机械工长高某站在逃生滑道平台上拆护栏、砸销子，没有辨识到销子砸掉后逃生滑道上翘前冲风险，且认为平台有护栏，未按要求使用安全带。

（2）人员拆卸逃生滑道砸销子顺序不正确。高某先砸掉逃生滑道平台内侧销子，再去砸外侧销子，砸外侧销子过程中使自身处于逃生滑道上翘前冲运行方向。

（3）逃生滑道吊点选择不当。在选择吊点时根据以往经验选择了第一组和第五组吊耳，四根吊绳向上拉力的合力与逃生滑道重力不在一条直线，产生力矩，导致逃生滑道固定销拆除后滑道顶端上翘。

（4）绳套选择不当。在拆逃生滑道时，作业人员随意选择了 6m 长的钢丝绳套，由于钢丝绳长度不够，吊装角度大，增大了滑道上翘前冲的推举力。

（5）吊钩位置摆放不正。吊起逃生滑道后，吊钩向逃生滑道顶端方向倾斜，给销子施加了水平方向的作用力，销子砸掉后作用力突然释放，逃生滑道水平前冲。

（6）作业监控不到位。副队长鄢某和参与作业的随钻测量工付某、泥浆大班白某和司机长李某发现高某未佩戴安全带进行临边作业的违章行为，均未进行制止纠正。

（7）作业方式不当。拆除逃生滑道销子时采用将滑道整体提离地面的作业方式，在吊点选择不当或吊钩摆位不正的情况下，逃生滑道销子拆除后必然产生摆动。

3. 管理原因

（1）逃生滑道拆装风险管控不到位。作业现场存在多种逃生滑道拆装方式，各级管理人员未对这些方式进行评估，未辨识全拆安逃生滑道作业风险，未优选固化最佳作业方法。

——吊装作业、高处作业专项整治不力。逃生滑道有五组吊耳，未按拆除、安装和组装等作业方式分别标示用途，未按本队逃生滑道特点制订针对性拆安措施，未认真落实“钻井队高处作业、临边作业风险管控清单”。

（2）HSE 风险控制工具流于形式。吊装作业申请人与实际作业人员不一致。工作安全分析针对性不强，未分析拆除逃生滑道、高架出口管这些具体作业。作业前安全会未覆盖所有参与作业人员，吊车司机未按要求参加作业前安全会。

（3）员工培训教育不到位。员工日常教育培训针对性差，致使员工未吸取高处（临边）坠落事故事件教训，风险辨识能力不足，安全意识不强，自我防护能力弱。

（三）案例警示

（1）全面梳理作业现场不规则（偏心）设备设施，优选、固化拆安作业时的吊挂方式。

（2）全面排查作业现场设备设施吊点标识情况，评估吊点位置是否恰当，吊索具长度、尺寸和数量是否符合吊挂安全要求。

（3）进一步规范吊索具使用管理，对明确了吊索具长度、尺寸和类型的设备设施，在吊装前必须严格按照要求选用吊索具。

（4）强化吊装指挥人员管理，吊装前由管理人员和监督员对吊装指挥人员进行现场能力评价，评价不合格的不得指挥吊装作业。

（5）持续开展高处作业专项整治，项目部、钻井队要严格执行“钻井队高处作业、临边作业风险管控清单”，强化高处（临边）作业专项行为安全审核，对不安全行为或不安全做法及时进行制止和纠正。

（6）强化 HSE 风险控制工具的应用。开展作业前安全会、工作安全分析和安全观察与沟通基层应用质量调查分析，切实发挥 HSE 风险工具辨控风险的作用。

（7）强化员工日常针对性教育培训，提升员工警觉意识、风险辨控能力、自我防护能力。

三、某钻井队"8·16"井架钻台坠落事故

（一）事故概况

2023 年 8 月 16 日 16：30 左右，某县某石油技术服务有限责任公司某钻井队在陕西省延安市甘泉县桥镇柳洛峪村后山井架安装过程中，5 名作业人员未佩戴安全绳，从井架钻台左侧（高 6m 左右）坠落，事故共造成 2 人死亡，3 人受伤（图 5–5）。

（二）原因分析

1. 直接原因

员工在高处铺台边安装护栏，铺台侧翻，员工坠落（图 5–6）。

图 5–5 铺台下未安装拉筋示意图

图 5–6 铺台侧翻现场图

2. 间接原因

（1）员工安全意识淡薄，高处临边作业未使用安全带。

（2）员工安装铺台忘装支撑杆，责任心欠缺，作业能力不足。

（3）用手锤敲击安装铺台护栏时，使未安装支撑杆的铺台失去平衡。

（4）钻井队管理缺失，钻台高处安装护栏不办理高处作业证。

（5）该公司未制定设备设施安装作业规程，铺台安装无章可循，无项目施工方案就擅自施工，设备拆搬安关键作业现场无人监管，未将安全生产管理协议的危险危害及安全措施向每位员工进行交底，管理责任不落实。

（6）甲方公司对承包商监管职责不落实，未签订施工合同协议就准许施工单位搬迁进场，安全培训、检查、考核不落实。

（7）甲方公司的监管责任不落实，引进承包商把关不严，管理不到位。

3. 管理原因

（1）钻井队管理缺失。钻台高处安装护栏不办理高处作业许可证，设备拆搬安关键作业现场无人监管，未将安全生产管理协议的危险危害及安全措施向每位员工进行交底，管理责任不落实。

（2）该公司未制定设备设施安装作业规程，铺台安装无章可循，无项目施工方案就擅自施工。

（3）采气厂对承包商监管职责不落实，未签订施工合同协议就准许施工单位搬迁进场，安全培训、检查、考核不落实。

（4）甲方公司的监管责任不落实，引进承包商把关不严，管理不到位。

（三）案例警示

（1）组织钻井队、专业化拆搬安队伍分机型学习《安装钻台底座 HSE 程序》，组织对铺台、拉筋等危险作业过程审核、纠偏。

（2）完善高处作业生命桩、锚固点措施清单，督导落实，验证效果，组织严查高处临边不系挂安全带违章行为。

（3）严格落实吊装高处作业许可，做好钻台、井架拆安关键作业监管，评估能力不足员工及新员工不得单独进行高处危险作业。

（4）开展钻台拆安专项审核，突出拆安逃生滑道、转角梯、大门坡道铺台等“吊装 + 高处”复合作业吊挂方式、拆安程序。遵循“护栏低位安装、钻台下方场地不摆放设备杂物”。

（5）强化承包商管理。对分包商进行全面排查，对分包商资质、设备、人员资质、安全管理机构、规章制度、现场监管、安全业绩等情况进行审核，清退考核评估不合格的承包商。

四、某销售公司“10·24”高处坠落事故

（一）事故概况

2014 年 10 月 24 日，某销售公司某分公司所属某服务区加油站一名员工，在加油站房北侧二楼便利店外挑檐处悬挂宣传布标过程中，不慎从挑檐上坠落地面受伤，经抢救无效死亡。

（二）原因分析

1. 直接原因

陈某违章站在 3.3m 高的便利店外挑檐上进行作业，高处坠落。

2. 间接原因

陈某未在佩戴安全帽和安全带等防护用品的情况下进行登高作业。

3. 管理原因

加油站经理在未办理高处作业许可证且未采取有效安全措施的情况下，违章指挥员工进行登高作业。

（三）案例警示

（1）加强作业许可管理制度执行监督考核，现场规范应用作业许可等风险控制工具。

（2）加强全员 QHSE 绩效考核制度落实，推动安全生产管理直线责任履职。

（3）全面梳理识别非常规作业风险，强化日常培训和提示，加强非常规作业风险管理。

（4）落实岗位 HSE 履职能力评估工作，能力评估不合格者严禁上岗作业。

五、某油田公司“9·24”高处坠落事故

（一）事故概况

2013 年 9 月 24 日，某油田公司农业开发公司某供电队在中砖线 4 号杆至西区线 14 号杆线路撤线作业过程中，水泥线杆突然向一侧倾倒，杆上端员工随着线杆同时坠落至地面，头部撞击地面，导致死亡。

（二）原因分析

1. 直接原因

杆上端员工随着倾斜的线杆同时坠落至地面，头部撞击地面造成死亡。

2. 间接原因

（1）外包砖厂违法取土，造成电力设施埋深不够，8m 高线杆埋深应达 1.5m，而经多年取土后，杆根仅距地面 20cm。

（2）线杆上部受力失衡发生倾倒，中 5 号线杆为转角杆，线路未断开时，在两侧线路作用力和线杆拉线的作用下，线杆受力平衡，当西 14 号线杆一侧线路断开和中 5 号线杆绑线解开时，线杆受力失去平衡。

（3）操作时没有正确佩戴安全帽。

3. 管理原因

（1）日常检查不到位，未及时发现线杆埋深不够，未及时治理事故隐患。

（2）员工日常培训不到位，员工风险识别和防范能力不足。

（3）日常专项整治效果差，隐患治理和行为安全管控走形式。

（三）案例警示

（1）及时全员分享，汲取事故教训，做到警钟长鸣。

（2）加强作业前员工能力评估和业务培训，能力不具备者严禁作业。

（3）开展电力系统 QHSE 管理体系审核，进行管理诊断，及时改进。

（4）强化多种经营单位管理，明确各方管理权责，考核推动责任落实。

（5）开展作业许可专项整治，多维度查治问题，促进现场规范应用。

六、某销售公司“5·5”高处坠落事故

（一）事故概况

2013 年 5 月 5 日，江苏销售某分公司加油站在罩棚立柱上端敷设视频监控线路，载人脚手架被推动过程中，一个万向轮移动到与地面存在垂直高差的排水沟水篦子上，脚手架失稳倾倒，2 人坠落死亡。

（二）原因分析

1. 直接原因

违章推动载人脚手架，地脚万向轮遇沟坎失稳脚手架倾倒，造成坠落。

2. 间接原因

（1）脚手架杆件间固定插销部分缺失。

（2）滚轮与脚手架采用直接插入式连接，未用螺栓顶丝固定。

3. 管理原因

（1）日常培训不到位，作业环境风险识别和防范能力弱。

（2）隐患排查治理不到位，未及时发现并治理脚手架隐患。

（3）高危作业管控不到位，安全防护和现场监控缺失。

（三）案例警示

（1）规范管理程序，进一步加强检维修施工作业安全管理。

（2）加强承包商 HSE 培训教育，提高施工人员安全意识。

（3）加强高处、脚手架等危险作业的审批和监管。

七、某钻探公司“5·26”高处坠落事故

（一）事故概况

2008 年 5 月 26 日，某钻探公司钻井队在井场拆二层台上一块铁板过程中，作业人员在没有穿戴安全带，也没有将被拆卸物进行捆绑、固定，导致销子被卸下后，指梁、盖板及作业人员一同从高处坠地，造成 1 人死亡。

（二）原因分析

1. 直接原因

高空拆卸作业，销子拆除后，指梁盖板、指梁失去支撑，人员一同从高处坠落。

2. 间接原因

（1）未佩戴安全带。

（2）作业人员不了解二层台指梁盖板与指梁和井架之间的连接，盲目拆卸。

3. 管理原因

（1）日常培训不到位，作业人员不掌握安拆作业流程。

（2）安排无二层台操作资质的人员从事高空作业。

（3）拆卸二层台指梁盖板没有开展风险识别，未制订防范措施。

（三）案例警示

（1）开展高处作业专项整治，重点治理高处作业不系安全带等典型违章。

（2）加强高危作业管控，重点督促落实作业许可和安全措施落实。

（3）加强员工日常教育培训，提升员工安全意识和安全技能。

（4）加强作业过程监管，关键环节必须落实管理人员旁站监控。

八、某物流公司“10·19”高处坠落事故

（一）事故概况

2014 年 10 月 19 日 14 时 36 分，位于广东省广州市白云区某镇某物流园，施工单位在现场作业条件（脚手架连墙件设置不足）不符合安全作业要求的情况下，超载使用脚手架，导致脚手架突然失稳坍塌，脚手架上正在施工作业人员高处坠落，事故造成 3 人死亡，11 人受伤，直接经济损失约 590 万元。

（二）原因分析

1. 直接原因

脚手架突然失稳坍塌，脚手架上正在施工作业人员高处坠落造成伤亡。

2. 间接原因

（1）超载使用脚手架。

（2）脚手架连墙件设置不足，不符合安全作业要求。

3. 管理原因

（1）建设方违法建设、违法发包。

（2）违法承包（转包）建设工程，并违法组织施工作业。

（3）违法搭设脚手架，造成脚手架存在安全隐患。

（4）监管部门监管责任缺失，未认真履行对违法建设的监管责任。

（三）案例警示

（1）及时分享事故，严肃责任追究。

（2）开展在建工地施工安全大检查，重点开展问题整改回头看。

（3）开展预防脚手架坍塌事故专项整治，重点治理脚手架隐患和违法搭设等问题。

（4）加强高处作业安全教育和《中华人民共和国安全生产法》宣贯，保障合规合法施工。

（5）加强施工作业事故应急救援管理，重点开展应急逃生应急演练。

九、某科技公司“12·25”高处坠落事故

（一）事故概况

2013年12月25日上午8时30分左右，浙江省绍兴市柯桥区的某科技有限公司在设备吊运过程中，汽车起重机将吊篮吊至3楼货物进出口时，没有与3楼地面实施安全可靠固定，装卸作业人员推动近3000kg的液压推车和圆机快速移向吊篮，因吊篮受到水平力和货物重力共同作用向外荡开、倾侧、旋转，装卸人员在没有采取任何安全防护措施的情况下，由于惯性与货物一起从吊篮与3楼接合面荡开的间隙中坠落至地面，造成5人死亡，1人重伤。

（二）原因分析

1. 直接原因

人员与货物一起从吊篮与3楼接合面荡开的间隙中坠落至地面，造成伤亡。

2. 间接原因

（1）装卸人员未采取任何安全防护措施。

（2）吊篮与3楼地面无安全可靠固定。

（3）吊篮受到水平力和货物重力共同作用向外荡开、倾侧、旋转。

3. 管理原因

（1）无吊装作业方案。

（2）隐患排查不彻底，未完全消除隐患。

（3）管理缺失，现场无指挥及管理人员。

（4）安全监管不到位，属地责任不落实。

（三）案例警示

（1）规范外包业务的监督管理，加强对现场的安全监督和监管。

（2）加强对特种设备尤其是起重机械的安全监察、日常管理工作。

（3）加强员工日常培训教育，提升风险辨识和防范能力，及时查治事故隐患和违章行为。

（4）进一步明确安全生产责任，加大对企业的监督检查力度。

十、某建筑公司“11·3”高处坠落事故

（一）事故概况

2013年11月3日，某建筑工程有限公司承建的某小区6号楼，在进行外墙涂料粉刷时，使用磨损严重的吊绳作业，作业中吊绳突然断裂，导致高处坠落事故，造成1人死亡，直接经济损失70万元。

（二）原因分析

1. 直接原因

吊绳突然断裂，高处坠落。

2. 间接原因

（1）吊绳磨损严重，未进行更换。

（2）作业人员未按规定使用防护用品，吊绳突然断裂时，安全带和防护绳未起到保护作用。

3. 管理原因

（1）日常培训不到位，安全意识淡薄，未按要求使用防护用品。

（2）隐患排查治理走形式，未及时发现并消除吊绳隐患。

（3）现场管理缺失，现场负责人、监理未能及时制止违章行为。

（三）案例警示

（1）及时分享事故，深刻吸取教训。

（2）加大隐患排查治理力度，尤其是安全防护设备设施隐患，及时消除，杜绝类似事故发生。

（3）加强员工日常培训教育，提高作业人员安全意识和操作技能。

十一、某建设公司“6·15”高处坠落事故

（一）事故概况

2012年6月15日，福建省某公司进行高层建筑外墙装饰作业。一名作业人员身体突然后移，两脚踩空，身体穿破密目式安全立网，坠落地面死亡。

（二）原因分析

1. 直接原因

作业人员蹲在外架板边沿时身体后移，踩空坠落。

2. 间接原因

（1）密目式安全立网使用时间过长，强度达不到规定要求。

（2）作业人员未使用防坠落装置。

3. 管理原因

（1）现场监管缺失，不使用防坠落装置未及时制止。

（2）日常警示教育不到位，安全意识淡薄，风险辨识和防范能力弱。

（3）隐患查治流于形式，未及时发现安全网缺陷，未及时更换。

（三）案例警示

（1）强化事故案例警示教育，提升员工安全风险防范意识。

（2）加大安全防护设施隐患排查治理力度，及时消除此类隐患。

（3）加强员工日常培训教育，引导员工必须正确及时穿戴好防护用具。

（4）强化管理人员现场履职考核，及时排查整治作业过程违章隐患。

十二、某销售公司“5·16”高处坠落事故

（一）事故概况

2011 年 5 月 16 日，某石油销售公司某分公司油库在接卸油品过程中，接卸工李某意外从油槽车顶部罐口跌入油槽内死亡。

（二）原因分析

1. 直接原因

李某未注意脚下，从油槽车顶部罐口跌入油槽。

2. 间接原因

（1）李某上罐操作时没有系安全带。

（2）单人作业，事故发生后没有及时发现和组织抢救。

3. 管理原因

（1）危险作业单人操作，现场无人监管。

（2）日常培训教育不到位，员工安全意识差，违章作业。

（3）危险作业场所安全技术措施缺失，事故不能及时发现。

（三）案例警示

（1）深入开展危险源辨识活动，完善操作规程，禁止单人作业。

（2）强化危险作业现场监管，及时制止不安全行为。

（3）加大对危险作业场所安全技术措施的投入，有效进行事故应急救援。

十三、某建筑工地“11·20”坍塌事故

（一）事故概况

2013 年 11 月 20 日 18 时 20 分许，湖北省襄阳市南漳县某国际大酒店分店及附属商业用房建筑工地，在实施混凝土浇筑前，项目技术负责人在明知该分部分项工程没有按照制度规范的要求组织编制高支模的安全专项施工方案的情况下，也未确认高支模是否具备混凝土浇筑的安全生产条件，未签署混凝土浇筑令，未制定和落实模板支撑体系位移的检测监控及施工应急救援预案等安全保证措施，便开始实施混凝土浇筑，导致发生一起高大模板支撑系统坍塌事故，造成 7 人死亡，5 人受伤，直接经济损失约 550 万元。

（二）原因分析

1. 直接原因

高大模板支撑系统坍塌，造成伤亡。

2. 间接原因

作业面的施工总荷载超过高支模的实际承载力。

3. 管理原因

（1）项目技术负责人未遵守相关制度规范，知法犯法，触碰安全生产红线。

（2）管理混乱，未编制安全专项施工方案，未确认安全生产条件，未落实安全生产措施。

（3）相关监管责任不落实，监督管理缺失。

（三）案例警示

（1）强化红线底线意识，坚持依法守法合规。

（2）落实企业主体责任，严守法律法规底线。

（3）强化高危作业监督管理，落实监管责任。

（4）加强安全培训教育，切实提升本质安全。

十四、某石化公司“9·23”高处坠落事故

（一）事故概况

2011 年 9 月 23 日，某石化公司乙烯厂高压聚乙烯车间一名操作人员在挤压造粒厂房三层巡检途经吊装孔时，未能观察到因施工打开的篦子板孔洞，不慎坠落至地面死亡。

（二）原因分析

1. 直接原因

从篦子板孔洞坠落地面。

2. 间接原因

（1）作业人员为配合电机更换吊装作业，打开了吊装孔上方三层四层一块篦子板，形成孔洞，未及时关闭。

（2）未在打开的篦子板孔洞处设置警示和围栏等防护措施。

（3）巡检吊装孔时未注意观察。

3. 管理原因

（1）日常培训教育不到位，员工风险识别和防范能力差。

（2）日常检查不到位，篦子板孔洞未及时设置防护措施。

（3）各级管控责任未落实，事故隐患未能及时发现并消除。

（三）案例警示

（1）迅速传达事故，汲取事故教训。

（2）全面排查现场作业风险，及时消除事故隐患。

（3）强化作业许可管理，提高属地各级人员管控能力。

（4）加强日常培训教育，提升员工风险辨识和防范能力。

十五、某加油站“11·22”高处坠落事故

（一）事故概况

2014年11月22日早7时20分左右，保洁宋某等七名保洁人员来到某加油站，开始搭脚手架。加油站站长对保洁负责人宋某个人进行了安全培训、考试、签订了HSE承诺书，检查了脚手架是否防滑、保洁人员是否佩戴安全带和安全帽情况。8时左右，保洁人员开始保洁作业，地面人员对低处进行清洗，高处清洗时人站在脚手架上作业，清洗完一个部位，地面人员推动平台架体至下一位置，事故发生前，罩棚棚顶大部分已完成清洗。15时27分，停留在罩棚下6号加油机旁的脚手架上的保洁人员又招呼地面人员移动脚手架位置，此时脚手架上从南至北依次站立有保洁人员3人，地面上有3人从南至北站立在脚手架西侧，并开始向东推动脚手架架体，推动中脚手架突然失衡朝东倾倒，脚手架上3名保洁人员随架体从5.97m高处坠落至地面，造成2人死亡，1人肋骨骨折。

（二）原因分析

1. 直接原因

推动中脚手架突然失衡朝东倾倒，脚手架上保洁人员随架体从高处坠落至地面。

2. 间接原因

（1）保洁人员忽视安全违规移动脚手架。

（2）脚手架搭设不合理，违反国家相关规范要求。

（3）作业人员高处作业安全带使用错误。

3. 管理原因

（1）保洁安全生产主体责任不落实。

（2）公司对承包商监管不到位。

（三）案例警示

（1）各单位要切实落实企业主体责任，建立健全安全生产组织机构和安全生产

规章制度，对员工进行相关安全知识和操作技能培训，使员工熟知和掌握必要的安全知识和技能。

（2）企业要严格承包商管理，严把资质审查等准入关口，监督承包商严格遵守国家法律法规和企业各种安全规章制度；要与承包商全面细致辨识作业过程风险，制定可靠的安全对策措施；要对外来作业人员进行全员安全培训教育，对作业全过程进行安全监督管理。

十六、某电厂“2·20”高处坠落事故

（一）事故概况

广东省深圳市某电厂 5、6 号机组续建工程由中建某局某建筑公司承建，该工程主体为钢结构。6 号机组东西（A–B 轴）钢屋架跨度为 27m，南北（51–59 轴）长 63m，共 7 个节间，钢屋架间距为 9m，屋架上弦高度为 33.2m。屋架上部为型钢檩条，间距为 2.8m，檩条上部铺设钢板瓦。截至 2002 年 2 月 20 日前，已完成 51–52 轴 1 个节间的铺板。2002 年 2 月 20 日继续铺设钢板瓦作业，开始从 52–53 轴之间靠近 A 轴位置铺完第 1 块板，但没进行固定又进行第 2 块板铺设，为图省事，将第 2 块及第 3 块板咬合在一起同时铺设。因两块板不仅面积大且重量增加，操作不便，5 名人员在钢条上用力推移，由于上面操作人未挂牢安全带，下面也未设置安全网，推移中 3 名作业人员从屋面（+33m）坠落至汽轮机平台上（+12.6m），造成 3 人死亡。

（二）原因分析

1. 直接原因

推移钢条的作业人员从屋面坠落至汽轮机平台上。

2. 间接原因

（1）在铺完第 1 块板后，没有用螺丝固定便继续铺第 2 块板，且作业时又一次铺设 2 块，给继续作业带来危险。

（2）作业人员并没按要求将安全带系牢在安全绳上。

（3）作业下方未设置安全网。

3. 管理原因

（1）安全管理不到位，承包施工单位编制的施工组织设计未经审批程序，以致

安全防护措施过于简单。

（2）安全教育不到位，作业人员安全意识淡薄，忽视或在挂安全带后操作不便等情况下而未挂安全带时，缺乏其他保护措施。且特种作业人员未取得特种作业操作资格证。

（3）对现场缺乏检查，没人制止工人的违章操作。

（4）安全防护措施不到位，按照规定高处的钢屋架上作业，应在节间处设置安全平网，而此作业场所却未设置。

（三）案例警示

（1）加强安全管理，建立健全公司的安全生产责任制和各种安全规章制度。凡专项施工方案必须符合相关规范规定，并经上级技术负责人审批应将项目负责人的指挥行为纳入规范管理。

（2）加强各级人员的安全教育，各级管理人员必须认真学习有关建筑安全的法律法规，并认真加以总结改进。加强对工人的安全三级教育，提高工人的安全意识和安全技术。

（3）保证安全资金的有效投入和安全防护设施及时到位。

（4）加强安全检查，及时发现和消除现场的安全隐患。

十七、某炼化厂“11·30”高处坠落事故

（一）事故概况

2020年11月30日3时56分，位于山东省淄博市临淄区的某公司炼油厂发生一起高处坠落事故，1名装车司机在沥青装车结束后，从锚点解下安全带，准备登上斜梯回装车操作平台时，从车顶跌落到地面，造成重伤。

（二）原因分析

1. 直接原因

在车顶操作完毕，摘下安全带准备返回时从车顶跌落到地面。

2. 间接原因

装车司机违反高处作业规程，没有全过程系挂安全带。

3. 管理原因

（1）安全教育和管理不到位，对沥青装车环节的风险隐患认识不足，没有严格遵守装车操作的安全管理规定和安全操作规程。

（2）对外来运输人员的安全监督管理不到位，对装车司机系挂安全带环节监督不到位，没有确保装车司机高处作业全过程系挂安全带，为事故发生埋下了隐患。

（三）案例警示

（1）深刻吸取事故教训，深入开展风险分级管控和隐患排查治理工作，全面排查整治生产经营单位作业环节存在的各类事故隐患。

（2）强化治理违章操作、违章指挥和违反劳动纪律的违规行为，特别是要加强对企业外来人员的安全教育和监督管理，进一步严格规范外来人员的作业行为，切实消除安全生产管理盲区和漏洞。

（3）认真履行安全生产监管职责，加大对作业环节各类动态事故隐患的查处和处罚力度，严防各类事故的发生。

附　录

某单位现场应急处置方案

一、高处坠落事故现场应急处置

当发生高处坠落事故后，抢救的重点放在对休克、骨折和出血的人员上进行处理。

（1）当发生人员轻伤时，现场人员应采取防止受伤人员大量失血、休克、昏迷等紧急救护措施，并将受伤人员脱离危险地段，拨打医疗急救电话，并向调度和领导进行汇报。

（2）遇有创伤性出血的伤员，应迅速包扎止血，使伤员保持在头低脚高的卧位，并注意保暖。

（3）如果受伤者处于昏迷状态但呼吸心跳未停止，应立即进行口对口人工呼吸，同时进行胸外心脏按压，一般以口对口人工呼吸为最佳。昏迷者应平卧，面部转向一侧，维持呼吸道通畅，以防舌根下坠或分泌物、呕吐物吸入，发生喉阻塞。

（4）如受伤者心跳已停止，应先进行胸外心脏按压。

（5）发现伤者手足骨折，不要盲目搬运伤者，应在骨折部位用夹板把受伤位置临时固定，使断端不再移位工刺伤肌肉，神经或血管。

（6）发现脊椎受伤者，创伤处用消毒的纱布或清洁布等覆盖伤口，用绷带或布条包扎后。搬运时，将伤者平卧放在帆布担架或硬板上，以免受伤的脊椎移位、断裂造成截瘫，导致死亡。抢救脊椎受伤者，搬运过程，严禁只抬伤者的两肩与两腿或单肩背运。

（7）以上救护过程在医疗急救人员到达现场后结束，工作人员应配合医疗急救人员进行救治。

（8）现场救护措施完成后，如救护车没有到，应立即将伤者用担架抬上现场应急车辆送邻近医院救治。

二、注意事项

（1）发生高处坠落，在人员得到安全救治后，应对现场相关区域的临边、洞口进行举一反三的检查，防止再次发生事故。

（2）进行骨折伤害救治时，必须注意救治时的方法，防止由于救治不当造成的二次伤害。